普通高等教育"十三五"规划教材

焊接结构生产

HANJIE JIEGOU SHENGCHAN

罗　辉　主编

杜宝帅　李新梅　副主编 >>>>>

化学工业出版社

·北京·

本书介绍了钢结构焊接的应力与变形，焊接接头断口，焊接接头设计与接头强度，焊接工艺评定，焊接结构生产工艺（包括备料、成型加工、装配、焊接、检验等），焊接夹具和工装，焊接工艺卡应用实例，焊接生产组织管理等，以压力容器和起重机主梁焊接为实例详细介绍了相关技术问题。

本书可供焊接相关设计人员和企业技术人员参考，同时也可供本科院校焊接、材料成型与控制工程等专业教学使用。

图书在版编目（CIP）数据

焊接结构生产/罗辉主编. —北京：化学工业出版社，
2018.2

普通高等教育"十三五"规划教材

ISBN 978-7-122-31290-7

Ⅰ.①焊… Ⅱ.①罗… Ⅲ.①焊接结构-焊接工艺-
高等学校-教材 Ⅳ.①TG44

中国版本图书馆 CIP 数据核字（2017）第 330454 号

责任编辑：李玉晖 杨 菁 　　　　　　文字编辑：陈 喆

责任校对：宋 夏 　　　　　　　　　　装帧设计：史利平

出版发行：化学工业出版社（北京市东城区青年湖南街 13 号 　邮政编码 100011）

印 　装：三河市双峰印刷装订有限公司

787mm×1092mm 　1/16 　印张 16½ 　字数 408 千字 　2018 年 3 月北京第 1 版第 1 次印刷

购书咨询：010-64518888（传真：010-64519686） 　售后服务：010-64518899

网 　址：http://www.cip.com.cn

凡购买本书，如有缺损质量问题，本社销售中心负责调换。

定 　价：48.00 元

前言
Preface

  《焊接结构生产》是焊接工程技术专业必修课，是理论性和实践性较强的实用性技术。焊接结构在化工、容器、造船、航空、机械、运输等行业得到广泛的应用。焊接结构生产过程是局部加热，焊缝金属经过了加热、熔化、冷却热循环，由于焊接熔池小，冷却速度快，容易在焊接结构中产生较大的焊接应力，导致构件变形，影响产品质量，增加产品成本，因此，如何组织生产，控制焊接应力和变形是焊接结构生产的主要问题之一，也是焊接工程技术人员长期研究的关键问题。

  本书首先介绍焊接应力形成基本理论，分析焊接应力产生原因及防治焊接应力影响的措施，然后介绍了焊接变形种类及防治焊接变形工艺措施，对焊接接头的形式、焊接接头设计、静载强度的计算和焊接接头脆性断裂等内容进行了简要介绍。本书以焊接结构生产工艺为主，强调焊接结构生产工艺评定、零件备料加工工艺、焊接结构的生产过程如装配、焊接及焊接生产所用焊接工装夹具，并举例说明焊接夹具设计过程。本书以压力容器、起重机主梁为典型焊接结构，分析其焊接生产工艺、焊接生产管理等各项内容，并结合压力容器焊接生产介绍企业管理制度及安全生产与防护等内容。

  本书对焊接结构生产应力、焊接接头设计、接头强度计算、焊接接头断口等进行了理论分析，重点突出，内容精炼，便于读者掌握和理解。同时对焊接结构生产中常用的生产工艺做了较大篇幅介绍，从备料、成形加工、装配、焊接等焊接生产工艺过程详细讲解，编入了焊接工艺评定、各种焊接工艺卡应用实例，特别是对焊接工装设计过程进行实例补充，以供焊接相关设计人员和企业技术人员指导设计、生产。本书可作为本科院校相关专业的教材。全书通俗易懂，实用性强。

  本书编者均系高等院校、科研院所、工程技术专家，具有多年从事焊接工艺实践经验。本书的第1章、第3章由李新梅编写，第2章由杜宝帅编写，第4章、第7章、第8章由杨凤琦、潘光慧、罗辉编写，第5章由王萌萌、潘光慧、罗辉编写，第6章由李君君编写。全书由李以善统定稿，由张忠文审稿。

  参加编写的还有山东国家电力研究院张忠文，山东技术学院周峥，山东建筑大学霍玉双、孙俊华、史传伟、马海龙，北京工业大学袁涛等。

  由于编者水平有限，书中难免有不足之处，敬请广大读者提出宝贵意见。

编　者

2017 年 10 月

目 录
Contents

第3章　焊接接头断裂　　68

第4章　焊接接头设计与焊接工艺评定　　100

第5章　焊接结构生产工艺　　137

第1章

焊接结构概述

　　焊接作为一种重要的先进制造技术在工业生产和国民经济建设中起着非常重要的作用，是一个国家机械制造和科学技术发展水平的重要标志之一。焊接结构是焊接技术应用于工程实际产品的主要表现形式，由于焊接结构具有强度高、质量轻、跨度大等独特优点，在几乎所有的工业部门和广阔的生活领域中都有大量的应用。焊接技术在建筑领域已经应用了近百年，在建筑中发挥着重要的作用。目前，世界主要工业国家每年生产的焊接结构占到钢产量的45%，全世界每年焊接结构产品可达数十亿吨。

　　就历史而论，公元前已经出现了金属焊接。但是，现代焊接技术是由19世纪末才开始发展起来的，而直至20世纪20年代，金属电弧焊接技术才首次用于金属结构（如锅炉及压力容器、桥梁、船舶等）的生产。1921年建成了第一艘全焊的远洋船，随后焊接技术稳步发展，焊接结构的应用也逐渐得到推广。到了30年代，由于工业技术的发展，世界各工业先进国家已经开始大规模制造焊接结构，如全焊油罐、全焊锅炉和压力容器、全焊桥梁等都已大量制造出来。第二次世界大战促使船舶结构实现铆改焊的急骤变化，大吨位全焊船舶在短期内大量制造出来。但是由于当时缺乏设计和制造大型焊接结构的知识和经验，对其强度和断裂性质及特征尚不十分清楚，以致相当多的焊接结构出现了各种破坏事故，促使焊接工作人员对焊接结构相关理论进行深入调查和研究，大大促进了焊接技术的发展。到了60年代，各国绝大多数的锅炉及压力容器、船舶、重型机械、飞机等几乎都采用各种焊接工艺进行制造。此外，在机械制造业中，以往由整铸整锻方法生产的大型毛坯改成了焊接结构，大大简化了生产工艺，降低了成本。

　　现代焊接结构正在向大型化和高参数方向发展，工作条件越来越苛刻，如跨海大桥、海洋钻井平台、大型化工设备和发电设备等，甚至应用于高温或低温、强腐蚀介质和强放射性辐照等各种极限条件下，并要求焊接结构成本低廉、耐用可靠，甚至要易于解体实现循环再利用。如图1-1所示的核压力容器是典型现代焊接结构，其壁厚可达200mm左右，与之接近的还有6100m深海探测器，工作时需承受巨大的海水压力。又如全焊接超级（50万吨）油轮长382m、宽168m、高27m，采用低碳钢和低合金钢制造，最大钢板厚度可达140mm。再如建造现代高层建筑的

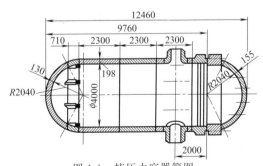

图1-1　核压力容器简图

焊接钢屋架，通常都是将零部件在工厂内制成，然后再运到工地安装，所用强度级别达到490MPa 以上，厚度达 100～150mm。还有许多工作条件极其恶劣的焊接结构，如大型火力发电锅炉，其工作压力达 32.4MPa，蒸汽温度可达 650℃；大型储罐直径达 33m、容积为100000m³ 等。

目前，各工业先进国家已经制定出各种焊接结构的设计及制造规范、标准和工艺。近年来又发展了许多新的焊接工艺，如：摩擦焊、激光焊、等离子弧焊等。许多新型结构材料不断提出新的焊接要求，又促进了许多新焊接工艺方法的诞生。例如航天器的制造中，为了解决航天器结构的高强金属及合金的焊接，加速了惰性气体保护焊和等离子弧焊等工艺的发展。反过来新的工艺又使制造各种大型、尖端结构产品成为可能。可以说，现有的尖端设备不用焊接结构就不可能制造出来，像原子能电站的核容器、深海探测潜艇、航天器、各种化工石油合成塔、万吨级至数十万吨级的远洋油轮等都属于这一类。

1.1 焊接结构特点及类型

1.1.1 焊接结构的特点

与铆接、螺栓连接的结构相比较，或者与铸造、锻造方法制造的结构相比较，焊接结构具有下列优点。

① 焊接接头强度高。现代焊接技术能够使焊接接头的强度等于甚至高于母材的强度；而铆接或螺栓连接的结构，需预先在母材上钻孔，这样就削弱了接头的工作截面，从而导致接头的强度低于母材约 20%。

② 焊接结构设计的灵活性大，主要表现在：

a. 焊接结构的几何形状不受限制。可以制造空心封闭结构，而采用铆、铸、锻等方法是无法制造的。

b. 焊接结构的壁厚不受限制。铆接结构板厚大于 50mm 时，铆接将会十分困难；但焊接结构在厚度上基本没有限制，有些现代高压容器的单层壁厚可以达到 300mm。被焊接的两构件可厚可薄，而且厚与薄相差很大的两构件也能相互焊接。

c. 焊接结构的外形尺寸不受限制。对于大型金属结构可分段制成部件，现场组装焊接成整体，而锻造或铸造结构均受到自身工艺和设备条件限制，外形尺寸不能做得很大。

d. 可以充分利用轧制型材组焊成所需的结构。这些轧制型材可以是标准的或非标准（专用）的，这样的结构质量轻，焊缝少。目前许多大型起重机和桥梁等都采用型材制造。

e. 可实现异种材料的连接。在同一结构的不同部位可按需要配置不同性能的材料，然后把它们焊接成一个实用的整体，充分发挥材料各自的性能，做到物尽其用。

f. 可与其他工艺方法联合制造。如设计成铸-焊、锻-焊、栓-焊、冲压-焊接等联合的金属结构。

③ 焊接接头密封性好。制造铆接结构时必须捻缝以防止渗漏，但是在使用期间很难保证水密性和气密性的要求，而焊接结构焊缝处的水、油、气的密封性是其他连接方法无法比拟的，特别是在高温、高压容器结构上，只有焊接才是最理想的连接形式。

④ 焊前准备工作简单。特别是近年来数控精密气割技术的发展，对于各种厚度或形状复杂的待焊件，不必预先画线就能直接从板料上切割出来，一般不再进行机械加工就能投入

装配和焊接。

⑤ 易于结构的变更和改型。与铸、锻工艺相比，焊接结构的制造无需铸型和模具，因此成本低、周期短。特别是制作大型或重型、结构简单而且是单件或小批量生产的产品结构时，具有明显的优势。

⑥ 成品率高。一旦出现焊接缺陷，可容易实现修复，因此很少产生废品。

同时，焊接结构也存在以下缺点和不足之处：

① 存在焊接应力和变形。焊接是一个局部不均匀加热的过程，不均匀的温度场会导致热应力的产生，并由此造成残余塑性变形和残余应力，以及引起结构的变形。这对结构的性能造成一定的影响，如焊接应力可能导致裂纹，残余应力对结构强度和尺寸稳定性不利。为避免这类问题，常需要进行消除应力处理和变形校正，因而会增加工作量和生产成本。

② 对应力集中敏感。焊接接头具有整体性，其刚度大，焊缝的布置、数量和次序等都会影响到应力分布，并对应力集中较为敏感。而应力集中点是结构疲劳破坏和脆性断裂的起源，因此在焊接结构设计时要尽量避免或减少产生应力集中的一切因素，如处理好断面变化处的过渡、保证良好的施焊条件避免结构因焊接困难而产生焊接缺陷等。

③ 焊接接头的性能不均匀。焊缝金属是由母材和填充金属在焊接热作用下熔合而成的铸造组织，靠近焊缝金属的母材（近缝区）受焊接热影响而发生组织和性能的变化（焊接热影响区），因此焊接接头在化学成分、组织和性能上都是一个不同于母材的不均匀体，其不均匀性程度远远超过了铸、锻件，这种不均匀性对结构的力学行为，特别是对断裂行为有重要影响。因此，在选择母材和焊接材料以及制订焊接工艺时，应保证焊接接头的性能符合产品的技术要求。

④ 对材料敏感，易产生焊接缺陷。各种材料的焊接性存在较大的差异，有些材料焊接性极差，很难获得优质的焊接接头。由于焊接接头在短时间内要经历材料冶炼、冷却凝固和焊后热处理三个过程，因此焊缝金属中常常会产生气孔、裂纹和夹渣等焊接缺陷。例如，一些高强钢和超高强度钢在焊接时容易产生裂纹，铝合金焊缝金属中容易产生气孔。这些都对结构的强度很不利，所以对材料的选择必须特别注意。

1.1.2 焊接结构的类型

焊接结构应用在各种建筑物和工程构筑物上，类型众多，其分类方法也不尽相同，各分类方法之间也有交叉和重复现象。即使同一焊接结构中也有局部的不同结构形式，因此很难准确和清晰地对其进行分类，通常可从用途（使用者）、结构形式（设计者）和制造方式（生产者）来进行分类，见表1-1。

表 1-1 焊接结构的类型

分类方法	结构类型	焊接结构的代表产品	主要受力载荷
按用途分类	运载工具	汽车、火车、船舶、飞机、航天器等	静载、疲劳、冲击载荷
	储存容器	球罐、气罐等	静载
	压力容器	锅炉、钢包、反应釜、冶炼炉等	静载、热疲劳载荷
	起重设备	建筑塔吊、车间行车、港口起重设备等	静载、低周疲劳
	建筑设施	桥梁、钢结构的房屋、厂房、场馆等	静载、风雪载荷、低周疲劳
	焊接机器	减速机、机床机身、旋转体等	静载、交变载荷

续表

分类方法	结构类型	焊接结构的代表产品	主要受力载荷
按结构形式分类	桁架结构	桥梁、网架结构等	静载、低周疲劳
	板壳结构	容器、锅炉、管道等	静载、热疲劳载荷
	实体结构	焊接齿轮、机身、机器等	静载、交变载荷
按制造方式分类	铆焊结构	小型机器结构等	静载
	栓焊结构	桥梁、轻钢结构等	静载、风雪载荷低周疲劳
	铸焊结构	机床机身等	静载、交变载荷
	锻焊结构	机器、大型厚壁压力容器等	静载、交变载荷
	全焊结构	船舶、压力容器、起重设备等	静载、低周疲劳

1.1.3 典型建筑焊接结构

多年来，焊接以其独特的优点已经取代铆接，成为建筑结构的主要连接方法。焊接钢结构被广泛应用于各类工业与民用房屋和构筑物中，见表1-2。这些结构主要作为建筑物的基本骨架，用以承重和承受其他外加载荷的作用。其主要要求除了应保证结构几何尺寸及安装和连接之外，尤其应有足够的强度和稳定性，同时应具有一定的抗震、防腐和防火等特殊的使用性能。

表 1-2　焊接建筑结构的应用范围

建筑结构分类	焊接结构或构件
工业建筑	①重工业厂房　包括冶金工业的冶炼、轧钢厂房、重型机械制造业的铸钢、水压机、锻压、大型装配厂房；造船业的船体制造及装配车间；飞机制造业的装配车间、飞机库等。这些建筑的全部或部分承重结构可以是全钢厂房(钢柱、钢桥式起重机梁、钢屋架及其支撑体系)，也可以部分采用钢结构，如采用钢桥式起重机梁、钢屋架及其支撑体系等 ②平台结构　在上述厂房、车间中的加料平台结构，化工工业系统中的工作平台结构等 ③仓储建筑　如大型工农业产品散装及原料仓库的全部或部分承重结构 ④小型货棚　其承重结构可以采用轻型钢架、轻钢桁架等 ⑤货架　可以采用冷弯薄壁型钢结构
民用建筑	①大跨公共建筑　如大、中型体育馆、展览馆、游乐中心、商场、火车站、航空港、剧院等建筑的全部或主要承重结构，如采用空间桁架、钢架、平板网架、拱及网壳结构等 ②多层及高层建筑　高层旅馆、办公楼、公寓、商业贸易中心等建筑，可以采用全钢的多层或高层钢框架结构，也可以部分采用承重钢结构，如这些建筑中的中庭部分的屋盖结构多数采用钢网架等 ③中小型房屋的屋盖结构　跨度在15～24m的食堂、俱乐部、文化宫等建筑的屋盖可采用钢桁架、平板网架等 ④小型可移动房屋　如近年来的移动展馆房屋的骨架多采用轻钢结构

1.1.3.1 焊接钢桁架

在建筑结构中，按结构传递载荷的路径不同，可分为平面结构体系和空间结构体系。在平面结构体系中，桁架作为主要屋盖承重构件一般沿建筑物的短向布置，在建筑物结构的另一方向布置檩条和支撑等构件。建筑结构的屋盖载荷通过桁架传递至两端的支撑柱和基础。檩条、支撑的作用有两方面：一是将屋面载荷传递给桁架；二是对桁架提供侧向支撑，以保证桁架在其平面外的稳定和结构的整体刚度。

桁架结构又称为杆系结构，是指由长度远大于其宽度和厚度的杆件在节点处通过焊接工艺相互连接组成的能够承受横向弯曲的结构，其杆件按照一定的规律组成几何不变结构。焊接桁架结构广泛应用于建筑、桥梁、起重机、高压输电线路和广播电视发射塔架等，如图 1-2 所示。

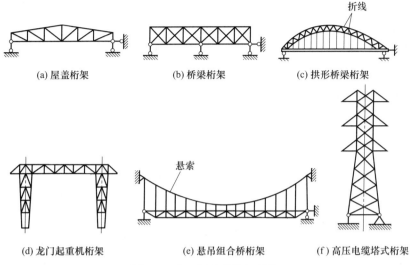

图 1-2　基于用途的桁架种类

根据承受载荷大小不同，又可分为普通桁架［图 1-2（c）、（f）］、轻钢桁架［图 1-2（a）］和重型桁架［图 1-2（b）、（d）、（e）］。根据桁架的外形轮廓，桁架可分为三角形、平行弦、梯形、人字形和下撑式桁架等（图 1-3）。

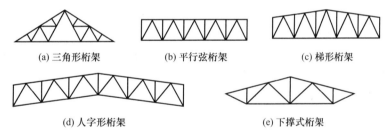

图 1-3　基于形状的桁架种类

桁架结构由上弦杆、下弦杆和腹杆三部分组成，图 1-4 给出了几种常用的腹杆布置方法。对两端简支的屋盖桁架而言，当下弦无悬吊载荷时，以人字形体系和再分式体系较为优越［图 1-4（b）、（g）］；当下弦有悬吊载荷时，应采用带竖杆的人字形体系［图 1-4（c）］；桥梁结构中多用三角形和带竖杆的米字型体系［图 1-4（e）、（f）］；起重机械和塔架结构多采用斜杆或交叉斜杆体系［图 1-4（a）、（d）］。

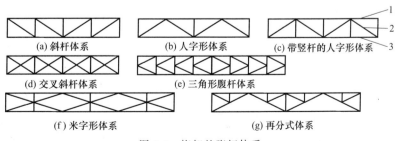

图 1-4　桁架的腹杆体系

1—上弦杆；2—腹杆；3—下弦杆

桁架结构中常用的型材有工字钢、T形钢、管材、角钢、槽钢、冷弯薄型材、热轧中薄板以及冷轧板等。图1-5给出了常用上弦杆的截面形式。上弦杆承受以压力为主的压弯力，尤其上部承受较大的压应力，因此构件应具有一定的受压稳定性，结构部件必须连续，必要时加肋板，见图1-5（d）、（e）。图1-6给出了常用的下弦杆的截面形式，下弦杆承受以拉应力为主的拉弯力，结构相对简单。可以看出，桁架结构中上下弦杆截面形式基本相同，只是考虑到受力情况不同，主受力板位置有所变化。一般情况下，缀板加于受拉侧，肋板加于受压侧。腹杆截面形式与上下弦杆截面形式也基本相同，腹杆主要承受轴心拉力或轴心压力，所以腹杆截面形式尽可能对称，其中双臂截面类型常用于重型桁架中，用来承受较大的内力。

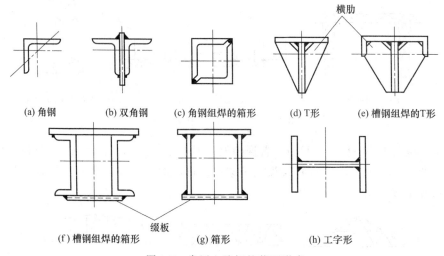

(a) 角钢   (b) 双角钢   (c) 角钢组焊的箱形   (d) T形   (e) 槽钢组焊的T形

(f) 槽钢组焊的箱形   (g) 箱形   (h) 工字形

图 1-5 常用上弦杆的截面形式

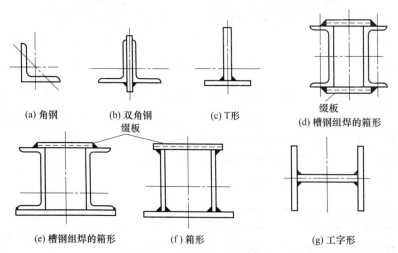

(a) 角钢   (b) 双角钢   (c) T形   (d) 槽钢组焊的箱形

(e) 槽钢组焊的箱形   (f) 箱形   (g) 工字形

图 1-6 常用下弦杆的截面形式

焊接节点是指用焊接方法将各个不同方向的型材组合成整体并承受应力的结构。图1-7（a）～（c）给出了三种将型材直接焊接在一起的节点，这些焊接节点虽然具有强度高、节省材料、重量轻和结构紧凑等优点，但焊接节点处焊缝密集，焊后残余应力高，应力复杂，容易产生严重的应力集中。如果结构承受的是动载荷，则焊接节点应尽量采用对接接头，否则会降低钢结构的使用寿命。管材焊接节点相贯较多，制造比较困难，可采用插入链接板，见图1-7（d）；或部分插入链接板，见图1-7（e）；目前多用球形节点，即将各个方向的管材焊在一个空心球上，结构强度高，受力合理，见图1-7（f）。

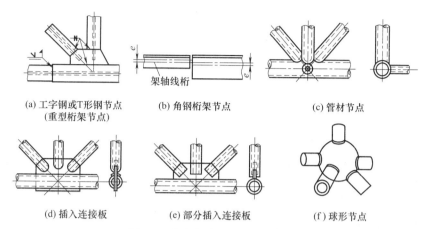

(a) 工字钢或T形钢节点 　　(b) 角钢桁架节点 　　(c) 管材节点
(重型桁架节点)

(d) 插入连接板 　　(e) 部分插入连接板 　　(f) 球形节点

图1-7　桁架结构的焊接节点形式

1.1.3.2　大跨空间钢结构

大跨空间钢结构一般指跨度大于或等于60m的建筑结构。大跨建筑结构有平面结构体系和空间结构体系两大类，前者有梁式、框架式和拱式等体系；后者则有网架、网壳、悬索、索膜和张弦结构等结构体系。空间结构体系在载荷作用下呈三维受力特征，与平面结构体系相比，具有结构受力合理、整体刚度大、用钢量较省且易于塑造新颖美观的建筑外形等特点，故在大跨建筑中得到十分广泛的应用。

例如，为迎接2008年北京奥运会的召开，建成的国家体育场和国家游泳中心就是采用空间格构式钢架结构。国家体育场屋盖为鞍形曲面，平面呈椭圆形，长轴332.3m，短轴296.4m，中间开口尺寸长向185.3m，短向127.5m，大跨屋盖支承在24根桁架柱上，柱距37.958m，屋盖主桁架围绕屋盖中间的开口放射形布置，有22根主桁架直通或接近直通，并形成由分段直线构成的内环桁架，少量主桁架在内环附近截断，以避免使节点构造过于复杂。主桁架和桁架柱相交处形成刚性节点，组成的桁架和柱的构件大量采用钢板焊接而成的箱形构件。交叉布置的主结构与屋面、立面的次结构一起形成了"鸟巢"的奇特建筑造型（图1-8）。

(a) 结构全貌 　　　　　　　　　(b) 结构局部

图1-8　正在施工中的国家体育场——鸟巢

国家游泳中心水立方的建筑造型，其长、宽、高分别为177m、177m、30m，屋盖厚7.202m，墙体厚5.876m。"水立方"结构形成系基于气泡理论，将由多面体细胞填充的巨大空间（大于建筑物轮廓尺寸）进行旋转、切割，得到建筑物的外轮廓和内部使用空间，切割产生的内、外表面杆件和内外表面之间保留的多面体棱线便形成了结构的弦杆和腹杆。这种新型的空间钢架构成简单，重复性高，结构内部多面体单元只有4种杆长、3种不同的节点，每个节点汇交的杆件仅有4根（图1-9）。

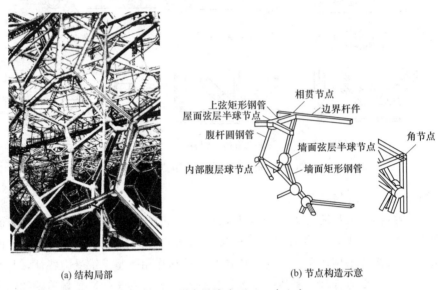

(a) 结构局部　　　　　　　　　　(b) 节点构造示意

图1-9　国家游泳中心——水立方

在空间钢结构中，应用较为普遍的是网格结构，这种结构是由多根杆件按照一定规律布置并通过节点连接而组成的，是一种高次超静定的空间杆系结构，见图1-10。其空间刚度大、整体性强、稳定性强、安全度高，具有良好的抗震性能和较好的建筑造型效果，同时兼有重量轻、省材料、制作安装方便等优点，因此是适用于大、中跨度屋盖体系的一种良好的结构形式，近年来网架结构在国内外得到普遍推广应用。网架结构按外形可分为平板网架〔简称网架，外形呈平板形，见图1-10（a）〕和曲面网架〔简称网壳，外形呈曲面形状，见图1-10（b）、（c）〕，平板网架在设计、计算、构造和施工制作等方面都比曲面网架简便，应用范围较广。网架可布置成双层或三层，双层网架是最常用的一种网架形式。

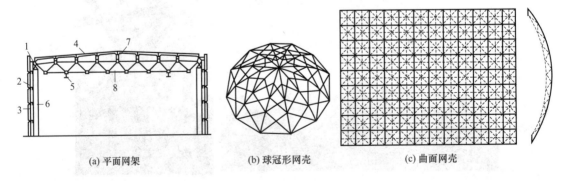

(a) 平面网架　　　　　　　　(b) 球冠形网壳　　　　　　(c) 曲面网壳

图1-10　网架结构

1—内天沟；2—墙架；3—轻质条形墙板；4—网架板；5—悬挂吊车；6—混凝土柱；7—坡度小立柱；8—网架

1.1.3.3 工业厂房钢结构

适应各种不同生产工艺的需要，厂房钢结构有单层单跨、单层多跨、多层多跨等多种形式。典型的重型、单层单跨全钢厂房的结构骨架组成如图 1-11 所示。由屋架、柱、起重机梁以及支撑体系等组成的厂房结构骨架是可以承受来自各方向载荷，并有足够刚度的空间结构，其中屋架和柱组成的横向框架式厂房结构的基本承重骨架，它几乎传承了厂房的全部竖向和横向载荷。

厂房的横向框架柱因设置起重机梁的需要，可以做成一次或二次变截面的，上柱多采用实腹工字形，中柱、下柱截面较大采用格构式比较经济。框架的横梁一般采用平面桁架，单跨时屋架与柱、柱与基础多采用刚接（图 1-12）。跨度、高度及起重机吨位不大的厂房（跨度 $L \leq 36m$，高度 $H \leq 35m$，起重机起重量 $Q \leq 30t$，中、轻级工作制）也有采用钢屋架与钢筋混凝土柱组成的横向框架，此时屋架与柱铰接，柱与基础刚接。

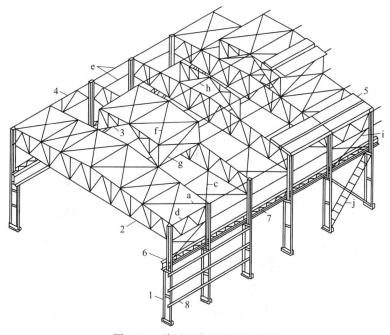

图 1-11　单层厂房的钢结构骨架

1—柱；2—屋架；3—天窗架；4—托架；5—屋面板；6—起重机梁；7—起重机制动桁架；8—墙架梁；

a～e—屋架支撑（上弦横向、下弦横向、垂直支撑、系杆）；f～h—天窗架支撑（上弦横向、垂直支撑、系杆）；

i, j—（上柱柱间、下柱柱间）（注：下弦横向支撑 b 未标出）

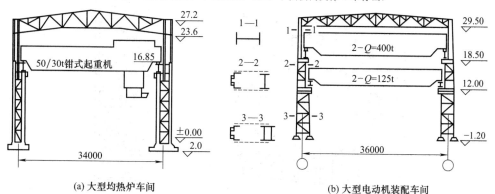

(a) 大型均热炉车间　　　　　　　　(b) 大型电动机装配车间

图 1-12　重型厂房的横向框架

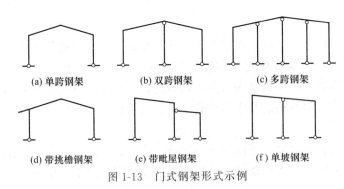

(a) 单跨钢架　　　(b) 双跨钢架　　　(c) 多跨钢架

(d) 带挑檐钢架　　(e) 带毗屋钢架　　(f) 单坡钢架

图1-13　门式钢架形式示例

对于跨度 $L \leqslant 36\mathrm{m}$，高度 $H \leqslant 10\mathrm{m}$，起重机起重量 $Q \leqslant 10\mathrm{t}$ 的轻型厂房其横向框架可采用门式钢架，因其耗钢量小，施工便捷，这种结构形式也广泛用于仓库、货棚以及可移动房屋的骨架。一般门式钢架的横梁和柱采用 H 型钢或焊接工字钢（图1-13），根据受理需要还可设计成变截面的，当跨度较大时也可采用格构式钢架。

1.1.3.4　多、高层房屋钢结构

钢结构强度高、自重轻、延性好、建造周期短，用于多、高层房屋的称重骨架能更充分发挥钢结构的优越性。世界上像美、日等国家钢结构在房屋中的比重远大于砖石与钢筋混凝土结构，据统计，世界上 200m 以上的高楼中全钢结构占到56%。我国自20世纪80年代以来，高层钢结构发展十分迅速，目前我国已成为世界上拥有 250m 以上超高层建筑最多的国家，在世界超高层建筑数量排名前十的城市中，我国的城市（含港澳台）占据了六席。相比之下，超高层建筑最早出现的美国仅有两个城市上榜。1997年建成的钢-混凝土混合结构的上海金茂大厦（图1-14）总建筑面积 $289500\mathrm{m}^2$，地上88层，地下3层，总高度 421m，在

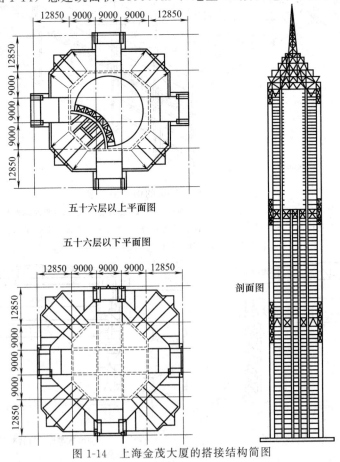

五十六层以上平面图

五十六层以下平面图

剖面图

图1-14　上海金茂大厦的搭接结构简图

建成时是中华第一高楼，居世界第三（吉隆坡的彼德罗纳斯双塔 1996 年建成，高度 450m，是世界之最；美国 1974 年建成的芝加哥西尔斯塔高度 443m，居世界第二）。

近年来，我国钢产量一直位居世界第一，钢材的品种、规格也有大幅度增加，加之多、高层钢结构的理论分析研究和制作安装水平都在不断提高，国内已经完全具备自行设计、自行制作安装的能力。

厚板焊接工作量大是高层钢结构制作安装中较为突出的问题，一般焊接梁、柱的截面厚度都在 30mm 以上，例如深圳发展中心大厦的箱形柱壁厚最大达 130mm，焊接工作量达 35 万延长米（表示不规则工程量的统计单位）；深圳地王大厦的焊接工作量达 60 万延长米。

因此在高层钢结构中，对钢构件加工精度提出较高的要求，并宜结合工程实际情况和现场条件，通过试验确定焊接方法、焊接工艺和焊接顺序，以免产生过大的焊接应力、焊接变形和过大安装误差。

1.2 焊接结构常用金属材料

传统的焊接结构通常采用低碳钢或普通低合金钢制造，随着焊接技术的不断完善，高强钢在现代焊接结构中得到广泛应用。图1-15所示为日本统计的部分大型焊接结构用钢材强度等级与采用的板厚规格。抗拉强度为 784MPa 的高强钢（HT80）已用于制造桥梁、高压管道、重型电机和海洋结构等，更高强度级别合金结构钢的应用研究也正在进行。超高强度钢在航天、航海和机器制造业中应用也很广泛。由于焊接结构使用条件日益复杂和苛刻，各种抗腐蚀、抗高温、抗深冷脆断的合金钢，例如含镍量为 9%、5.5% 和 3.5% 的镍系低温

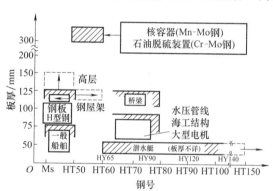

图 1-15 大型焊接结构用钢强度等级与板厚规格

钢、铬-镍不锈钢、耐热钢、铝及铝合金、钛及钛合金等都可用来制造焊接结构。

新型材料（也称先进材料）是新近开发的具有优异性能或特殊用途的材料，由于其合成与制备常需要特殊的技术手段或环境条件，而且质量控制很严，往往具有特殊的组织结构和性能，因而传统的焊接方法很难实现这些材料的连接，甚至根本无法实现冶金连接，为实现新材料的优质连接，对焊接技术提出了更高的新要求。

随着新钢种的研制、开发和生产，对于工程用钢中的大型钢结构件，由于成本和热处理等的制约，在选材时不一定按照选用常用低合金钢的静止思维思考，而应考虑选用微合金化、控轧控冷生产的、均质洁净、焊接性更好、价格较低的新型工程结构钢材。

1.2.1 焊接结构对钢材的要求

为保证焊接结构的承载能力和防止在一定条件下出现脆性破坏，应根据结构的重要性、载荷特征、结构形式、连接方法、钢材厚度和工作温度等因素综合考虑，对焊接结构材料的选用必须符合一定的要求。根据 GB 50017《钢结构设计规范》规定，焊接结构采用的钢材应具有屈服强度、抗拉强度、伸长率、碳含量和硫、磷的极限含量的合格保证，对于需要验

算疲劳极限的以及重要的受拉或受弯焊接结构的钢材应具有一定温度下冲击韧性的要求。

1.2.1.1 钢材的力学性能

(1) 屈服强度 (σ_s)

屈服强度是衡量结构承载能力和确保基本强度设计值的重要指标。碳素结构钢和低合金钢在应力达到屈服后，应变急剧增长，使结构的实际变形突然增加到不能再继续使用的程度。所以，钢材所采用的强度设计值一般都以屈服强度除以适当的抗力分项系数来确定。

(2) 抗拉强度 (σ_b)

抗拉强度是衡量钢材经过其本身所能产生的足够变形后的抵抗能力。它不仅是反映钢材质量的重要指标，而且与钢材的疲劳强度有密切关系。抗拉强度变化范围的数值，可以反映出钢材内部组织的优劣。

(3) 伸长率 (δ)

伸长率是衡量钢材塑性性能的指标。钢材的塑性实际上是当结构经受其本身所产生的足够变形时抵抗断裂的能力。因此，焊接结构所用的钢材无论在静载荷还是动力载荷作用下，以及在加工制造过程中，除要求具有一定的强度外，还要求有足够的伸长率。

(4) 冷弯性能

冷弯性能是衡量材料性能的综合指标，也是塑性指标之一。通过冷弯试验不仅可以检验钢材内部组织、结晶情况和非金属夹杂物的分布等情况，而且在一定程度上也是鉴定焊接性能的一个指标。结构在加工制造和安装过程中进行冷加工时，尤其对焊接结构焊后变形的矫正，都需要钢材具有较好的冷弯性能。

(5) 冲击韧性

冲击韧性是衡量抵抗脆性破坏的一个指标。因此，对于直接承受动力载荷以及重要受拉或受弯的焊接结构，为了防止钢材的脆性破坏，应具有常温冲击韧性的保证，在某些低温情况下尚应具有负温冲击韧性的保证。

1.2.1.2 钢材的化学成分

钢材的化学成分及其含量对钢材的性能，特别是力学性能有至关重要的影响。焊接结构所用的钢材除保证碳含量外，硫、磷含量也不能超过国家标准的规定，因为有害元素的存在将使钢材的焊接性能变差，且降低钢材的冲击韧性、塑性、疲劳强度和抗腐蚀性。例如，在碳素结构钢中，碳是主要元素，它直接影响钢材的强度、塑性、韧性和焊接性等，随着碳含量的增加，钢的强度提高，但塑性、韧性和疲劳强度下降，同时恶化钢材的焊接性和抗腐蚀性。因此，为保证焊接性和综合性能要求，焊接结构用钢中碳的含量一般应小于 0.20%。

1.2.1.3 金属的焊接性

(1) 金属焊接性

金属焊接性是指金属材料对焊接加工的适应性，用以衡量材料在一定焊接工艺条件下获得优质焊接接头的难易程度和该接头能否在使用条件下可靠运行。金属焊接性包含工艺焊接性和使用焊接性两方面的内容：一是工艺焊接性是指在一定的焊接工艺条件下能否获得优良致密、无缺陷焊接接头的能力，它不是金属本身固有的性能，而是随着焊接方法、焊接材料和工艺措施的不断发展而变化的，某些原来不能焊接或不易焊接的金属材料，可能会变得能够焊接和易于焊接；二是使用焊接性是指焊接接头或整个结构满足产品技术条件规定的使用性能的程度，它取决于焊接结构的工作条件和设计上提出的技术要求。

(2) 影响焊接性的因素

焊接性是金属材料的一种工艺性能，除了受材料本身性质影响外，还受到工艺条件、结构条件和使用条件的影响。

① 材料因素。材料包括母材和焊接材料。在相同焊接条件下，决定母材焊接性的主要因素是它本身的物理化学性能。母材的化学成分、冶炼轧制状态、热处理状态、组织状态和力学性能在不同程度上都对焊接性产生影响，其中影响其焊接性的主要因素是化学成分，影响较大的元素有碳、硫、磷、氢、氧和氮等，它们容易引起焊接工艺缺陷和降低接头的使用性能；其他合金元素如锰、硅、铬、镍、钼、钛、钒、铌、铜、硼等都在不同程度上增加焊接接头的淬硬倾向和裂纹敏感性。焊接材料如焊条、焊丝和焊剂等都直接参与焊接过程的一系列化学冶金反应，如果选择焊接材料不当，与母材不匹配，不仅不能获得满足使用性能的接头，还会引起裂纹等缺陷的产生和组织性能的变化。由此可见，材料因素对焊接质量的影响非常重要，正确选用母材和焊接材料是获得优质焊接接头的重要冶金条件。

② 工艺因素。包括焊接方法、焊接参数、装焊顺序、预热、后热及焊后热处理等。对同一母材，当采用不同的焊接方法和工艺措施时，所表现的工艺焊接性也不同。例如，钛合金对O、N、H极为敏感，用气焊和焊条电弧焊不可能焊接；而用氩弧焊或真空电子束焊，由于能防止O、N、H等侵入焊接区，因此可获得良好接头性能的钛合金接头。所以，发展新的焊接方法和工艺措施也是改善焊接性、实现难熔金属焊接的重要途径。

焊接方法对焊接性的影响很大，主要表现为焊接热源能量密度大小、温度高低以及热输入量多少，高强钢由于对过热比较敏感，从防止过热出发，宜选用窄间隙焊接、脉冲电弧焊接、等离子焊接等方法；相反，对于容易产生白口组织的铸铁来说，从防止白口出发，又以选用气焊、电渣焊等方法为宜。焊前预热和焊后缓冷对防止热影响区淬硬变脆、降低焊接应力、避免氢致冷裂纹都是比较有效的。合理安排焊接顺序能减小应力与变形，焊接时，焊接顺序的安排原则上应使被焊工件在整个焊接过程中都尽量处于无拘束而自由膨胀收缩的状态。焊后进行热处理可以消除残余应力，也可以使氢逸出而防止产生延迟裂纹，但热处理的温度和时间要掌握好。

③ 结构因素。是指焊接结构和焊接接头设计形式，如结构形状、尺寸、厚度、接头坡口形式、焊缝布置及其截面形状等因素对焊接性的影响。结构的刚度过大、接口断面突然变化、接头的缺口效应等，均会不同程度地产生脆性破坏。焊接接头的结构设计会影响应力状态，从而对焊接性也产生影响。减小接头的刚度、减少交叉焊缝，避免焊缝密集以及减少造成应力集中的各种因素，都是改善焊接性的重要措施。

④ 使用条件。是指焊接结构服役期间的工作温度、负载条件和工作介质等。这些工作条件和运行条件要求焊接结构具有相应的使用性能，例如，低温工作的结构必须具备抗脆性断裂性能，在高温工作的结构要具有抗蠕变性能，在腐蚀性介质工作的接头应具有高的耐蚀性能等，总之，使用条件越苛刻，对焊接性的要求就越高。

所以，面对复杂的结构材料，为了解决焊接性问题，必须根据结构、使用条件的要求，正确地选择母材、焊接方法和焊接材料，采取适当的工艺措施，避免不合理的结构形式，尽量采取先进的焊接材料和自动化程度高的焊接方法。这不但可以提高焊接接头的可靠性，还可以降低生产成本。

1.2.2 焊接结构选材的基本原则

正确合理地选用焊接结构材料对保证焊接结构的制造质量和安全运行具有十分重要的意

义，焊接材料的选用需要考虑多方面的因素，包括材料的特性、结构的运行条件、加工工艺，特别是焊接工艺过程对材料性能的影响以及结构工作环境所产生的作用等。

1.2.2.1 母材的选择原则

钢材的选择是焊接结构设计中重要的一环。根据所采用的焊接方法、施工条件和用户的不同，焊接结构选用的材料（即母材）必须是能得到性能优良焊接接头的材料，即焊接性能良好的材料。应从焊接结构的形式、尺寸和特点、工作环境与载荷条件、对体积重量以及刚性的要求、材料的工艺性能以及产品制造的经济性等因素全面考虑，以确保焊接结构合理、制造经济、服役安全可靠等，具体原则如下：

① 使用条件。焊接结构材料的选用首先应满足工作载荷、工作温度、工作介质和使用寿命等使用条件的要求。载荷可分为静态载荷和动态载荷两种，直接承受动态载荷的结构和地震区的结构应选用综合性能好的钢材，一般承受静态载荷的结构则可选用价格较低的 Q235 钢。与腐蚀介质接触的焊接结构应选用具有相应耐蚀性的材料，其次考虑强度和韧性。当焊接结构长期在高温下工作时，选材的主要依据是材料在最高工作温度下高温短时强度和高温持久强度，其他方面的性能要求应以满足其高温强度为前提。当结构处于低温时容易冷脆，选材时应首先考虑其在最低工作温度下的冲击韧性，其次考虑抗拉强度和塑性等性能。各类焊接结构设计规定的使用寿命是不同的，对于承受交变载荷的焊接结构，则以疲劳强度指标作为选材的依据。

② 环境条件。焊接结构的工作环境对其寿命和可靠性的影响也是不可忽略的，工作环境对焊接结构的影响因素主要是环境温度和环境介质。环境温度对材料性能有重要的影响，高温工作的焊接结构要求材料有足够的高温强度、良好的抗氧化性与组织稳定性、较高的蠕变极限和持久塑性等；常温工作的焊接结构要求材料在环境温度下具有良好的强度、延性和韧性，要特别注意材料及焊接接头在最低自然环境下的性能，特别是韧性；低温工作的焊接结构要求材料有优良的低温性能，主要是低温韧性和延性，最低环境温度下的冲击韧性是选材的依据之一。不同的环境介质对焊接结构材料有不同性质和不同程度的腐蚀作用，腐蚀程度会影响焊接结构的寿命、产品的质量、主反应和副反应速度以及使用的安全可靠性等。除了在设计上采用有效的防腐蚀外，还应考虑选择具有一定耐海水腐蚀的材料。

③ 体积、刚性与重量要求。对体积、刚性有要求的焊接结构（如车、船、起重机及宇航设备等），应选择强度较高的材料（如轻合金材料），以达到缩小体积、减轻重量的目的。选用低（微）合金高强度钢代替普通的低碳钢，可大大减轻焊接结构的重量。即使对体积和重量无特殊要求的焊接结构，选用强度等级较高的材料也有其技术经济意义，不仅可减轻结构自重，节约大量材料，避免大型结构吊装和运输困难，而且还能够承受更高的载荷。然而，选用强度较高的材料，有时会导致焊接结构的刚性降低。

④ 工艺性能。包括金属的焊接性，切割性能，冷、热加工工艺性能，热处理性能，可锻性，组织均匀稳定性及大截面的淬透性等。

金属的焊接性不仅与材料本身特性有关，而且与焊接材料、焊接方法与工艺、环境条件、焊接参数、可采取的工艺措施等有关。在碳钢和低合金钢的焊接接头中，热影响区因为急冷而产生淬硬倾向，热影响区淬硬倾向大的钢，易产生焊接裂纹，接头的塑性也恶化。决定这类钢的热影响区淬硬性的因素之一是碳当量（CE）。当碳当量<0.4%时，钢材的淬硬性倾向不大，焊接性优良，焊接时可不预热；当 CE=0.4%～0.6%时，钢材的淬硬性倾向增大，焊接时需要采取预热、控制焊接参数、缓冷或消除扩散氢等工艺措施；当碳当

量＞0.6％时，钢材的淬硬性大，属于较难焊接的钢材，需采取较高的预热温度和严格的工艺措施。有关碳当量和低合金钢常用的碳当量计算公式，国际焊接学会推荐的公式如下：

$$CE = \frac{Mn}{6} + \frac{Cr+Mo+V}{5} + \frac{Ni+Cu}{15} \qquad (1-1)$$

在评价低合金高强钢的焊接冷裂纹敏感性时，也可采用裂纹敏感性指数 P_{cm}，即

$$P_{cm} = C + \frac{Si}{30} + \frac{Mn+Cu+Cr}{20} + \frac{Ni}{60} + \frac{Mo}{15} + \frac{V}{10} + 5B \qquad (1-2)$$

此外，还可采用再热裂纹敏感指数 ΔG 来粗略估计钢的再热裂纹敏感性，即

$$\Delta G = 10C + Cr + 3.3Mo + 8.1V - 2 \qquad (1-3)$$

经验表明：$\Delta G > 2$ 时，钢材对再热裂纹敏感；$\Delta G < 1.5$ 时，钢材对再热裂纹不敏感。

材料的冷、热加工切割性能包括能够进行各种冷切割加工（如剪边、冲孔、车及风铲加工等）和热切割加工（如气体火焰切割、碳弧气刨加工、激光切割等）两个方面。材料的冷、热加工成形性能往往能用材料对应变时效脆性倾向和回火脆性倾向的大小来评价，应变时效脆性倾向包括常温应变时效和高温应变时效两种情况。材料自身性能以及加热温度、保温时间、升温速度、冷却速度等，都对热处理后的材料性能有很大影响。

⑤ 经济性。产品成本中材料是一个重要的组成部分，应按照焊接产品承受载荷的特征、使用条件及制造工艺过程等合理选材。强度等级较低的钢材，其价格也较低，焊接性能好，但在重载荷情况下，会导致产品尺寸和重量的增大；强度等级较高的钢材，虽然价格较高，但可以节省用料，减小产品尺寸和重量。此外，选材时还应考虑材料强度级别不同时，会由于材料加工、焊接难易程度的不同对制造费用产生的影响。

选择结构材料时，必须充分考虑焊接结构材料应满足使用性能要求和加工性能要求，经过对其工况条件及各种材料在不同使用条件下的性能数据进行全面分析对比和精确计算，最终选用最适用的、经济性最好的结构材料。

1.2.2.2 焊接材料的选择原则

一般应根据焊接结构材料的化学成分、生产工艺、力学性能、焊接位置、服役环境、焊接结构形状的复杂程度、受力情况和现场焊接设备等情况综合考虑。具体原则如下：

① 母材的力学性能和化学成分。对于碳素结构钢和低（微）合金高强度结构钢，大多数焊接结构要求焊缝金属与母材等强度，一般按照结构钢抗拉强度等级来选择抗拉强度等级相同或稍高的焊接材料（等强或超强匹配）。焊缝金属抗拉强度应等于或稍高于母材，但并不是越高越好，焊缝强度过高反而有害。刚性大、受力情况复杂的焊接结构，特别是高强钢结构，为了改善施工条件，降低预热温度，可选比母材强度低一级的焊接材料（即低强匹配）。

对于耐热钢和各种耐蚀钢，为保证接头高温性能或耐腐蚀性能，要求焊缝金属主要合金成分与母材相近或相同。C、S、P 等元素含量较高的母材应选用含碳量低的低氢型焊接材料。

② 焊件的工作条件和使用情况。根据焊接结构的工作条件选择能满足使用要求的焊接材料，在高温或低温下工作的结构应选用耐热钢及低温钢用焊接材料，接触腐蚀介质的结构应选不锈钢或其他耐腐蚀的焊接材料，承受震动载荷或冲击载荷的结构除保证抗拉强度外，更应选用塑性和韧性优良的低氢型焊接材料。重要结构，必须采用超低氢型或低氢型焊接材料，尽可能使用专用的焊接材料。

③ 焊件几何形状的复杂程度、刚性大小及焊缝位置。对形状复杂、结构刚性大以及大厚度的焊件，由于焊接过程中易产生较大的焊接应力导致裂纹产生，必须采用抗裂性好的低氢型或超低氢型焊接材料。焊接部位为空间任意位置时，必须选用能进行全位置焊接的焊条或药芯焊丝。接头坡口难以清理干净时，应采用氧化性强，对铁锈、油污等不敏感的酸性焊条或焊丝。

④ 操作工艺、设备及施工条件。在保证焊缝使用性能和抗裂性的前提下，酸性焊条的操作工艺性能较好，可尽量采用酸性焊条。在焊接现场没有直流弧焊机及焊接结构要求必须使用低氢型焊条的情况下，应选用交、直流两用的低氢型焊条。在被焊接容器内部或通风条件较差的情况下，由于低氢型焊条焊接时析出的有害气体多，应尽量考虑采用酸性焊条。

⑤ 劳动生产率和经济合理性因素。在酸性焊条和碱性焊条均可满足性能要求的情况下，为了改善焊工的劳动条件，应尽量采用酸性焊条。在满足使用性能和操作工艺性能的前提下，应选用成本低、熔敷效率高的焊接材料，如铁粉焊条、金属粉型药芯焊丝等。另外，CO_2 或 $Ar+CO_2$ 混合气保护焊接所用实心焊丝及药芯焊丝，由于具有自动化程度高、质量好、成本低、适用于现场施工等优点，应尽量优先采用。

 思考题

1. 焊接结构与其他形式连接的钢结构相比具有哪些优点和缺点？

2. 焊接结构是如何分类的？

3. 单层单跨厂房的结构骨架由哪些部分组成？画简图示意。

4. 建筑桁架结构按用途如何分类？举例分析桁架受力状况。

5. 在网上搜索 5～10 例焊接结构在其他行业中的典型焊接结构图例。

6. 焊接结构对钢材有哪些要求？

7. 焊接结构选用材料的基本原则是什么？

8. 什么是金属焊接性？工艺焊接性与使用焊接性有什么不同？

9. 以下焊接结构常用哪些金属材料：锅炉汽包、桥梁、汽车底盘托架、屋架梁、煤气罐瓶、起重机主梁。

10. 完成一篇不少于 3000 字的关于焊接结构在国民经济中应用的综述，题目自定。

第 2 章

焊接应力与变形

▶▶

2.1 焊接内应力与变形

2.1.1 应力、应变基本概念

物体受到外力作用和加热引起物体内部之间相互作用的力，称为内力。在物理、化学或物理化学变化过程中，例如温度、金相组织或化学成分等变化时，在物体内部也会产生内力，其单位截面积上的内力称为应力。引起内力的原因不同，应力又分为工作应力和内应力。由外力作用于物体产生的应力称为工作应力；内应力是由物体的化学成分、金相组织及温度等因素的变化，造成物体内部的不均匀性变形引起的应力。它存在于铆接结构、铸造结构、焊接结构等许多工程结构中，其显著特点是在物体内部，内应力是自成平衡的，形成一个平衡体系。

焊接应力是焊接过程中及焊接结束后，存在于焊件中的内应力。由焊接引起的焊件尺寸的改变称为焊接变形。

焊接变形是物体在焊接过程中发生的形状和尺寸的变化，当物体产生变形的外力或其他因素去除后变形也会消失，这种变形称为弹性变形；若去除外力或其他因素后变形依然存在，物体不能恢复原状，这样的变形称为塑性变形。变形按拘束条件又可分为自由变形和非自由变形。

2.1.2 自由杆件模型及自由变形率、外观变形率和内部变形率

热胀冷缩是物体的固有物理属性，在焊接过程中伴随着温度的变化必然发生物体膨胀或收缩，由此产生热应变。如果材料的线胀系数为 α，则有

$$\varepsilon_T = \alpha \Delta T \tag{2-1}$$

式中，ε_T 为热应变；ΔT 为温差。一般而言，线胀系数随温度而发生改变，为计算方便，常常采用给定温度范围内的平均线胀系数来进行计算。

当金属发生热胀冷缩或者有相变发生时，其体积必然发生相应变化。如果这种形状和尺寸的变化没有任何约束，可以自由进行，那么这种变形就被称为自由变形，自由变形大小叫做自由变形量，单位长度上的自由变形量被称为自由变形率，同应变的概念类似。在对构件应力进行定量或半定量分析时，常常需要了解构件内部的真实变形情况，以下以简单金属杆

件在受约束情况下的热膨胀过程为例，分析自由变形率、外观变形率和内部变形率的概念，为焊接应力的分析打下基础。

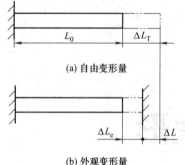

(a) 自由变形量

(b) 外观变形量

图 2-1　金属杆件的受热变形

金属杆件一端固定，在另一端完全无约束的情况下[图 2-1（a）]，温度 T_0 时杆件长度为 L_0。在随后的过程中对该杆件进行加热，随着温度的增加，杆件将发生伸长，且在该过程中，伸长不受任何约束，当温度变化为 T_1 时，伸长量变为 L_1，此时的自由变形量为：

$$\Delta L_T = L_1 - L_0 = \alpha L_0 (T_1 - T_0) \tag{2-2}$$

式中，α 为杆件的线胀系数。将自由变形率记为：

$$\varepsilon_T = \Delta L_T / L_0 = \alpha (T_1 - T_0) \tag{2-3}$$

当杆件一端有刚性约束，随着温度增加，当杆件接触刚性约束再进行膨胀时会受到阻碍[图 2-1（b）]，由此表现出来的变形量已不再和自由变形量相等，此变形量被称为外观变形量 ΔL_e，外观变形率被定义为：

$$\varepsilon_e = \frac{\Delta L_e}{L_0} \tag{2-4}$$

需要指出，当在自由变形量较小和杆件尚未约束接触时，自由变形量和外观变形量相等。可以看出外观变形量和外观变形率由杆件的原始尺寸和刚性约束的位置决定。在杆件一端受约束的情况下，由于受到约束作用的杆件受到内应力，该内应力由内部变形造成，这一部分没有表现出来的变形叫做内部变形，记为 ΔL。内部变形是自由变形和外观变形的差值，为同材料力学中符号正负表示一致，此时杆件受到压缩，记为负值，则内部变形量记为 $-\Delta L$。

$$\Delta L = -(\Delta L_T - \Delta L_e) = \Delta L_e - \Delta L_T \tag{2-5}$$

内部变形率 ε 记为：

$$\varepsilon = \frac{\Delta L}{L_0} = \frac{\Delta L_e - \Delta L_T}{L_0} = \varepsilon_e - \varepsilon_T \tag{2-6}$$

由应力和应变关系曲线，可知：

$$\sigma = E\varepsilon = E(\varepsilon_e - \varepsilon_T) \tag{2-7}$$

金属杆件在有约束情况下，在 T_1 温度下内部变形率 ε_1 引起的应力小于 σ_s 时，此时金属杆件仍然处于弹性状态，如果此时降温，则杆件可以恢复原始尺寸 L_0；如果在 T_1 温度下内部变形率 ε_1 引起的应力恰好达到 σ_s 时，如果温度继续增加，则杆件将发生压缩塑性变形，在随后的冷却过程中，当杆件温度恢复至 T_0 时，其长度将比初始长度减小，该长度等于压缩塑性变形量。

2.1.3　三杆件模型

以下采用简化的三杆件金属框架模型来对焊接残余应力的形成过程进行说明，以便定性地理解焊接残余应力的形成过程。在焊接过程中，试板中间的焊缝位置承受电弧加热，可以达到很高的温度，而两侧板材的温度较低，因此可以将其粗略地简化为中间杆件受热。而两侧杆件保持室温的三杆件模型，三个杆件上端和下端固定在一起形成框架，在加热和冷却过程中相互约束。

在加热前，三杆件温度相同，处于力学平衡状态，没有内应力的存在。随着中间杆件的加热,由于热胀冷缩现象,中间杆件必然发生热伸长,然而由于两侧杆件的阻碍,此时中间杆件会产生压应力,而两侧杆件承受拉应力。中间杆件承受的压应力会随着温度的升高(也即膨胀量的增加)而增大,当该力达到屈服应力时,此时中间杆件就会发生塑性变形,需要注意该塑性变形是不可逆的,将保留下来。在随后的冷却过程中,中间杆件的内部压应力会随之减少一直到零。由于加热过程中塑性变形的影响,中间杆件已经难以恢复原始尺寸,随着进一步的冷却,中间杆件由于受到两边杆件的限制,而转变为拉应力,而此时两侧杆件则产生了压应力。通过上述过程可以定性地了解焊接构件内部残余应力的形成过程,然而这仅是一个十分简化的模型,见图 2-2,准确的定量描述还需要考虑许多热传导、几何形状以及材料力学等方面的影响。

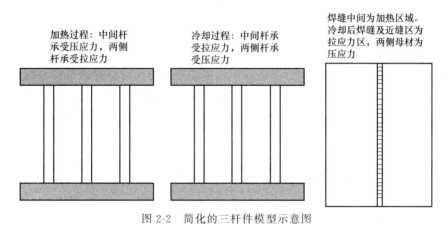

图 2-2　简化的三杆件模型示意图

2.2　焊接热应力与变形产生原因

2.2.1　焊接热应力

引起金属材料内力的原因有工作应力和内应力。工作应力是指外力施加给构件的,工作应力的产生与消失与外力有关。当构件有外力时构件内部即存在工作应力,相反则同时消失;内应力是指在没有外力的条件下平衡于物体内部的应力,在物体内部构成平衡的力系。

按产生原因分类有热应力、相变应力和塑变应力。

热应力是指在加热过程中,焊件内部温度有差异所引起的应力,故又称温差应力。热应力的大小与温差大小有关,温差越大应力越大,温差越小应力越小。

相变应力是指在加热过程中,局部金属发生相变,使比容增大或减小而引起的应力。

塑变应力是指金属局部发生拉伸或压缩塑性变形后引起的内应力。对金属进行剪切、弯曲、切削、冲压、铆接、铸造等冷热加工时常产生这种内应力。

(1)温度差异产生内应力

温度差异所引起应力(热应力)的举例见图 2-3。它是一个既无外力又无内应力封闭的金属框架,若只对框架中心杆件加热,而两侧杆件保持原始温度,如果无两侧杆件,则中心杆件随加热温度的升高而伸长,但由于受到两侧杆件和封闭框架的限制,不能自由伸

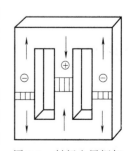

图 2-3　封闭金属框架

长，此时中心杆件受压而产生压应力，两侧杆件受到中心杆件的反作用受拉而产生拉应力，压应力和拉应力是在没有外力作用的条件下产生的，压应力和拉应力在框架中互相平衡，由此构成了内应力。如果加热的温度较低，应力在金属框架材料的弹性极限范围内，则当温差消失后，温度差产生的应力随之消失。

（2）残余应力

如果加热时产生的内应力大于材料的弹性极限，中间杆件就会产生压缩塑性变形，当温度恢复到原始温度时，若杆件能自由收缩，那么中间杆件的长度必然要比原来的短，这个差值就是中心杆件的压缩塑性变形量；若杆件不能自由收缩，中间杆件就会产生内应力，这种内应力是温度均匀后产生在物体中的，故称残余应力。实际上框架两侧杆件阻碍着中心杆件的自由收缩使其受到残余拉应力，两侧杆件本身则由于中心杆件的反作用而产生残余压应力。

（3）焊缝金属的收缩

当焊缝金属冷却、由液态转变为固态时，其体积要收缩。由于焊缝金属与母材是紧密联系的，因此，焊缝金属并不能自由收缩。这将引起整个焊件的变形，同时在焊缝中引起残余应力。另外，一条焊缝是逐渐形成的，焊缝中先结晶的部分要阻止后结晶部分的收缩，由此也会产生焊接应力与变形。

（4）金属组织的变化

钢在加热及冷却过程中发生相变可得到不同的组织，这些组织的比体积不一样，由此也会造成焊接应力与变形。

2.2.2　研究焊接应力与变形的基本假定

焊接中由于温度场变化复杂，焊接接头的应力、性能也比较复杂，为了简化便于研究和应用，有如下基本假定。

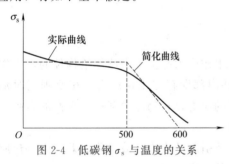

图 2-4　低碳钢 σ_s 与温度的关系

① 细长杆件的平截面假定。研究的构件较长，横截面相对长度来说较小，当构件伸长、缩短、弯曲变形时，其横截面总是保持平面。

② 屈服极限 σ_s 与温度的关系。低碳钢加热温度低于 $500℃$ 时 σ_s 不变；$500\sim600℃$ σ_s 逐渐减小到零，见图 2-4；大于 $600℃$ 时呈全塑性状态。加热时按此规律进行变化，冷却时也按此规律进行变化，由 $600\sim500℃$ 时 σ_s 由零逐渐升到正常值。

③ 金属的物理性能与温度无关。假定在加热过程中材料的线胀系数、比热容、热导率等均不随温度而变化（实际是随温度变化的）。

2.3　焊接应力与变形的形成过程

2.3.1　长板条中心加热

取一长度为 L、宽度为 B、厚度为 δ 的板条，在板条的中心线处沿板条的整个长度加热，并假定在板条的长度方向不存在温度梯度，仅在板条的宽度方向存在中间高两边低的不均匀温度场。为使问题简化，假定板条的厚度很薄（即 $\delta \to 0$），即在板条的厚度方向上也不存在温度梯度，温度场仅在板宽方向上对称分布。

从板条中截取单位长度的一段，并假设此段是由若干条彼此无关的纤维并列而成，则各纤维均可以自由变形。在图 2-5 所示的不均匀温度场的作用下，其端面的轮廓线将表现为中间高两边低的形式，如图 2-6 所示。这一轮廓线的形状应该与自由变形率 ε_T 曲线的形状一致。

实际上，各纤维之间是互相制约的，板条作为一个整体，如果板条足够长，则去除两端头部分，其中段截面必须保持为平面，以满足材料力学中的平面假设原理（即当构件受纵向力或弯矩作用而变形时，构件中的截面始终保持为平面），并且由于温度场是相对于板条中心线对称的，因此端面产生平移，移动距离为 ε_e。此时，ε_e 与 ε_T 的差值即为应变 ε。可以看出，板条中心部分的应变为负值，即压应变，在这一区域将产生压应力；板条两侧的应变为正值，即为拉应力，在

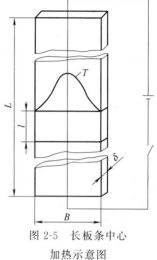

图 2-5 长板条中心
加热示意图

这一区域将产生拉应力。这三个区域的应力应该相互平衡，所以正负面积相等，见图 2-6（b）。如果已知温度分布是 x 的函数 $T = f(x)$，则应力平衡的条件可以表示为：

$$\Sigma Y = \int_{-B/2}^{B/2} \sigma \delta \mathrm{d}x = \int_{-B/2}^{B/2} E(\varepsilon_e - \varepsilon_T)\delta \mathrm{d}x = E\delta \int_{-B/2}^{B/2} [\varepsilon_e - \alpha f(x)]\mathrm{d}x = 0 \qquad (2\text{-}8)$$

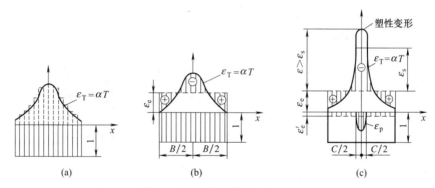

图 2-6 板条中心加热时的变形

由式（2-8）可以求出外观变形 ε_e，并进而可以由 $\sigma = E(\varepsilon_e - \varepsilon_T)$ 求出截面各点上的应力值，从而确定截面上的应力分布。当截面上的最大应力小于材料的屈服极限 σ_s 时，取消加热使板条恢复到初始温度，则板条会恢复到初始长度，应力和应变全都消失。如果加热温度较高，使中心部位产生较大的内部变形并导致其变形率 ε 大于金属屈服时的变形率 ε_s，则在中心部位会产生塑性变形。此时停止加热使板条恢复到初始温度，并允许板条自由收缩，则最终板条长度将缩短，其缩短量为残余变形量，并且在板条中形成一个中心受拉、两侧受压的残余应力分布。此残余应力在板条内部平衡，如果已知塑性区压缩变形的分布规律为 $\varepsilon_p = f_p(x)$，则残余应力为：

$$\sigma = E[\varepsilon_e' - f_p(x)] \qquad (2\text{-}9)$$

式中，ε_e' 为残余外观应变量。残余应力和变形的平衡条件可表达为：

$$\Sigma Y = \int_{-B/2}^{B/2} \sigma \delta \mathrm{d}x = \int_{-B/2}^{B/2} E(\varepsilon'_e - \varepsilon_p)\delta \mathrm{d}x = E\delta \int_{-B/2}^{-C/2} \varepsilon'_e \mathrm{d}x + E\delta \int_{-C/2}^{C/2} [\varepsilon'_e - f_p(x)]\mathrm{d}x + E\delta \int_{C/2}^{B/2} \varepsilon'_e \mathrm{d}x$$

$$= E\delta\varepsilon'_e(B-C) + E\delta \int_{-C/2}^{C/2} [\varepsilon'_e - f_p(x)]\mathrm{d}x = 0 \tag{2-10}$$

由于 ε_p 的分布对称于中心轴，因此截面也只做平移，ε'_e 为常数。由上面的两个公式可以求出残余应力和变形。此各区残余应力的符号与热应力的符号大致相反。

2.3.2　长板条单侧加热

在板条的一侧加热，则在板条中产生一侧高而另一侧低的不均匀温度场，如图 2-7 所示。如果假定板条由无数互不相干并可以自由变形的纵向纤维组成，则这些纵向纤维的变形量应当与温度成正比，其比例系数即为线胀系数，所以自由变形量曲线的形状应与温度曲线的形状相似［图 2-7（a）］。实际上，由于各纤维之间相互制约，并可以认为它们遵循平面假设原则，则实际变形量将不是曲线 ε_T，而是直线 ε_e。由于位移的大小受内应力必须平衡这一条件的制约，因而不可能出现图 2-7（b）、（c）所示的情况，因为这将产生不平衡的力矩。

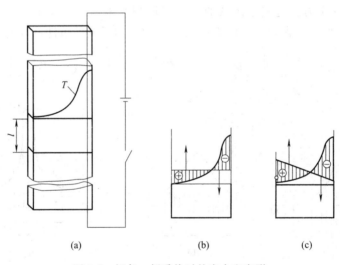

图 2-7　板条一侧受热时的应力和变形

如图 2-7（a）所示中的电阻丝移置板条的一侧加热，在长板条中产生相对于截面中心不对称的温度场。加热时的应力和变形可用计算方法或测量得出。假设该板条由若干个互不相连的窄板条组成，加热平衡时，就会出现放置电阻丝端伸出最长而另一端尺寸几乎不变的现象。但实际上板条是整体，电阻丝加热部位不可能单独伸长，而是按平截面假设伸长时保持平面，按内应力构成平衡力系判断，加热时两侧受压，中间受拉，受压的面积等于受拉的面积。整个平板产生伸长并向左发生弯曲变形，见图 2-8（a）。

冷却时，如果加热温度不能使一侧板条发生压缩塑性变形，则冷却后板条不缩短、无变形；如果加热温度较高，则板条一侧除产生了弹性变形外，也产生了塑性变形，冷却后，两侧受拉，中间受压产生缩短并向右的弯曲变形，见图 2-8（b）。

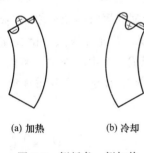

(a) 加热　　　(b) 冷却

图 2-8　侧板条一侧加热

2.4 焊接结构中形成的应力与变形

2.4.1 焊接应力与变形的影响因素及受约束杆件应力应变演化过程

焊接过程中热源的集中性使得整个焊接结构的加热和冷却都在不均匀的情况下发生，这也导致了焊接应力和变形的产生。构件自身以及外在约束的存在都会影响整个焊接应力的分布。焊接的应力和变形可以分为焊接过程中的应力和变形以及焊后残余应力和变形两种，在焊接过程中所发生的应力和变形称为瞬态应力和变形，在焊接完毕构件完全冷却后残留的应力和变形，被称为残余应力和变形。

在焊接过程中，整个焊接件的温度分布具有明显的不均匀性。焊缝位置受高温热源作用发生熔化形成熔池，而远离焊缝的区域其温度则相对较低，紧邻熔池的高温区材料因为温度升高而发生膨胀。这部分材料在膨胀过程中会受到周围冷态材料的制约而产生压缩塑性变形，这种情况同"三杆件模型"中中间杆件的情况类似。在冷却过程中，显然这部分发生塑性变形的材料无法得到补偿，会比原始材料缩短，此时该部分材料同样会由于周围金属的约束作用而不能自由收缩，从而形成最终的拉应力区；而两侧金属由于平衡效应，则呈现压应力状态，而整个焊接结构件为缩短的效应。这种焊接结构件冷却后残存的应力和变形则构成了焊接残余应力和变形。通过上述简短的分析可以看出，焊缝在冷却过程中的收缩受限制是导致最终残余应力和变形发生的重要原因，理解了这一本质属性对于理解焊接应力和变形的形成具有重要的指导意义。

在焊接过程中对应力与变形还可能造成影响的因素为相变。当发生奥氏体向马氏体转变等相变时，会伴随材料体积变化，这将给应力和应变分布带来影响，同时也会影响其他物理和力学参数。对于低碳钢材料，相变发生在 600 ℃ 以上，而在大于 600℃ 的范围内材料的屈服强度为零，所以可以忽略相变带来的影响。但是，对于其他材料则需考虑相变带来的影响。

需要指出，焊接时真实的温度场中焊接热源并非沿整个纵向长度均匀加热，焊接的温度场是一个空间分布极不均匀的温度场，如图 2-9 所示为薄板焊接时的典型温度场。由于焊接时的加热并非是沿着整个焊缝长度上同时进行，因此焊缝上各点的温度分布是不同的。这与前述长板条加热的情况存在差异。这种差异使平面假设的准确性降低。但是，由于焊接速度一般比较快，而材料的导热性能比较差，在焊接温度场的后部，还是有一个相当长的区域的纵向温度梯度较小，因此，仍然可以用平面假设做近似的分析。

2.4.2 焊接应力与变形的演化过程

随着焊接过程的进行，热源后方区域内温度在逐渐降低，即焊缝在不断冷却。因此，离热源中心不同距离的各横截面上的温度分布是不同的，因而其应力和变形情况也不相同。图 2-10 给出了低碳钢焊接时不同截面处的温度及纵向应力。图中截面 I 位于塑性温度区最宽处，该截面到热源的距离是 $s_1 = vt_1$（v 为焊接速度，t_1 为截面到热源的运动过程的时间）。截面 II、III、IV 到热源的距离分布为 $s_2 = vt_2$、$s_3 = vt_3$、$s_4 = vt_4$。截面 IV 距离热源很远，温度已经恢复到原始状态，其应力分布就是残余应力在该截面上的分布。

截面 I 为塑性温度区最宽的截面，即 600℃ 等温线在该截面处最宽。在该截面上温度超

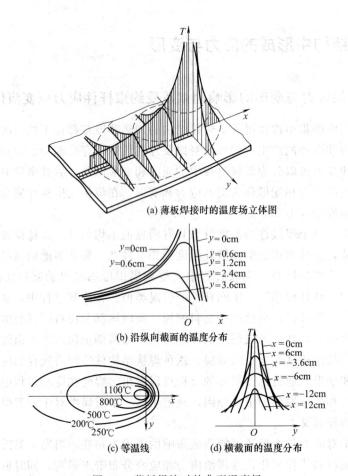

(a) 薄板焊接时的温度场立体图

(b) 沿纵向截面的温度分布

(c) 等温线

(d) 横截面的温度分布

图 2-9　薄板焊接时的典型温度场

过 600℃ 区域内，$\sigma_s = 0$，产生的变形全部为压缩塑性变形；在 600～500℃ 范围内，屈服应力从 0 逐渐增加到 σ_s，压应力也从 0 增加到 σ_s，弹性开始逐渐恢复，所产生的变形除压缩塑性变形外，开始出现弹性变形；在 500～200℃ 的范围内，弹性应变达到最大值 ε_s，压应力 $\sigma = \sigma_s$，同时存在塑性变形；在 200℃ 以下范围内，内应力 $\sigma < \sigma_s$，并逐渐由压应力转变为拉应力，在板边处拉应力可能达到材料的拉伸屈服强度 σ_s。由于内应力自身平衡的特点，截面上的拉应力区的面积与压应力区的面积是相等的。

截面 Ⅱ 上的最高温度为 600℃。由于经历了降温过程，应产生收缩，但受到周围金属的约束而不能自由进行，因此受到拉伸。中心线处的温度为 600℃，拉应力为零，并产生拉伸塑性变形；在中心线两侧温度高于 500℃ 的区域，弹性开始部分恢复，受拉伸后产生拉应力，并出现弹性变形，拉伸变形与原来的压缩塑性变形相互叠加，使某一点处的变形量为零，在该处之外的区域仍为压缩变形；500℃ 以下范围内，应力和变形情况与截面 Ⅰ 基本相同，在板边外为拉应力，但此拉应力区域变小。

截面 Ⅲ 处的最高温度已经低于 500℃。由于温度继续降低，材料进一步受到拉伸，拉应力增大达到了 σ_s，使板材中心部位出现了拉伸塑性变形，原来的压缩塑性变形区进一步减小，板边的拉应力区几乎消失。

截面 Ⅳ 处的温度已经降到了室温，中心区域的拉应力区进一步扩大，板边也由原来的拉

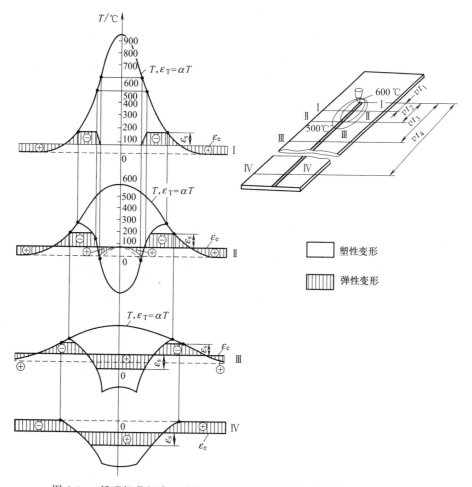

图 2-10　低碳钢薄板中心堆焊纵向焊道时横截面上的纵向应力演变过程

应力区转变为压应力区，此时得到的是残余应力和残余变形。

对于上述四个空间截面的分析，也可以看成是一个固定截面在不同时刻的情况。因为在焊接结束后，任一截面上的温度都要下降恢复到室温，所以必然要经历上述的各个过程。此外，上述分析中没有考虑相变应力和变形。这是因为低碳钢的相变温度高于 600℃，相变时材料处于完全塑性状态($\sigma_s=0$)，可以自由变形而不产生应力。相变时的体积变化可以完全转变为塑性变形，因而对以后的应力和变形的变化过程不产生影响。

2.4.3　焊接热应变循环

在焊接过程中金属经历了焊接热循环，与此同时，由于焊接温度场的高度不均匀性所产生的瞬时应力将使金属经受热应变循环。下面分析离焊缝较远、最高温度低于相变温度的区域和离焊缝较近、最高温度高于相变温度的区域的热应变情况，如图 2-11 所示。

第一种情况如图 2-11（a）所示：$0\sim t_1$ 时段，随温度的升高，自由变形 ε_T 大于可见变形 ε_e，金属受到压缩，压应力不断升高，并在 t_1 时刻，压应力达到 σ_s，开始出现压缩塑性变形；$t_1\sim t_2$ 时段，温度继续升高，压应力 $\sigma=\sigma_s$，并且在 $500\sim600℃$ 范围内下降，压缩塑性变形量增加，在 t_2 时刻，金属达到塑性温度 T_p，$\sigma=\sigma_s=0$；$t_2\sim t_3$ 时段，温度继续升高，压缩塑性变形量持续增加，并在 t_3 时刻，温度达到峰值，压缩塑性变形量也达到最大值；

$t_3 \sim t_4$时段，温度开始降低，金属开始发生收缩，此时由于收缩仍然受到阻碍，自由变形ε_T大于外观变形ε_e，使金属受到拉伸并产生拉伸塑性变形，并在t_4时刻，温度下降到T_p，金属开始恢复弹性；$t_4 \sim t_5$时段，温度继续降低，使拉应力值升高，拉伸塑性变形量增加，但增加速度缓慢，在t_5时刻，拉应力达到σ_s；t_5以后的时段，温度继续降低，拉伸塑性变形量继续增加，但增加速度逐渐趋向于零。

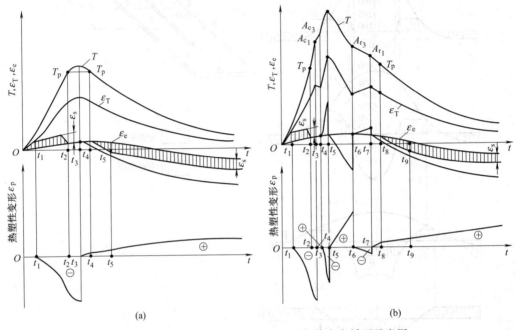

图 2-11 低碳钢焊接近缝区的热循环与热应变循环示意图

第二种情况，图 2-11（b）所示：在t_2以前的时段与第一种情况时相同；$t_2 \sim t_3$时段，温度继续升高，压缩塑性变形量持续增加，并在t_3时刻温度达到A_{c1}，开始发生奥氏体转变，比体积缩小，塑性变形方向发生逆转，开始出现拉伸塑性变形；$t_3 \sim t_4$时段，温度继续升高，体积减小，但受到周围金属的制约，因而受到拉应力并使拉伸塑性变形量增加，在t_4时刻，温度达到A_{c3}，相变结束，比体积停止变化，塑性变形方向再次逆转，开始出现压缩塑性变形；$t_4 \sim t_5$时段，温度继续升高，压缩塑性变形量继续增加，并在t_5时刻温度达到峰值；$t_5 \sim t_6$时段，温度开始下降，开始出现拉伸塑性变形，在t_6时刻，温度达到A_{r3}，开始出现反向相变，比体积增加，塑性变形方向再次逆转，由拉伸转变为压缩塑性变形；$t_6 \sim t_7$时段，温度继续下降，体积增大，压缩塑性变形量继续增加，在t_7时刻，温度达到A_{r1}，相变结束，塑性变形由压缩转变为拉伸；$t_7 \sim t_8$时段，温度继续下降，拉伸塑性变形量继续增加，在t_8时刻，温度下降到塑性温度T_p金属弹性开始恢复；t_8以后时段的变化与第一种情况中t_4以后时段的变化相同。

对于近缝区的焊接热应变循环来说，基本遵循两条规律：其一是金属在加热时受到压缩，冷却时受到拉伸，屈服后出现塑性变形；其二是相变（奥氏体转变）开始和结束后出现应力和应变方向的逆转。对于焊缝金属来说，由于其瞬时达到最高温度并熔化，金属熔化前的物性和状态全部消失，因此就应力和变形的分析来说，可以认为并不存在加热过程，只有冷却过程。在冷却过程中，焊缝金属除发生相变阶段外，都处于受拉伸状态。

2.4.4 热循环过程中材料性能的变化

在整个热循环过程中，金属的性能发生很大的变化，如图 2-12 所示，当温度接近固相线 S 时，晶粒间的低熔点物质开始熔化，导致金属的延性陡然下降；当温度接近液相线 L 时，液相所占的比例很大，金属的变形能力迅速上升。因此存在一个低延性的脆性温度区间 ΔT_B，其下限温度为 T_L，上限温度为 T_U。在焊接冷却过程中，金属的温度下降到脆性温度区间 ΔT_B 范围内时，由于温度下降导致金属的拉伸应变增加，这可能引发开裂。拉伸应变随温度的变化 $\left(\dfrac{\partial\varepsilon}{\partial T}=\dfrac{\partial\varepsilon}{\partial t}\middle/\dfrac{\partial T}{\partial t}\right)$ 可以用一条通过 T_U 的直线来表示。金属降温通过 ΔT_B 时是否发生开裂，取决于三个因素：拉伸应变随温度的变化率 $\dfrac{\partial\varepsilon}{\partial T}$（即通过 T_U 点的射线的斜率）的大小、脆性温度区间 ΔT_B 的大小和金属处在这个区间内时所具有的最小延性 ε_{min}。当 $\dfrac{\partial\varepsilon}{\partial T}>\left(\dfrac{\partial\varepsilon}{\partial T}\right)_C\left(\left(\dfrac{\partial\varepsilon}{\partial T}\right)_C\right.$ 为临界值，即图 2-12 中的射线 1）时，则发生断裂，即产生裂纹（图 2-12 中的射线 3）；当 $\dfrac{\partial\varepsilon}{\partial T}<\left(\dfrac{\partial\varepsilon}{\partial T}\right)_C$ 时，则不会产生裂纹（图 2-12 中的射线 2）。$\dfrac{\partial\varepsilon}{\partial T}$ 越大，ΔT_B 越大，以及 ε_{min} 越小，则越容易产生裂纹。$\dfrac{\partial\varepsilon}{\partial T}$ 与金属的物理性能以及焊缝的拘束度等因素有关，而 ΔT_B 和 ε_{min} 则与金属的组织和成分密切相关。另外，在焊接过程中，特别是在 200～300℃ 范围内的塑性变形会消耗金属的一部分延性，对金属在室温和低温下的延性有较大的影响，使其发生延性耗竭。这种现象在低碳钢特别是沸腾钢中表现得更为明显，被称为热应变脆化。在焊接过

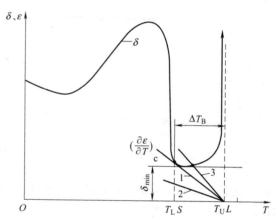

图 2-12 金属在高温时的延性和断裂

程中，如果近缝区中存在着几何不连续性（将导致应力集中），则焊接塑性应变量在这些部位成倍增加，将加剧延性耗竭。所有这些问题都与焊接时的应力与变形过程密切相关。

2.5 焊接残余应力

对于焊件内部的残余应力可以从长度、宽度、厚度三个方向的分布来进行考虑。一般焊接结构制造所用材料的厚度对于长度和宽度都很小，在板厚小于 20mm 的薄板和中厚板制造的焊接结构中，厚度方向上的焊接应力很小，残余应力基本上是双轴的，即为平面应力状态；只有在大型结构厚截面焊缝中，在厚度方向上才有较大的残余应力。通常，将沿焊缝方向上的残余应力称为纵向残余应力，以 σ_x 表示；将垂直于焊缝方向上的残余应力称为横向残余应力，以 σ_y 表示；对于厚度方向上的残余应力以 σ_z 表示。

2.5.1 纵向残余应力的分布

平板对接焊件中的焊缝及近缝区等经历过高温的区域中存在纵向残余拉应力,其纵向残余应力沿焊缝长度方向的分布如图 2-13 所示。

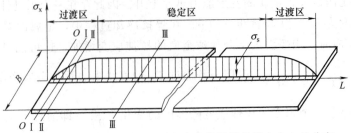

图 2-13　平板对接时焊缝上纵向应力沿焊缝长度方向上的分布

当焊缝比较长时,在焊缝中段会出现一个稳定区,对于低碳钢材料来说,稳定区中的纵向残余应力 σ_x 将达到材料的屈服强度 σ_s,

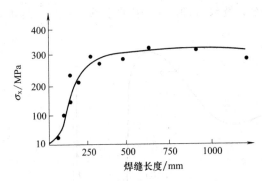

图 2-14　不同焊缝长度 σ_x 值的变化

在焊缝的端部存在内应力过渡区,纵向应力 σ_x 逐渐减小,在板边处 $\sigma_x=0$。这是因为板的端面 $O—O$ 截面处是自由边界,端面外没有材料,其内应力值自然为零,因此端面处的纵向应力 $\sigma_x=0$。一般来说,当内应力的方向垂直于材料边界时,则在该边界处的与边界垂直的应力值必然等于零。当焊缝长度比较短时,应力稳定区将消失,仅存在过渡区,并且焊缝越短纵向应力的数值就越小。图 2-14 给出了 σ_x 随焊缝长度变化情况。

纵向残余应力沿板材横截面上的分布表现为中心区域是拉应力,两边为压应力,拉应力和压应力在截面内平衡。图 2-15 给出了不同材料的焊缝纵向应力沿横向上的分布。

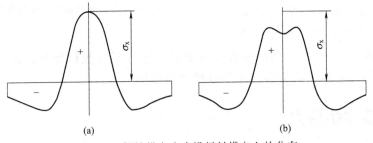

图 2-15　焊缝纵向应力沿板材横向上的分布

圆筒环焊缝上的纵向(圆筒的周向)应力分布如图 2-16 所示。当圆筒直径与壁厚之比比较大时,σ_x 分布与平板相似,对于低碳钢材料来说,σ_x 可以达到 σ_s;当圆筒直径与壁厚之比较小时,σ_x 有所降低。

对于圆筒上的环焊缝来说,由于其纵向收缩

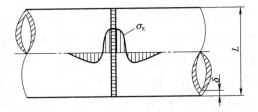

图 2-16　圆筒环焊缝纵向残余应力的分布

自由度比平板的收缩自由度大，因此其纵向应力比较小。纵向残余应力值的大小取决于圆筒的半径 R、壁厚 δ 和塑性变形区的宽度 b_p。当壁厚不变时，σ_x 随着 R 的增大而增大；相同壁厚和半径的情况下，塑性变形区宽度 b_p 的减小使 σ_x 增大。图 2-17 给出了不同筒径的环焊缝纵向应力与圆筒半径及焊接塑性变形区宽度的关系。

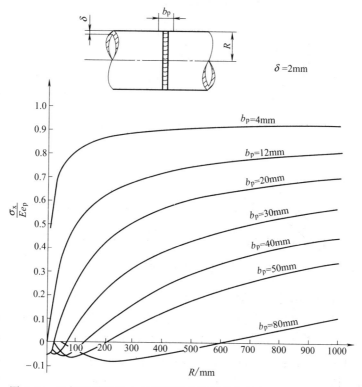

图 2-17　环焊缝纵向应力与圆筒半径及焊接塑性变形区宽度的关系

2.5.2　横向残余应力的分布

横向残余应力产生的直接原因是焊缝冷却时的横向收缩，间接原因是焊缝纵向收缩。另外，表面和内部不同的冷却过程以及可能叠加的相变过程也会影响横向应力分布。

2.5.2.1　纵向收缩的影响

考虑边缘无拘束（横向可以自由收缩）时平板对接焊的情况。如果将焊件自焊缝中心线一分为二，就相当于两块板同时受到板边加热的情形。由前述分析可知，两块板将产生相对的弯曲。由于两块板实际上已经连接在一起，因而会在焊缝的两端部分产生压应力而中心部分产生拉应力，这样才能保证板不弯曲。所以焊缝上的横向应力 σ_y 应表现为两端受压、中间受拉的形式，压应力的值要比拉应力大得多，如图 2-18 所示。当焊缝较长时，中心部分的拉应力值将有所下降，并逐渐趋于零。不同长度焊缝上的横向应力分布如图 2-19 所示。

2.5.2.2　横向收缩的影响

对于边缘受拘束的板，焊缝及其周围区域受拘束的横向收缩对横向应力起主要作用。由于一条焊缝的各个部分不是同时完成的，先焊的部分先冷却并恢复弹性，会对后冷却部分的横向收缩产生阻碍，因而产生横向应力。基于这一分析可以发现，焊接方向和顺序对横向应力必然产生影响，例如：平板对接时如果从中间向两边施焊，中间先冷却，后冷却的两边在

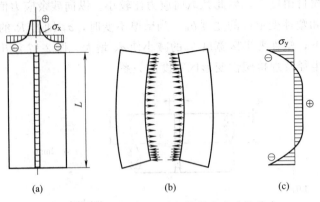

图 2-18　由纵向收缩所引起的横向应力的分布

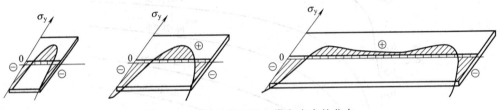

图 2-19　不同长度焊缝上横向应力的分布

冷却收缩过程中会对中间部分产生横向挤压作用，所以中间部分受到压应力；而中间部分对两边的收缩产生阻碍，所以两边受拉应力。在这种情况下 $\sigma_{y'}$ 的分布表现为中间部分受压应力两边受拉应力，如图 2-20（a）所示。如果从两端向中间施焊，造成两端先冷却并阻碍中间部分冷却时横向收缩，就会对中间部分施加拉应力并同时承受中间部分收缩所带来的压应力。因此，在这种情况下 $\sigma_{y'}$ 的分布表现为中间部分承受拉应力，两端部分承受压应力，如图 2-20（b）所示，与前一种情况相反。

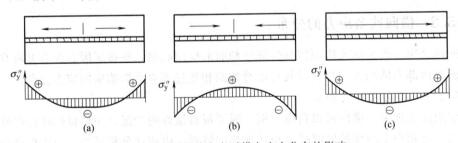

图 2-20　不同焊接方向对横向应力分布的影响

对于直通焊缝来说，焊缝尾部最后冷却，因而其横向收缩受到已冷却的先焊部分的阻碍，故表现为拉应力，焊缝中段则为压应力。而焊缝初始段由于要保持截面内应力的平衡，也表现为拉应力，其横向应力的分布规律如图 2-20（c）所示。采用分段退焊和分段跳焊，$\sigma_{y'}$ 的分布将出现多次交替的拉应力和压应力区。

焊缝纵向收缩和横向收缩是同时存在的，因此横向应力的两个组成部分 $\sigma_{y'}$ 和 $\sigma_{y'}$ 也是同时存在的。横向应力 σ_y 应是上述两部分应力 $\sigma_{y'}$ 和 $\sigma_{y'}$ 综合作用的结果。

横向应力在与焊缝平行的各截面上的分布与在焊缝中心线上的分布相似，但随着离开焊缝中心距离的增加，应力值降低，在板的边缘处 $\sigma_y = 0$，见图 2-21。由此可以看出，横向应力沿板材横截面的分布表现为：焊缝中心应力幅值大，两侧应力幅值小，边缘应力值为零。

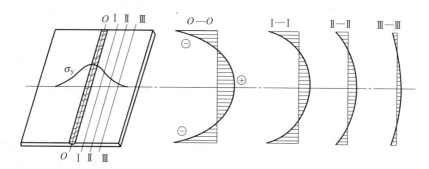

图 2-21　横向应力沿板宽方向的分布

2.5.3　厚板中的残余应力

厚板焊接接头中除存在纵向应力和横向应力外还存在较大的厚度方向的应力 σ_z。另外，板厚增加后，纵向应力和横向应力在厚度方向上的分布也会发生很大的变化，此时的应力状态不再满足平面应力模型，而应该用平面应变模型来分析。

厚板焊接多为开坡口多层多道焊接，后续焊道在（板平面内）纵向和横向都遇到了较高的收缩抗力，其结果是在纵向和横向均产生了较高的残余应力。而先焊的焊道对后续焊道具有预热作用，因此对残余应力增加稍有预热作用。由于强烈弯曲效应的叠加，使先焊焊道承受拉伸，而后焊焊道承受压缩。横向拉伸发生在单边多道对接焊缝的根部焊道，这是由于在焊缝根部的角收缩倾向较大，如果角收缩受到约束则表现为横向压缩。板厚方向的残余应力比较小，因而多道焊明显避免了三轴拉伸残余应力状态。图2-22 给出了 V 形坡口对接焊缝厚板的三个方向残余应力的分布。

图 2-23 所示为 80mm 厚的低碳钢 V 形坡口多层焊焊缝横截面的中心处残余应力沿厚度方向的分布。σ_y 在焊缝根部大大超过了屈服强度，这是由于每焊一层就产生一次弯曲作用（如图中坡口两侧箭头所示），多次拉伸塑性变形的积累造成焊缝根部应变硬化，使应力不断升高，严重时，甚至会因塑性耗竭而导致焊缝根部开裂。如果在焊接时限制焊缝的角变形，则在焊缝根部会出现压应力。

对于厚板对接单侧多层焊缝中的横向残

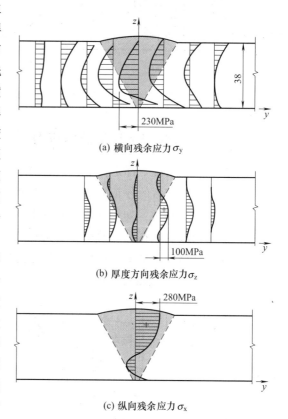

(a) 横向残余应力 σ_y

(b) 厚度方向残余应力 σ_z

(c) 纵向残余应力 σ_x

图 2-22　厚板 V 形坡口对接焊缝厚板
的三个方向残余应力的分布

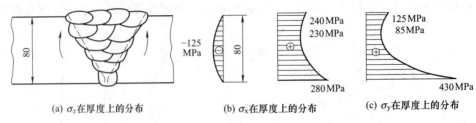

(a) σ_z在厚度上的分布　　(b) σ_x在厚度上的分布　　(c) σ_y在厚度上的分布

图 2-23　厚板 V 形坡口多层焊时沿厚度上的应力分布

余应力的分布规律，可利用图 2-24（a）所示的模型来分析。随着坡口中填充层数的增加，横向收缩应力 σ_y 也随之沿 z 轴向上移动，并在已经填充的坡口的纵截面上引起薄膜应力及弯曲应力。如果板边无拘束，厚板可以自由弯曲，则随着坡口填充层数的积累，会产生明显的角变形，导致图 2-24（b）所示的应力分布，在焊缝根部会产生很高的拉应力；相反，如果厚板被刚性固定，限制角变形的发生，则横向残余应力的分布如图 2-24（c）所示，在焊缝根部就会产生压应力。

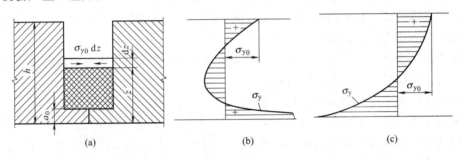

(a)　　　　　　　　　(b)　　　　　　　　　(c)

图 2-24　厚板对接单侧多层焊时横向残余应力分布的分析模型

2.5.4　拘束状态下焊接的内应力

实际构件多数情况下都是在受拘束的状态下进行焊接的，这与在自由状态下进行焊接有很大不同。构件内应力的分布与拘束条件有密切关系。这里举一个简单的例子加以说明。图 2-25 所示为一金属框架，如果在中心构件上焊一条对接焊缝［图 2-25（a）］，则焊缝的横向收缩受到框架的限制，在框架的中心部分引起拉应力 σ_f，这部分应力并不在中间杆件内平衡，而是在整个框架上平衡，这种应力称之为反作用内应力。此外，这条焊缝还会引起与自

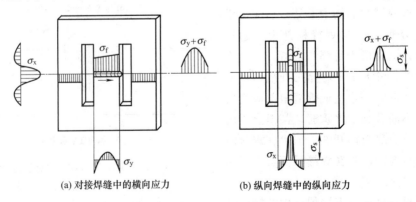

(a) 对接焊缝中的横向应力　　　(b) 纵向焊缝中的纵向应力

图 2-25　拘束条件下焊接的内应力

由状态下焊接相似的横向内应力 σ_y。反作用内应力 σ_f 与 σ_y 相叠加形成一个以拉应力为主的横向应力场。如果在中间构件上焊接一条纵向焊缝 [图 2-25 (b)]，则由于焊缝的纵向收缩受到限制，将产生纵向反作用内应力 σ_f。与此同时，焊缝还引起纵向内应力 σ_x，最终的纵向内应力将是两者的叠加。当然叠加后的最大值应该小于材料的屈服强度，否则，应力场将自行调整。

2.5.5 封闭焊缝引起的内应力

封闭焊缝是指焊道构成封闭回路的焊缝。在容器、船舶等板壳结构中经常会遇到这类焊缝，如接管、法兰、人孔、镶块等焊缝。图 2-26 所示为几种典型的容器接管焊接示意图。分析封闭焊缝（特别是环形焊缝）的内应力时，一般使用径向应力 σ_r 和周向应力 σ_θ。径向应力 σ_r 是垂直于焊接方向的应力，所以其情况在一定程度上与 σ_y 类似；周向应力（或叫切向应力）σ_θ 是沿焊缝方向的应力，因此其情况在一定程度上可类似 σ_x。但是由于封闭焊缝与直焊缝的形式和拘束情况不同，因此其分布与 σ_x 和 σ_y 仍有差异。

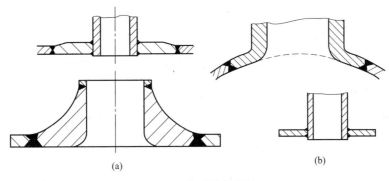

(a)　(b)

图 2-26　容器接管焊接

在实际工程中，封闭焊缝一般都是在较大的拘束条件下焊接的，因此其内应力值也比较大。图 2-27 所示为直径 D 为 1m、厚度为 12mm 的圆盘，在中心切取直径为 d 的孔并镶块焊接时，径向应力 σ_r 和周向应力 σ_θ 的分布。可以看出，径向应力 σ_r 在整个构件中均为拉应力；周向应力 σ_θ 在焊缝附近及镶块中为拉应力，在焊缝的外侧区域为压应力，并且随着镶块直径 d 的增大，周向应力 σ_θ 的峰值始终出现于焊缝中心位置，大小基本不变，而在镶块中心区域的 σ_θ 降低，径向应力 σ_r 则随着 d 的增加而下降。另外，在镶块中心区域，有 $\sigma_r = \sigma_\theta$，即在该区域形成了一个均匀的双轴应力场，其应力值的大小与镶块直径 d 圆盘直径 D 的比值有关。d/D 越小，拘束度就越大，镶块中的内应力就越大。可见，结构刚度越大，拘束度越大，内应力就越大。当然，镶块本身的刚度也起重要作用，如果采用空心镶块，内应力就要小得多。接管由于本身的刚度较小，其内应力一般比镶块的小。

2.5.6 相变应力

金属中相变的发生通常伴随着组织结构的转变，这又意味着物相晶体结构的变化，进而带来比体积的改变。例如对于碳钢来说，当奥氏体转变为铁素体或马氏体时，其比体积将由 0.123～0.125 增加到 0.127～0.131。发生反方向相变时，比体积将减小相应的数值。如果相变温度高于金属的塑性温度 T_p（材料屈服强度为零时的温度），则由于材料处于完全塑性状态，比体积的变化完全转化为材料的塑性变形，因此，不会影响焊后的残余应力分布。

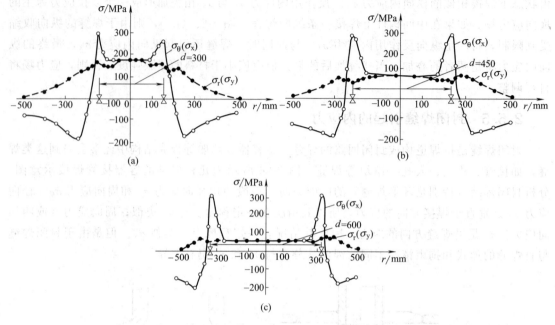

图 2-27　圆盘镶块封闭焊缝所引起的焊接残余应力分布

对于低碳钢来说，受热升温过程中，发生铁素体向奥氏体的转变，相变的初始温度为 A_{c1}，终了温度为 A_{c3}。冷却时反向转变的温度稍低，分别为 A_{r1} 和 A_{r3}，见图 2-28（a）。在一般的焊接冷却速度下，其正、反向相变温度均高于 600℃（低碳钢的塑性温度 T_p），因而其相变对低碳钢的焊接残余应力没有影响。

对于一些碳含量或合金元素含量较高的高强钢，加热时，其相变温度 A_{c1} 和 A_{c3} 仍高于 T_P，但冷却时其奥氏体转变温度降低，并可能转变为马氏体，而马氏体转变温度 M_s 远低于 T_p，见图 2-28（b）。在这种情况下，由于奥氏体向马氏体转变使比体积增大，不但可以抵消部分焊接时的压缩塑性变形，减小残余拉应力，而且可能出现较大的焊接残余压应力。

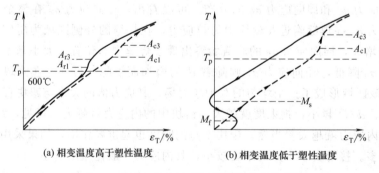

图 2-28　钢材加热和冷却时的膨胀和收缩瞳线

当焊接奥氏体转变温度低于 T_p 的板材时，在塑性变形区（b_s）内的金属产生压缩塑性变形，造成焊缝中心受拉伸，板边受压缩的纵向残余应力 σ_x。如果焊缝金属为不产生相变的奥氏体钢，则热循环最高温度高于 A_{c3} 的近缝区（b_m）内的金属在冷却时，体积膨胀，在该区域内产生压应力。而焊缝金属为奥氏体，以及板材两侧温度低于 A_{c1} 的部分均未发生相变，因而承受拉应力。这种由于相变而产生的应力称之为相变应力。纵向相变应力 σ_{mx} 的分布如图 2-29 所示，焊缝最终的纵向残余应力分布应为 σ_x 与 σ_{mx} 之和，见图 2-29（a）。如果焊接材料为与母材同材质的材料，冷却时焊缝金属和近缝区 b_m 一样发生相变，则其纵向相变应力 σ_{mx} 和最终的纵向残余应力 $\sigma_x + \sigma_{mx}$，如图 2-29（b）所示。

在 b_m 区内，相变所产生的局部纵向膨胀，不但会引起纵向相变应力 σ_{mx}，而且也可以引起横向相变应力 σ_{my}，如果沿相变区 b_m 的中心线将板截开，则相变区的纵向膨胀将使截下部分向内弯曲，为了保持平直，两个端部将出现拉应力，中部将出现压应力，如图 2-30（a）所示。同样相变区 b_m 在厚度方向的膨胀也将产生厚度方向的相变应力 σ_{mz}。σ_{mz} 也将引起横向相变应力 σ_{my}，其在平板表面为拉应力，在板厚中间为压应力，如图 2-30（b）所示。

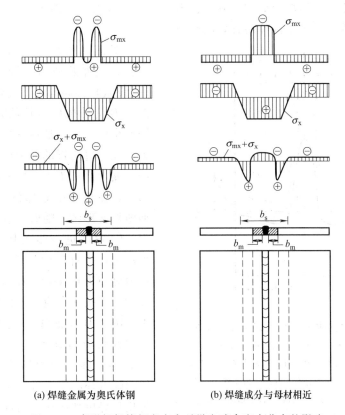

(a) 焊缝金属为奥氏体钢　　　　(b) 焊缝成分与母材相近

图 2-29　高强钢焊接相变应力对纵向残余应力分布的影响

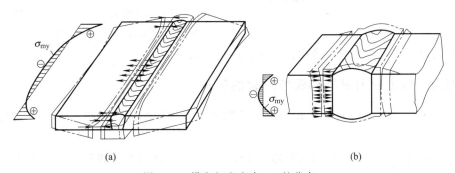

(a)　　　　　　　　　　　(b)

图 2-30　横向相变应力 σ_{my} 的分布

从上述分析可以看出，相变不但在 b_m 区产生拉应力 σ_{mx} 和 σ_{mz}，而且可以引起拉应力 σ_{my}。相变应力的数值可以相当大，这种拉伸应力是产生冷裂纹的原因之一。

2.6 焊接残余应力对构件的影响

2.6.1 残余应力对构件承载力的影响

对于低碳钢等一般结构构件，焊缝区的纵向拉伸残余应力峰值较高，可以接近或达到材料的屈服强度。在外载应力和它的方向一致的情况下，它会同外载应力叠加从而使得塑性变形区域扩展，对于达到塑性变形的区域，它不具有进一步的承载能力，因此在这种情况下，残余应力的存在等于减小了构件的有效截面积。

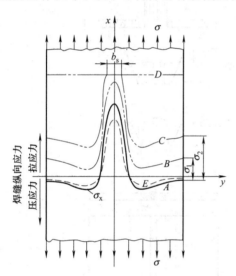

图 2-31 外载作用下焊件内部应力分布图
曲线 A—焊后纵向残余应力 σ_x 沿横截面的分布；
曲线 B—$\sigma_x+\sigma_1$ 时的应力分布，σ_1 为外载工作应力；
曲线 C—$\sigma_x+\sigma_2$ 时的应力分布，$\sigma_2>\sigma_1$ 为外载工作应力；
曲线 D—材料的屈服强度或在加载全面屈服时的应力分布；
曲线 E—$\sigma=\sigma_2>\sigma_1$ 加载（曲线 C）并卸载后的残余应力分布；
b_s—$\sigma_x+\sigma_2>R_{el}$ 时产生拉伸塑性变形区的宽度

图 2-31 所示为带有纵向焊缝的矩形板件，在外载应力 σ 同焊后残余应力 σ_x（曲线 A）共同作用下残余应力场的分布。曲线 B 为外载应力较低时（σ_1）情况下，同残余应力先叠加后的应力分布结果。可见，在焊缝附近的应力已趋近于材料的屈服强度（直线 D）。进一步提高外载应力（σ_2），在板件中心部位出现 b_s 宽度的拉伸塑形变形区。随着外载应力的进一步扩大，b_s 宽度进一步增加，应力分布也更加均匀，一直达到板件完全屈服的状态，应力分布为直线 D。此后，在外载荷再增加时，焊接残余应力的作用会消失。

图 2-31 中曲线 E 为外载应力 σ_2 卸载后的残余应力分布。同曲线 A 相比，曲线 E 显示残余应力场的不均匀性区域平缓，随着外载应力继续增加，应力分布均匀化趋势更加明显。由此可见，对于塑性良好的构件，焊接残余应力对承载能力没有影响。然而对于塑性较差的构件，一般不会出现 b_s 区扩大的现象，而会在峰值应力区达到抗拉强度造成开裂，进而扩展导致构件断裂。

2.6.2 残余应力对结构脆性断裂的影响

图 2-32 所示为碳钢宽板试件在不同试验温度下呈现的尖缺口与焊接残余应力对断裂的影响。

若试件中没有尖缺口，则断裂沿曲线 PQR 发生，即在材料的极限强度时断裂。试件中有尖缺口，但无焊接残余应力时，断裂沿 $PQST$ 发生；当试验温度高于断裂转变温度 T_f，在高应力下发生剪切断裂，而当试验温度低于 T_f 时，断口形貌呈解离状，断裂应力接近材料的屈服强度。

在带有焊接残余应力和尖缺口试件上，断裂应力曲线为 $PQSUVW$；若尖缺口位于残余拉应力的高应力区内，则可能发生不同类型的断裂：

① 当温度高于 T_f 时，断裂沿极限强度曲线 PQ 发生，残余应力对断裂无影响。

② 当温度低于 T_f，但高于止裂温度 T_a 时，裂纹可能在低应力下萌生，但不扩展。

③ 当温度低于 T_a 时，由于断裂产生时的应力水平不同，可能有以下两种情况：当应力低于临界线 VW 线时，裂纹扩展很短，随即停止再扩展；当应力高于临界线 VW 线时，将发生完全断裂。

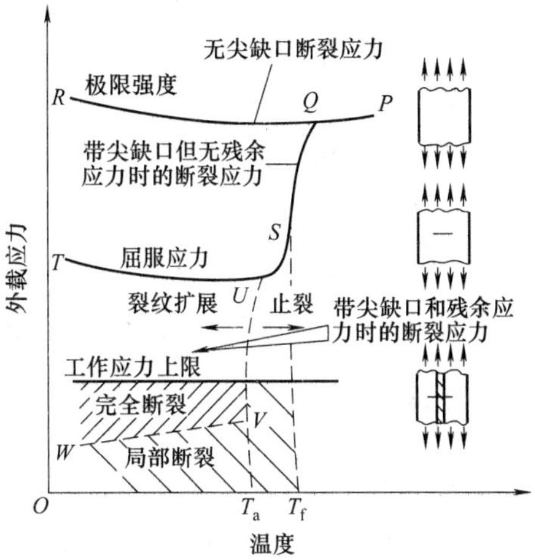

图 2-32　尖缺口与焊接
残余应力对断裂的影响

由上述分析可看出，对于高强度钢构件，残余应力的存在容易导致构件出现脆性断裂，因此如果降低焊接残余应力，将有助于提高构件的抗裂性。在实际应用中，常常采用焊后热处理措施对焊接结构进行消应力处理，以此提高构件的抗裂能力。

2.6.3　残余应力对结构疲劳强度的影响

当构件承受疲劳载荷时，焊接残余应力拉伸应力阻碍裂纹的闭合，它也等同于增加了疲劳过程中的应力平均值并改变了应力循环特性，从而加剧了应力循环损伤，导致疲劳强度降低。由于焊接接头往往是应力集中区，因此残余拉应力对疲劳结构的影响会更加明显。在工作应力作用下，在疲劳载荷的应力循环中，残余应力的峰值有可能降低，循环次数越多，降低的幅度越大。

提高焊接构件的疲劳强度一方面需要降低残余应力，另一方面还需降低应力集中程度避免结构几何不完整性和力学不连续性。在重要承载构件的疲劳设计和评定中，对于高拉伸残余应力的部位，应引入有效应力比值，而不能仅考虑实际工作应力比值。

由于焊接构件中的压缩残余应力可以降低应力比值使得裂纹闭合，从而延缓或终止疲劳裂纹的扩展，因此可采用锤击等措施在焊接构件中产生压缩残余应力，从而改善焊接结构抗疲劳性能。

2.6.4　残余应力对构件刚度的影响

当外载的工作应力为拉应力时，与焊缝中的峰值拉应力相叠加，会发生局部屈服；在随后的卸载过程中，构件的回弹量小于加载时的变形量，构件卸载后不能恢复原始尺寸。尤其在焊接梁形构件时，这种现象会降低结构的刚度。如果随后的重复加载均小于第一次加载，则不再会发生新的残余变形。在对尺寸精度要求较高的重要焊接结构上，这种影响不容忽视。但对于刚度较小且韧性较好的材料，随着加载水平的提高，这种影响趋于减小。

当结构承受压缩外载时，由于焊接内应力中的压应力一般远低于压缩屈服强度，外载应力与它的和未达到压缩屈服强度，结构在弹性范围内工作，不会出现有效截面减小的情况；

当结构承受弯曲载荷时，内应力对刚度的影响同焊缝的位置有关，焊缝所在部位的弯曲应力越大，则其影响越大。

对于结构上存在纵向和横向焊缝，或者经过火焰矫正，这两种情况下结构中可能在相当大的截面上产生拉应力，虽然在构件长度方向上拉应力的分布范围并不大，但是它们对刚度仍然具有较大的影响。特别是采用大量火焰校正后的焊接梁，在加载时刚度和卸载时的回弹量可能有较明显的下降。

2.6.5　残余应力对受压杆件稳定性的影响

当外载引起的压应力与焊接残余压应力叠加之和达到 R_{eL} 时，该部分截面不能继续承载，失去承载能力，等于减小了杆件的有效截面积，并改变了有效截面积的分布，使稳定性有所改变。内应力对受压杆件稳定性的影响与内应力场的分布有关。

图 2-33 所示为 H 形焊接杆件的内应力分布，图 2-34 所示为箱形焊接杆件的内应力分布。对于 H 形杆件，如果翼板是用气割加工的，或者翼板由几块叠焊起来，则可能在翼板边缘产生拉伸内应力，其失稳临界应力比一般的焊接 H 形截面高。杆件内应力的影响同截面形状有关，对于箱形截面的杆件，内应力的影响比 H 形截面要小。内应力的影响只在杆件一定的长细比（λ）范围内起作用。当杆件的 λ 较大，杆件的临界应力比较低，若内应力的数值也比较低，外载应力与内应力之和未达到 R_{eL}，杆件就会失稳，这种情况下内应力对杆件稳定性产生不利影响。

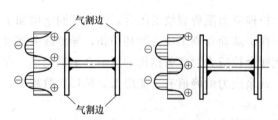

图 2-33　H 形焊件内应力分布图

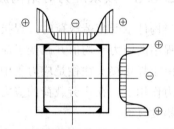

图 2-34　箱形焊接杆件内应力分布

2.6.6　残余应力对应力腐蚀的影响

应力腐蚀是指材料、机械零件或构件在静应力（主要是拉应力）和腐蚀的共同作用下产生的失效现象。它常出现于锅炉用钢、黄铜、高强度铝合金和不锈钢中，凝汽器管、矿山用钢索、飞机紧急刹车用高压气瓶内壁等所产生的应力腐蚀也很显著。应力腐蚀一般认为有阳极溶解和氢致开裂两种。焊接构件工作在腐蚀环境介质中时，尽管外载的工作应力不高，但由于焊接残余拉应力的存在仍然会导致应力腐蚀发生，而且外载荷带来的应力同残余拉应力叠加后的应力峰值越高，应力腐蚀开裂的时间就越短。

2.6.7　残余应力对构件精度和尺寸稳定性的影响

当构件的设计技术条件及装配精度要求较高时，对复杂焊接构件在焊后还需进行机加工。切削加工是把一部分材料从构件上去除，从而使得截面积相应改变，所释放的残余应力使得构件中原有的残余应力重新平衡，这将引起构件的重新变形。而且，这种变形只能在工件完成切削加工从夹具中取出时才能显示出来，因此会影响构件的精度。

例如图 2-35（a）中所示的焊接构件上加工底座平面，引起工件的挠曲，影响构件底座的结合面的精度。图 2-35（b）所示为两个轴承孔加工互相影响的例子，由于齿轮箱上有几个轴承孔需要加工，因此加工第二个轴承时，必然影响第一个轴承孔的精度以及两孔之间的中心距。

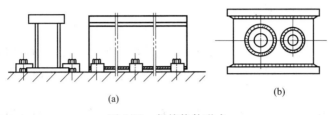

(a)　　　　　　　　　　(b)

图 2-35　焊接构件形式

2.7 焊接变形

2.7.1 焊接变形的分类

焊接是一种局部加热的过程，焊件局部加热产生膨胀，受到周边冷金属的约束不能自由伸长，产生了压缩塑性变形，冷却时这部分金属不能自由收缩，就会产生残存在构件内部的残余应力，并在焊后引起焊接变形。

焊接变形在焊接结构中的分布非常复杂。钢结构焊接后出现变形的类型和大小与结构的材料、板厚、形状、焊缝在结构上的位置以及采用的焊接顺序、焊接电流大小、焊接方法有关。按照焊接残余变形的外观形态分为收缩变形、角变形、弯曲变形、波浪变形和扭曲变形五种基本类型。

（1）纵向收缩变形

沿焊缝轴线方向尺寸的缩短称为纵向收缩。影响纵向收缩变形的因素包括焊接层数、焊接方法、焊接热输入、焊接顺序以及材料的热物理参数等，其中热输入为主要影响因素。焊件的截面积越大，焊件的纵向收缩量越大。从这个角度考虑，在受力不大的焊接结构内，采用间断焊缝代替连续焊缝，是减少焊件纵向收缩变形的有效措施。

压缩塑性变形量与焊接方法、焊接参数、焊接顺序以及母材的热物理性质有关，其中热输入的影响最大。通常情况下，压缩塑性变形量与热输入成正比，同样截面形状和大小的焊缝可以一次焊成，也可以采用多层焊。多层焊每次所用的热输入比单层焊时要小得多，因此，多层焊时每层焊缝所产生的压缩塑性变形区面积（A_p）比单层焊时小。但由于各层所产生的塑性变形区面积是相互重叠的，因此，多层焊所引起的总变形量并不等于各层焊缝的 A_p 之和。焊件的原始温度对焊件的纵向收缩也有影响，一般来说，焊件的原始温度提高，相当于热输入增大，焊后纵向收缩量增大。

（2）横向收缩变形

构件焊后在垂直焊缝方向发生收缩，在焊后出现这种收缩变形是难以修复的，应在构件下料时加余量。

（3）弯曲变形

构件焊后发生弯曲，弯曲变形是由焊缝的纵向收缩以及焊缝横向收缩引起的。这种焊接变形是由于结构上的焊缝不对称或焊件断面形状不对称，导致焊缝的纵向收缩和横向收缩而产生变形的。

（4）角变形

焊后构件的平面围绕焊缝产生的角变形，主要由于焊缝截面形状不对称，或施焊层次不合理致使焊缝在厚度方向上横向收缩量不一致所致。

（5）波浪变形

这种变形在薄板时容易发生。产生原因是由于焊缝的纵向收缩和横向收缩在拘束度较小部位造成较大的压应力而引起的变形，或由上述两种原因共同作用而产生的变形。

（6）扭曲变形

这种变形是由于装配不良，施焊程序不合理，致使焊缝纵向收缩和横向收缩没有一定规律而引起的变形。

焊接变形是焊接结构中经常出现的问题，在焊接结构中这些变形都不是单独出现的，而是同时出现、互相影响的。针对焊接变形，必要时要进行矫正，如果矫正不当，会造成废品。

焊接变形又可以分为在焊接热过程中发生的瞬态热变形和在室温条件下的残余变形。在焊接热循环过程中产生且动态变化的变形称为瞬态变形。图 2-36 所示为板条在单侧边缘堆焊情况下板条面内弯曲瞬态热变形曲线 $ABCD$。如果热输入较小，在加热时均为弹性变形，则冷却后无残余变形，瞬态热变形曲线如图 2-36 中 $ABB'C'D'$ 所示。冷却至室温后，图中 f 为残余变形。当两块板条拼焊在一起时，在自由状态下由于热源前方高温区材料膨胀引起瞬态变形，则会发生如图 2-37（a）所示的热源前方坡口间隙张开现象。除了热源前面坡口处的纵向热膨胀应变外，热源后面的不均匀收缩也是坡口对接处瞬态面内弯曲变形的原因，所以焊接开始时的弯曲变形方向与焊接结束后冷却到室温的残余变形方向相反。图 2-37（b）所示为结构钢对接焊时坡口处的瞬态面内弯曲变形，它受到热源后面相变应变的双重影响，在加热阶段的相变伴随金属体积缩小，在这一部位冷却阶段的相变转变伴随体积膨胀。在长焊缝起始阶段，相变使坡口间隙闭合，而后使坡口间隙取向张开。

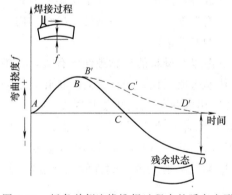

图 2-36 板条单侧边缘堆焊过程中的瞬态变形

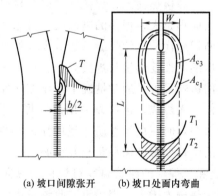

图 2-37 对接焊时瞬态变形

残余变形根据其变形的形式又可分为面内变形和面外变形。如图 2-38 所示，焊接残余变形可分为纵向收缩变形［图（a）］；横向收缩变形［图（b）］；面内弯曲回转变形［图（c）］；角变形［图（d）］；弯曲变形［图（e）］，也称挠曲变形；扭曲变形［图（f）］，也称为螺旋变形；失稳翘曲变形（波浪变形）［图（g）］。

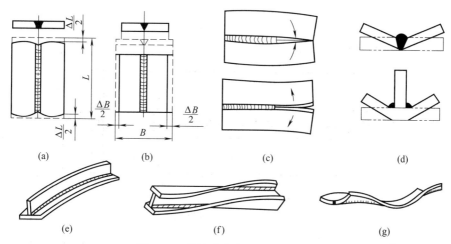

图 2-38 焊接残余变形分类示意图

焊接结构的变形一方面影响生产工艺流程的正常进行，另一方面还会降低结构承载能力。对于焊接残余变形，焊后往往需要进行矫正处理，造成生产成本提高并引起质量不稳定。因此根据焊接变形产生的原理，预测、分析、控制和消除结构件的焊接变形非常重要。

2.7.2 纵向收缩变形及其引起的挠曲变形

2.7.2.1 纵向收缩

按照弹性方法，焊接长板条的纵向收缩变形可以近似地由焊缝及其附近区域的纵向收缩力来确定。焊接时，焊缝金属在冷却过程中收缩，因此比周边的材料短，而其附近的金属则由于在高温下的自由变形受到阻碍，产生了压缩塑性变形，这个区域通称为缩短变形区，该区域内的塑性变形的分布如图 2-39 所示。

可以设想在焊缝根部存在一个收缩力导致产生该变形区，这一收缩力作用在原始无应力的构件上，使构件产生压缩变形。收缩力的大小可以表示为：

$$F_f = E \int_{A_p} \varepsilon_p \mathrm{d}A \qquad (2\text{-}11)$$

式中，ε_p 为缩短变形量；A_p 为变形区的面积。

缩短变形区的存在相当于构件受到收缩力 F_f 的作用，使构件产生纵向收缩 ΔL，如图 2-40 所示，其数值为：

$$\Delta L = \frac{F_f L}{EA} = \frac{L \int_{A_p} \varepsilon_p \mathrm{d}A}{A} \qquad (2\text{-}12)$$

式中，A 为构件的截面积；A_p 为缩

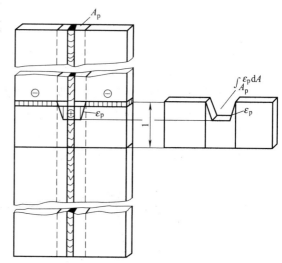

图 2-39 焊接缩短变形的分布

短变形区的截面积（对于板条 $A_p = B_p \delta$）；E 为构件材料的弹性模量；L 为构件长度（焊缝贯穿全长）；ε_p 为缩短应变。

缩短应变 ε_p 可表示为：

$$\varepsilon_p = \mu_1 = \frac{\alpha q_w}{c\rho A} \tag{2-13}$$

式中，μ_1 为纵向刚度系数，$\mu_1 = 0.335$。

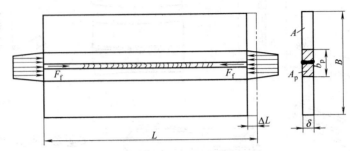

图 2-40　收缩力作用下的纵向收缩变形

钢制细长构件，如梁、柱等结构的纵向收缩量可以通过如下公式作初步估算。单层焊的纵向收缩量 ΔL 为：

$$\Delta L_1 = \frac{kA_h L}{A} \tag{2-14}$$

式中，A_h 为焊缝截面积，mm^2；A 为构件截面积，mm^2；L 为构件长度，mm；ΔL_1 为单层焊的纵向收缩量，mm；k 为比例系数，与焊接方法和材料有关。

多层焊的纵向收缩量 ΔL_n 可通过计算单层焊时的纵向收缩量 ΔL_1，再乘以与焊接层数有关的系数 k_2 来获得，即：

$$\Delta L_n = k_2 \Delta L_1 = (1 + 85\varepsilon_s n)\Delta L_1 \tag{2-15}$$

式中，$\varepsilon_s = \sigma_s / E$ 为极限弹性应变；n 为焊道层数。

对于双面有角焊缝的 T 形接头，由于塑性变形区部分相互重叠，使缩短变形区的总面积仅比单侧焊缝时大 15% 左右，故其纵向收缩量 ΔL_T 为：

$$\Delta L_T = (1.15 \sim 1.40)\frac{kA_h L}{A} \tag{2-16}$$

注意，式中的 A_h 是指一条角焊缝的截面积。

2.7.2.2　纵向收缩引起的挠曲变形

当焊缝在构件中的位置不对称，即焊缝处于纵向偏心时，所引起的收缩力 F_h 是偏心的。因此，收缩力 F_f 不但使构件缩短，同时还造成构件弯曲。其弯曲矩为：

$$M = F_f e \tag{2-17}$$

式中，e 为偏心矩，如图 2-41 所示。

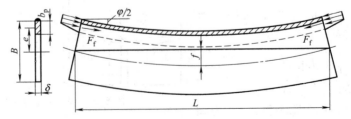

图 2-41　焊缝在结构中的位置不对称所引起的焊接变形

弯矩 M 的作用使构件终端的横截面发生转角 φ 和挠度 f。转角 φ 可如下计算：

$$\varphi = \frac{F_f eL}{EI} \tag{2-18}$$

式中，L 为构件长度；I 为构件的几何惯性矩；e 为缩短变形区中心到断面中性轴的距离，即偏心矩，可以取焊缝中心到断面中性轴的距离。

构件的挠度 f 可由下式获得：

$$f = \frac{F_f eL^2}{8EI} \tag{2-19}$$

由上式可以看出，挠曲变形 f 与收缩力 F_f 和偏心矩 e 成正比，与构件的刚度 EI 成反比。当焊缝对称或接近于中性轴时，挠曲变形就很小；反之，挠曲变形就很大。必须注意，焊缝相对于整个构件的中性轴对称，并不意味着在组焊的过程中始终是对称的。因为，随着组焊过程的进行，构件的中性轴位置和截面惯性矩是变化的。这也意味着，通过变化组焊顺序，有可能对挠曲变形进行调整。例如：在生产工字形结构时，先组焊成 T 形结构 [图2-42 (a)] 后再组焊成工字形结构 [图 2-42 (b)]。

则挠曲变形为两次组焊过程的叠加。形成 T 形结构的挠曲变形为 f_T：

$$f_T = \frac{F_f e_T L^2}{8EI_T} \tag{2-20}$$

上式中下标 T 表示 T 形结构的相应参数。形成工字形结构后的挠度变形为 f_I：

$$f_I = \frac{F_f e_I L^2}{8EI_I} \tag{2-21}$$

上式中下标 I 表示工字形结构的相应参数。

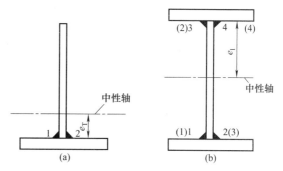

图 2-42　工字形梁的几种组焊顺序

可以判断出，f_T 与 f_I 的方向相反。尽管 $e_T < e_I$，但是 $I_T \ll I_I$，所以 $e_I / I_I < e_T / I_T$，即 $f_T > f_I$，两者不能相互抵消，焊后仍有较大的挠曲变形。如果焊前先将腹板和翼板点固成工字形截面，施焊时按照图 2-42 (b) 所示中括号内的顺序进行，则使构件在焊接过程中的惯性矩基本不变，因而偏心矩也相同，这样就可以使两对角焊缝所引起的挠曲变形相互抵消，保持构件基本平直。钢制构件单道焊缝所引起的挠度可以用下式计算：

$$f = \frac{kA_h eL^2}{8I} \tag{2-22}$$

式中，各符号的含义与前述相同。对于多层焊和双面角焊缝应乘以与纵向收缩公式中相同的系数 k_2。

2.7.3　横向收缩变形及其引起的挠曲变形

焊缝及近缝区的横向收缩 ΔB 引起较高的横向应力，特别是在焊件刚度很大和横向夹紧的情况下更是如此。对于两块受到刚性约束的板材间对接的焊缝，见图 2-42 (a)，其两侧刚性拘束之间的距离（即应变长度）为 B，在一维框架内考虑，可引起横向应力 σ_B，这是由于横向收缩 ΔB 引起的弹性反作用力造成的，即：

$$\sigma_B = \frac{\Delta B E}{B} \tag{2-23}$$

相应的横向收缩力 F_B 与板的横截面积 A 有关，即：

$$F_B = \sigma_B A \qquad (2\text{-}24)$$

横向收缩 ΔB 可由板边无拘束时的收缩量来确定，并按式（2-23）转换成拘束板时的情况。在此假设横向收缩应力 σ_B 不超过材料的屈服强度 σ_s，如果存在塑性横向收缩变形，则 σ_B 应相应降低。

2.7.3.1 横向收缩变形

横向收缩变形是指垂直于焊缝方向的变形，其与纵向收缩同时发生。在分析纵向收缩变形时，并未考虑考察点前后金属对其产生的拘束作用，这相当于沿焊缝全长加热的情况。但在实际焊接过程中，在焊缝长度方向的各点加热并非是同时进行的，图 2-43 所示为平板表面火焰加热产生变形的动态过程。

在热源附近的金属受热膨胀，但将受周围温度较低的金属的约束而承受压应力，这样就会在板宽方向上产生压缩塑性变形，并使其厚度增加，最终结果表现为横向收缩。对于板宽为 B、厚度为 δ 的板条焊后在无拘束状态下冷却收缩时，单位长度焊缝热输入 q_w 所引起的平均温度升高可表示为：

$$\Delta T_0 = \frac{q_w}{c\rho\delta B} \qquad (2\text{-}25)$$

由于 $\Delta B = \alpha \Delta T_0 B$，则：

$$\Delta B = \frac{\alpha q_w}{c p \delta} \qquad (2\text{-}26)$$

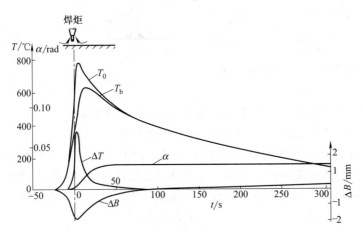

图 2-43　平板表面火焰加热产生变形的动态过程

ΔB—横向收缩；α—角变形；T_0—正面温度；T_b—背面温度；$\Delta T = T_0 - T_b$

在实际工程中应用的计算横向收缩的近似公式大部分基于式（2-26）。例如，对于材料为低碳钢、平均坡口宽度为 W_g 的对接焊缝，用焊缝横截面积代替单位长度焊缝的热输入，结果是 $\Delta B = 0.17W_g$。

由式（2-26）可以看出，横向收缩量 ΔB 与热输入 q_w 成正比，与板厚 δ 成反比。对于尺寸为 10mm、15mm、20mm，板厚为 6mm 的低碳钢板进行表面堆焊，其横向收缩与热输入及板厚的关系如图 2-44 所示。其近似关系可以表达为：$\Delta B = 1.2 \times 10^{-5} \dfrac{q}{v\delta}$。

横向收缩沿焊缝长度方向上的分布是不均匀的，这是因为先焊的焊缝的横向收缩对后焊的焊缝产生挤压作用，使后者的横向收缩增大。因此横向收缩的变化趋势为：沿焊接方向由

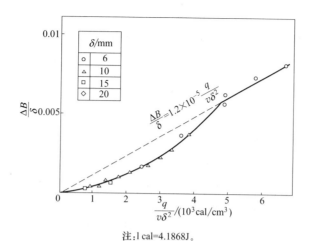

注：1 cal=4.1868J。

图 2-44　横向收缩与热输入和板厚的关系

小到大，并渐趋稳定，见图 2-45。

　　T 形接头和搭接接头的角焊缝所引起的横向收缩与平板堆焊时相似，其大小与角焊缝的尺寸和板厚有关。对于 T 形接头，由于立板的存在，在焊接时将吸收热量，使输入到平板的热量减少，因而使横向收缩量减小。平板上的热输入量可以按照 $\dfrac{q}{v} \times \dfrac{2\delta_h}{2\delta_h + \delta_v}$ 来估计。其中

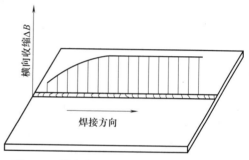

图 2-45　横向收缩在焊缝长度方向上的分布

δ_h 和 δ_v 分别为平板和立板的厚度。T 形接头的横向收缩可以利用图 2-46 所示作初步估计。图中的横坐标为焊缝计算高度 a 与板厚 δ 之比，即 a/δ，$a=0.7K$，K 为角焊缝的焊脚尺寸；纵坐标为横向收缩变形 ΔB，各条线上的数字为角焊缝的计算高度。由图可见，ΔB 随着 a 的增加而增加，随着 δ 的增加而减少。

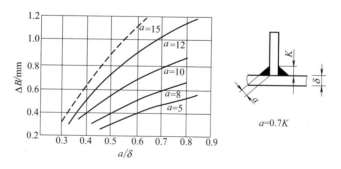

图 2-46　T 形接头的 a/δ 与横向收缩 ΔB 的关系曲线

　　对接接头的横向收缩也是比较复杂的。如果两平板对接中间留有间隙，焊接时，坡口边缘可以无拘束地移动，热源扫过之后的坡口横向闭合，产生的横向位移的最大值可由纯弹性解表示：

$$\Delta_{e\max} = \frac{2\alpha q}{c\rho\delta v}$$ 　　　　（2-27）

此横向位移可以无拘束地进行。如果热源扫过之后的材料立即具有足够的强度，则横向收缩将因冷却立即开始。实际上，在热源后的一小段范围内，材料还处于完全塑性状态，没有变形抗力，因而还不会产生收缩应力，所以降低了横向收缩量。带坡口间隙的焊后横向收缩量可按下式计算：

$$\Delta B = \mu_t \frac{2\alpha q_w}{c\rho\delta} \tag{2-28}$$

式中，μ_t 为横向刚度系数，$\mu_t = 0.75 \sim 0.85$。

在没有坡口间隙（或存在定位焊或坡口楔块使间隙活动的可能性很小）时，板材受热后的膨胀将造成对接边压缩，并由于横向挤压使厚度增加。在横向上，由于没有间隙使板向外侧膨胀，冷却后向外侧膨胀的部分可以恢复，而厚度方向上的变形不可以恢复，最终仍将产生横向变形，但变形量比前一种情况小。此时横向收缩仍可按式（2-28）估计，但要取横向刚度系数 $\mu_t = 0.5 \sim 0.7$。图 2-47 所示给出了两种情况的变形过程。

不仅横向收缩导致横向收缩变形，而且纵向收缩也可以影响横向收缩变形。对于两块比较窄的板条对接焊，相当于对两块板同时进行板边加热，这将使两板产生挠曲变形，两板相对分离张开，间隙变大。此张开变形的大小不仅与沿板宽方向的温度分布有关，还与沿板长方向的温度分布有关。如图 2-48 所示，A 点为热源位置，B 点为金属开始恢复弹性的位置，AB 间焊缝金属的屈服强度很小，可视为零，此处的金属不会阻碍挠曲变形，其他部位的金属已经具有弹性，会对挠曲变形产生阻碍。AB 间的距离 Δl_p 越大，板的转动就越大，间隙的张开也就越大。由上述分析可以看出，对横向变形来说，横向收缩的作用和纵向热膨胀的作用正好是相反的，最终的变形量是这两方面因素综合作用的结果。例如，采用埋弧焊拼板时，由于所用的功率大，焊接速度快，其 Δl_p 比焊条电弧焊时大，因此间隙的扩张倾向更大，导致横向收缩量比焊条电弧焊时小。对于窄而长的板条，挠曲对横向收缩的影响更为明显。此外，横向收缩的大小还与拼接后的定位焊和装夹情况有关。定位焊焊点越大、越密，装夹的刚度越大，横向变形就越小。

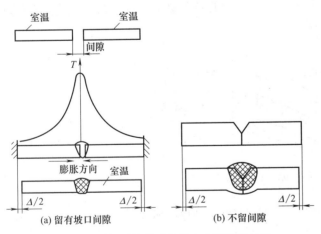

图 2-47 平板对接焊时的横向收缩变形过程

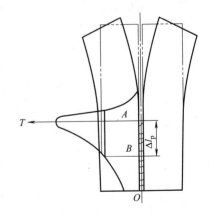

图 2-48 平板对接焊缝时的纵向
膨胀所引起的横向变形

由于所用的功率大，焊接速度快，其 Δl_p 比焊条电弧焊时大，因此间隙的扩张倾向更大，导致横向收缩量比焊条电弧焊时小。对于窄而长的板条，挠曲对横向收缩的影响更为明显。此外，横向收缩的大小还与拼装后的定位焊和装夹情况有关。定位焊焊点越大、越密，装夹的刚度越大，横向变形就越小。

多层焊时，各层焊道所产生的横向收缩量以第一层为最大，随后逐层递减。例如，采用双 U 形对称坡口焊接 180mm 厚的 20MnSi 钢对接接头，第一层焊缝的横向收缩量可以达到 1mm，前三层的收缩量可以达到总收缩量的 70%。厚板对接接头的多层焊的横向收缩量与焊接方法、坡口形式和板厚等因素有关。图 2-49 所示为不同条件下多层焊对接接头的横向收缩情况。表 2-1 给出了不同条件下低碳钢对接接头的横向收缩量。

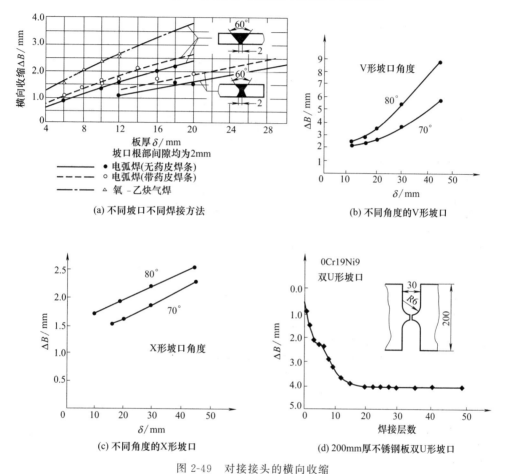

图 2-49 对接接头的横向收缩

2.7.3.2 横向收缩引起的挠曲变形

如果横向焊缝在结构上分布不对称，则它的横向收缩也会引起结构的挠曲变形，这种情况在生产中是比较常见的。如图 2-50 所示为构件上的短肋板与翼板和腹板之间的焊缝，由于这些焊缝集中分布于工字钢中性轴的上部，其横向收缩将使上翼缘变短，因而产生向下的挠曲变形。每对肋板与翼缘之间的角焊缝的横向收缩 ΔB_1 将使梁弯曲一个角度 φ_1，每对肋板与腹板之间的角焊缝的横向收缩 ΔB_2 也将使梁弯曲一个角度 φ_2，每对肋板焊接完成所造成的梁弯曲角度 $\varphi = \varphi_1 + \varphi_2$，按照图 2-50 所示的情形，梁的总挠度可按下式估算：

$$f = 5\varphi l + 4\varphi l + 3\varphi l + 2\varphi l + \varphi l \tag{2-29}$$

式中，l 为肋板间距。

表 2-1 不同条件下低碳钢对接接头的横向收缩量

接头横截面	焊接方法	横向收缩/mm	接头横截面	焊接方法	横向收缩/mm
	焊条电弧焊两层	1.0		焊条电弧焊20道，背面未焊	3.2
	焊条电弧焊五层	1.6		1/3背面焊条电弧焊，2/3埋弧焊一层	2.4
	焊条电弧焊正面五层反面清根后焊两层	1.8		铜垫板上埋弧焊一层	0.6
	焊条电弧焊正背各焊四层	1.8		焊条电弧焊	3.3
	焊条电弧焊（深熔焊条）	1.6		焊条电弧焊（加垫板单面焊）	1.5
	右向气焊	2.3			

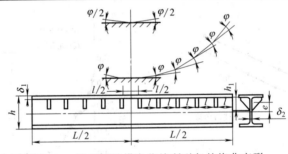

图 2-50 肋板焊缝横向收缩所引起的挠曲变形

2.7.4 角变形

单侧或不对称双侧焊接，在对接、搭接、T形、十字形和角接接头中常常会发生角变形。发生角变形的根本原因是横向收缩在厚度方向上的不均匀分布造成的。焊缝正面的横向收缩量大，背面的收缩小，这样就会造成构件平面的偏转，产生角变形。角变形的大小取决于熔化区的宽度和深度以及熔深与板厚之比，接头类型、焊道次序、材料性能、焊接过程参数等因素也对角变形有重要影响。图 2-51 为表面堆焊或对接时熔深 H 和板厚 δ 之比对角变形的影响示意图。

图 2-52 所示为低碳钢或低合金钢单道焊缝的角变形与焊接速度 v、单位长度焊缝热输入 q_w 和熔深或板厚之间的关系。由图 2-52 可见，随着热输入的增加或板厚的减小，角变形出现了先增加后降低的变化趋势。这是因为，板厚较大而热输入较

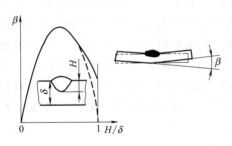

图 2-51 熔深 H 和板厚 δ 之比对角变形的影响示意图

小时，板材背面的温度低，材料还处于弹性状态，塑性变形区未能贯穿板厚，因此角变形较小；而在板厚较小但热输入较大时，背面的温度会迅速升高而导致与正面温度之差变小，因而也会减小角变形。只有在塑性变形区贯穿板厚，并且板材正反面的温差最大时，才会出现角变形的最大值。

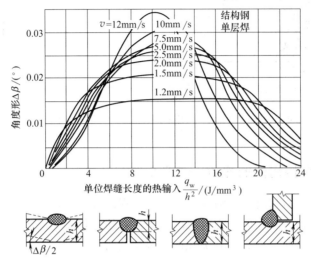

图 2-52 不同焊接速度下，角变形与单位长度热输入及焊缝厚度或板厚的关系

造成角变形的根本原因是横向收缩，因此角变形沿焊缝长度方向上的分布也与横向收缩类似，在开始时比较小，以后逐渐增加，如图 2-53 所示。

多道焊时，分布在板材中性轴两侧的焊道所产生的角变形方向是相反的，最终的角变形是各道焊缝所产生的角变形的代数和：

$$\beta = \sum \beta_i m_i - \sum \beta_j m_j \tag{2-30}$$

式中，m 为考虑经过不同道次焊接后，因板材的刚度增加而造成角变形减小的校正因子；下标 i、j 分别代表板材正面焊道和背面焊道。校正因子 m_i 和 m_j 可以根据焊层数 i、j 按照图 2-54 所示来确定。

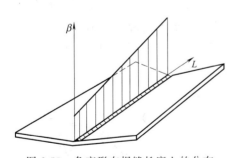

图 2-53 角变形在焊缝长度上的分布

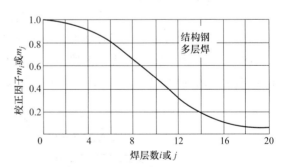

图 2-54 校正因子与焊道层数的关系

可以根据图 2-54 所示来确定每条焊道所产生的角变形 β_i 或 β_j，只是焊缝厚度 h 的选取应与已完成焊道的总厚度相一致。图 2-55 示出了 X 形坡口 4 层对接焊缝时的情况。

角焊缝所造成的 T 形接头的角变形由两部分组成，见图 2-56；其一是角焊缝使翼缘产生横向收缩而造成翼缘偏转一个角度 β'（$\beta' = \varphi = \Delta B S / I$）；其二是角焊缝自身的收缩引起的角变形 β''。

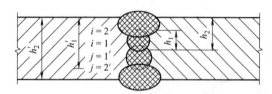

图 2-55　X 形坡口 4 层对接缝的焊缝厚度 h 的确定

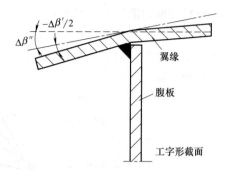

图 2-56　T 形接头单侧角焊缝的角变形

由于角焊缝的截面近似为三角形，其横向收缩量在焊缝表面处比在焊根处大，因而造成腹板和翼缘之间的角收缩 β''。

2.7.5　薄壁焊接构件的翘曲（波浪变形）

薄板所承受的压应力超过某一临界值，就会出现波浪变形，或称为失稳变形。如果对一块矩形平板的两个平行边施加两个方向的刚性约束，使其仅能沿一个方向滑动，并在其可移动方向上施加压力，见图 2-57，则其失稳的临界应力可表示为：

$$\sigma_{cr} = K\left(\frac{\delta}{W}\right)^2 \tag{2-31}$$

式中，δ 为板厚；W 为板宽；K 为与拘束情况有关的系数。可见板的厚宽比越小，越易发生失稳。

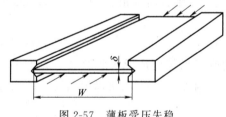

图 2-57　薄板受压失稳

焊后存在于平板中的内应力，在焊缝附近为残余拉应力，在离开焊缝较远的地方为残余压应力。如果残余压应力超过板材的临界失稳应力，就会发生失稳，出现波浪变形。这种变形的翘曲量一般都比较大，而且同一构件的失稳变形形态可以有两种以上的稳定形式。波浪变形不但影响构件的美观，而且将降低一些承受压力的薄壁构件的承载力。

图 2-58 所示为一个周围有框架的薄板结构，焊后在平板上出现压应力，使平板中心产生压曲失稳变形。图 2-59 所示为舱口结构，在平板中间有一个长圆形的孔，孔周边焊有钢圈，由于焊接残余压应力的存在，使舱口四周出现了波浪变形。

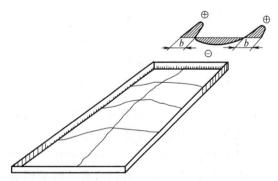

图 2-58　周围有框架的薄板结构的残余应力和波浪变形

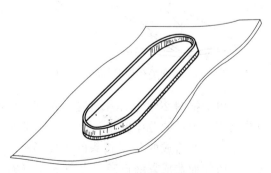

图 2-59　舱口的波浪变形

带有中心纵缝的平板，承受纵向收缩力引起的翘曲如图 2-60 所示。由于焊缝中纵向峰值拉应力引起的两侧板件中的压应力的作用，当压应力值高于板件的临界失稳应力时，板件发生翘曲失稳，在纵向形成曲率半径为 ρ 的弯曲变形，并有挠度 f；在横截面上，焊缝中心低于板边边缘，这是由残余应力场在稳定状态时具有最小势能所决定的。板件受残余压应力的作用发生失稳，使得收缩力的作用点出现偏心，产生了纵向弯曲所需的弯矩，因而加剧板件纵向的挠曲变形。

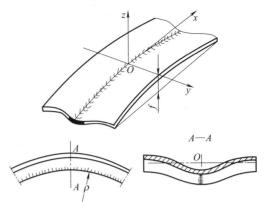

图 2-60　带有中心纵缝的板条的翘曲

平面上的封闭环焊缝也会导致失稳变形。图 2-61 所示为在外侧半径为 200mm、内侧半径为 50mm、厚度为 2mm 的圆环形 5A05 (LF6) 铝合金薄板上，沿半径为 100mm 的圆形轨迹进行堆焊时失稳变形的有限元计算结果。由于残余压应力超过了材料的临界失稳应力，导致圆板出现马鞍形变形。

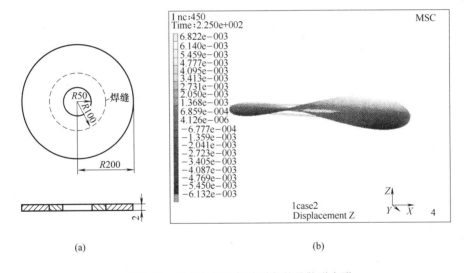

(a)　　　　　　　　　　　　　　　(b)

图 2-61　平面封闭环焊缝引起的马鞍形变形

角变形也能产生类似的波浪变形。例如大量采用肋板的结构上可能出现如图 2-62 所示的变形，但这种波浪变形与上述失稳变形有本质的区别。实际结构中，这两种不同原因引起的波浪变形可能同时出现，应该针对它们各自的特点，分清主次采取措施加以解决。

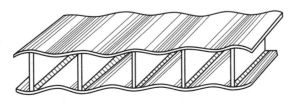

图 2-62　角变形引起的波浪变形

2.7.6 焊接错边和扭曲变形

焊接错边是指两被连接工件的相对位置发生变化，造成错位的一种几何不完整性。错边可能是装配不当造成的，也可能是焊接过程造成的。焊接过程造成错边的主要原因之一是热输入不平衡。而热输入的不平衡可能由于：夹具一侧未将工件夹紧，使其导热相对于另一侧较慢［图 2-63 (a)］；工件与夹具间一侧导热好而另一侧导热差［图 2-63 (b)］；焊接热源偏离中心，使工件一侧的热输入比另一侧大［图 2-63 (c)］；焊道两侧的热容量不同，一侧大，一侧小［图 2-63 (d)］。除了热输入的差异引起错边外，焊缝两侧的工件刚度的差异也会引起错边，刚度小的一侧变形位移较大，刚度大的一侧位移较小，因而造成错边，例如：封头与筒身之间的环焊缝比较容易发生错边，这是由于封头的刚度比筒身大，因而筒身的径向位移更大一些，随着焊接向一个方向进行，二者的位移差不断积累，因而错边不断增加。图 2-64 所示为封头与筒身环焊缝对接边错边的产生过程，图 2-65 所示为不对称刚度和温度场造成的径向位移。

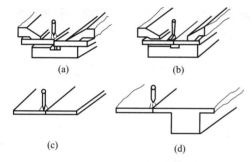

图 2-63 焊接过程中对接边的热输入不平衡

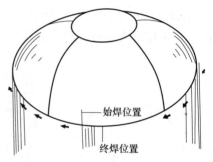

图 2-64 封头与筒身环焊缝对接错边

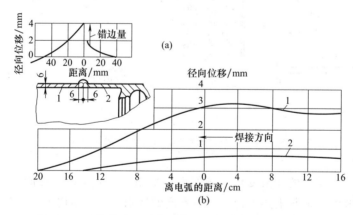

图 2-65 对接接头不对称刚度和温度场产生的径向位移

1—筒身；2—封头

扭曲变形又称之为螺旋变形，主要是指焊后工件的中性面发生扭曲。其产生的原因与角变形沿焊缝长度上的分布不均匀性和工件的纵向错边有关。如图 2-66 所示的工字形梁有四条纵向角焊缝，定位焊后如果不进行适当的装夹就进行焊接，并且同一块翼缘上的两条角焊缝焊接方向相反，而腹板同一侧的两条角焊缝的焊接方向相同，这样的焊接顺序会造成工字形梁扭曲变形。这是因为第一条焊缝焊接时，角变形沿焊接方向不断增大，并且构件的刚度增加，反向焊第二条角焊缝时，角变形规律与第一条角焊缝相反，但由于刚度增加，实际的角变形比第一条角焊缝的小，因此，两条角焊缝的综合角变形仍表现为由小到大。焊另一块翼缘时产生同样的效果，最终造成扭曲变形。如果改变焊接次序和方向，将两条相邻的焊缝同时同方向焊接，就可以克服这种变形。

对于箱形梁结构，如果腹板和翼板之间的焊接造成错边，并且错边构成一封闭回路，就会造成构件扭曲，如图 2-67 所示。

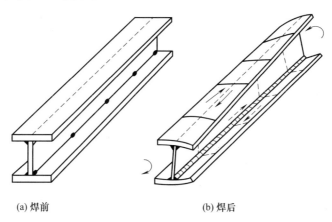

(a) 焊前 　　　　　　　　　　(b) 焊后

图 2-66　工字形梁的扭曲变形

2.7.7 焊接变形的影响因素

焊接变形可以分为在焊接热过程中发生的瞬态热变形和在室温条件下的残余变形。影响焊接变形的因素很多，但归纳起来主要有材料性能、设计结构和焊接工艺三个方面。

（1）材料因素对焊接变形的影响

金属的焊接是金属的一种加工性能，焊接变形的影响不仅和焊接材料有关，而且和母材也有关系，它决定于金属材料的本身性质和加工条件。金属的化学成分不同，其焊接性也不同。碳的影响最大，其他合金元素可以换算成碳的相当含量来估算它们对焊接性的影响。

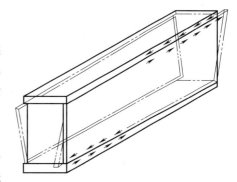

图 2-67　由纵向焊接错边引起的箱形构件的扭曲变形

碳当量：$CE = C + Mn/6 + (Ni + Cu)/15 + (Gr + Mo + V)/5(\%)$

式中各化学元素含量取其成分的上限。碳当量越大，焊接性能越差。

当 $CE < 0.4\%$ 时，钢材焊接性良好，冷裂纹倾向小，焊接时一般不需加热；当 $CE = 0.4 \sim 0.6$ 时，焊接性较差，冷裂倾向明显，焊接时需预热并采取其他工艺措施；$CE > 0.6$ 时，焊接性差，冷裂倾向严重，焊接时需要较高预热温度和严格的工艺措施。

（2）结构设计因素的影响

焊接结构的设计对焊接变形的影响最关键，也是最复杂的因素。虽然，焊接工件随拘束度的增加，焊接残余应力增加，焊接变形相应减小，但在焊接变形过程中，工件本身的拘束度是不断变化着的，复杂结构自身的拘束作用在焊接过程占据主导地位，而结构本身在焊接过程中的拘束度变化情况随结构复杂程度的增加而增加。在设计焊接结构时，常需要采用筋板或加强板来提高结构的稳定性和刚性，这样做不但增加了装配和焊接工作量，而且给焊接变形分析与控制带来了一定的难度。因此，在结构设计时针对结构板的厚度及筋板或加强筋的位置数量等进行优化，对减小焊接变形有着十分重要的作用。

（3）焊接工艺的影响

① 焊接方法的影响。各种焊接方法各有其特点，一般设备贵重、生产成本高，通常适用于薄板焊接不锈钢、有色金属和各种稀有金属的焊接。电弧焊焊接不均匀加热引起的焊接残余变形也有所不同。常用的焊条电弧焊焊接变形比现在采用的二氧化碳（CO_2）气体保护焊和富氩混合气体保护焊（Ar80％，$CO_2$20％）变形大。电阻焊、钨极氩弧焊、电子束焊、超声波焊、钎焊等，焊接残余变形都小。

② 焊接接头形式的影响。表面堆焊时，焊缝金属的横向变形不但受到纵横向母材的约束，而且加热只限于工件表面一定深度而使焊缝收缩的同时受到板厚、深度、母材方面的约束，因此，变形相对较小，T形角接接头和搭接接头时，其焊缝横向收缩情况与堆焊相似，其横向收缩值与角焊缝面积成正比，与板厚成反比；对接接头在单道（层）焊的情况下，其焊缝横向收缩比堆焊和角焊大，在单面焊时坡口角度大，板厚上、下收缩量差别大，因而角变形较大；双面焊时情况有所不同，随着坡口角度和间隙的减小，横向收缩减小，同时角变形也减小。不同焊接接头横向收缩变形近似值如表 2-2 所示。

表 2-2　焊缝横向收缩变形近似值　　　　　　　　　　　　　mm

接头形式	板厚						
	3～4	4～8	8～12	12～16	16～20	20～24	24～30
	收缩量						
V形坡口对接	0.7～1.3	1.3～1.4	1.4～1.8	1.8～2.1	2.1～2.6	2.6～3.4	
X形坡口对接				1.6～1.9	1.9～2.4	2.4～2.8	2.9～3.2
单面坡口十字接头	1.5～1.6	1.6～1.8	1.8～2.1	2.1～2.5	2.5～3.0	3.0～3.5	3.5～4
单面坡口角焊缝	0.8			0.7	0.6	0.4	
无坡口单面角焊缝	0.9	0.8	0.7	0.4			
双面断续角焊缝	0.4	0.3	0.2				

③ 焊接层数的影响。横向收缩在对接接头多层焊接时，第一层焊缝的横向收缩符合对接焊的一般条件和变形规律，第一层以后相当于无间隙对接焊，接近于盖面焊道，与堆焊的条件和变形规律相似。因此，收缩变形相对较小。

纵向收缩多层焊接时，每层焊缝的热输入比一次完成的单层焊时的热输入小得多，加热范围窄，冷却快，产生的收缩变形小得多，而且前层焊缝焊成后都对下层焊缝形成约束。因此，多层焊时的纵向收缩变形比单层焊时小得多，而且焊的层数越多，纵向变形越小。

2.7.8　焊接变形量的控制

焊接残余应力是引起焊接变形的根源，没有焊接残余应力的存在就不会产生焊接变形。焊接结构在组装定位焊形成零件或部件时，不存在焊接变形，但施焊后产生残余应力，同时产生焊接变形。控制焊接变形的方法有焊接前反变形法、机械矫正法、刚性固定法、退火消除焊接变形法等。

（1）焊接前反变形法

反变形法是减少焊接变形的普遍应用方法。反变形法是在构件未焊前，先将构件制成人为的变形，使其变形方向与焊接引起的变形相反，则焊后构件的变形与预制变形可互相抵消，达到构件变形减小或消除焊接变形。焊件反变形有钢板对接焊缝反变形法、工字梁或 T 形梁翼缘板的塑性反变形法、弹性反变形法、下料反变形法等。

（2）机械矫正法

机械矫正法是冷作矫正金属变形的一种方法。它是利用机械力使焊件缩短的部位伸长，产生拉伸塑性变形，使焊件达到技术要求。

（3）刚性固定法

刚性大的焊件焊后变形一般较小。当焊件刚性较小时，利用外加刚性拘束方法以减小焊件焊后变形的方法称为刚性固定法。

2.8 焊接应力的调控和消除

焊接过程中的内应力可以通过结构设计及焊接工艺参数的调整来进行控制，这些调整和控制均基于上述焊接应力形成原理。

2.8.1 焊接过程中应力的调控

2.8.1.1 设计措施

（1）尽量减少结构上焊缝的数量和焊缝尺寸

由于焊缝破坏了结构的完整性而且其热过程本质属性带来的内应力效应，多增加焊缝即意味着多增加了内应力，而过大的焊缝尺寸必然造成受热区域的增加，因此会导致引起残余应力与变形的压缩塑性变形区增大。在满足技术及经济性要求的前提下，应尽量减少焊缝的数量与尺寸。

（2）分散布置焊缝

应尽量避免焊缝过于集中，焊缝间保持足够的距离。焊缝过分集中部件使得整个构件应力分布极不均匀，而且还会导致应力叠加，从而形成双向或三向的复杂应力状态。

（3）采用刚性较小的接头形式

减小焊缝的拘束度可有效减小焊接应力。图 2-68所示容器与接管间连接的两种形式中，插入式连接的拘束度比翻边的拘束度大，而且插入式还可能造成双向拉应力，而翻边式焊缝的应力主要为纵向残余应力。

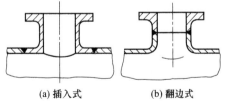

(a) 插入式　　　(b) 翻边式

图 2-68　容器与接管之间连接焊缝结构形式

2.8.1.2 工艺措施

（1）采用合理的焊接顺序

焊接应力是因为焊缝区域金属在纵向和横向两个方向受到拘束与限制而无法自由收缩造成的。从这一角度出发，减小焊接应力需要根据部件特点选择适宜的装配和焊接顺序。焊接顺序的原则为：减小拘束度，使焊缝能自由地伸缩；多种焊缝时，应先焊收缩量大的焊缝；长焊缝宜采用从中间向两头焊接的方法，避免从两头向中间焊接。

图 2-69 所示为对接焊缝同角焊缝交叉的结构。对接焊缝 1 的横向收缩量大，因此根据上述原则，应该先焊该焊缝，完成该焊缝焊接后再进行角焊缝 2 的焊接。如果采用相反的焊接顺序，即先焊角焊缝 2 后焊对接焊缝 1，则在焊接对接焊缝 1 时，由于此时横向收缩受限，易导致裂纹产生，而且即使不产生裂纹，其残余应力区域及峰值也会增加。

图 2-70 所示为大面积平板拼焊的实例，正确的焊接顺序应该如图 1、2、3 所示。如果采用错误的焊接顺序，如 3、2、1 顺序焊接，则在焊接 2、1 时，其横向收缩将受到先焊焊缝 3 的拘束，从而导致产生残余应力，甚至诱发裂纹及波浪变形产生。因此，对于交错布置的焊缝（T 焊缝），应先焊交错的短焊缝，后焊接直通的长焊缝。

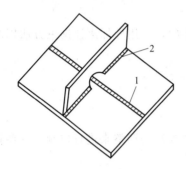

图 2-69　对接焊缝同角
焊缝交叉布置结构形式
1—对接焊缝；2—角焊缝

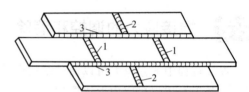

图 2-70　大面积板拼焊时合理的焊接顺序
1,2—短焊缝；3—长焊缝

（2）降低焊缝的拘束度

在进行平板镶板焊接时，封闭焊缝承受极高的拘束度，焊后焊缝的纵向与横向残余应力均处于较高水平，易造成构件开裂。在锅炉制造和安装行业，具有该结构特征的插入式管座角焊缝产生裂纹时有发生，也反映了该结构应力较高的特点。减小该类结构焊接应力的有效方法为设法减少该封闭焊缝的拘束度。图 2-71 所示为焊前对平板和镶板的边缘适当翻边，做出反变形形状，可有效减少拘束度和变形。在实际应用中，如果反变形量预留合适，焊后残余应力将显著减少，而且镶板和平板可保持平齐。

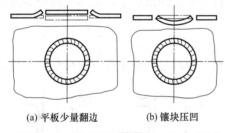

(a) 平板少量翻边　　(b) 镶块压凹
图 2-71　平板上封闭环焊
缝降低内应力焊接结构

（3）焊前预热法

焊前预热法是在施焊前，将焊件局部或整体加热到一定温度的焊接应力调控方法。预热的方法包括：炉内整体加热、局部远红外加热、火焰加热等。已有的工程研究结果表明：预热至 300℃，可降低焊接残余应力 30%；预热至 400℃，可降低焊接残余应力 50%。但是预热时需综合考虑部件金属材料组织特点，防止预热影响正常相变等问题发生。

（4）加热减应区

在焊接过程中对阻碍焊接区自由伸缩的部位被称为"减应区"，在焊接过程中通过控制该区域的受热情况（是指与焊接区同时膨胀和同时收缩），则可起到减少焊接应力的作用。此法被称为加热减应区法。

图 2-72 为加热减应区法的原理图。图中中心构件发生断裂需进行修复，如果不采取其

它措施而直接进行焊接，则焊缝横向受到较大收缩，会导致开裂。采用加热减应区法，焊前在两侧构件的减应区同时加热，两侧受热膨胀，中心构件的断口膨胀，其间隙增加。在这种情况下进行焊接，焊后停止加热。由于此时焊缝和两侧加热区同时冷却收缩，拘束效应明显减小，因此焊接应力也相应减小。

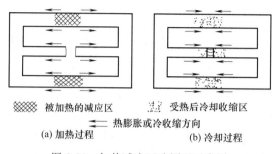

图 2-72 加热减应区法原理示意图

采用该种方法时，准确选择减应区是关键。减应区的选择原则为：只加热阻碍焊接区膨胀或收缩的部位。在实际操作中，常采用如下方法：用气焊炬对选定区域进行加热，如果焊缝间隙张开，则表明选择正确，反之则表明选择区域错误。图 2-73 所示为典型焊接减应区选择实例。

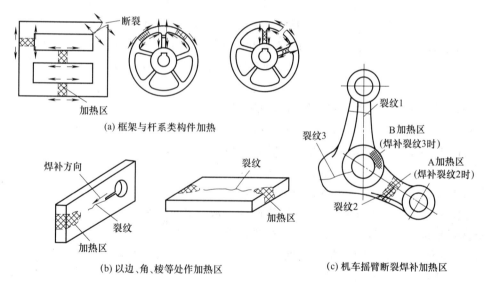

图 2-73 加热感应区法减小内应力实例

（5）锤击焊缝

锤击消应力法在焊接过程中具有广泛的应用。它通过在焊接过程中对每道焊缝进行锤击，使焊缝产生塑性变形，抵消一部分收缩变形来减小焊接拉应力。锤击一般以手工操作为主，操作时间一般在拉应力形成时（温度较高为 $800\sim500℃$）开始，这时金属的塑性和延展性较高。但是对于含碳量及合金含量较高的金属，低于 $500℃$ 时，不宜进行锤击，否则有开裂风险。脆性材料锤击次数不宜过多，一般也不进行打底层（第一层）及表层焊缝的锤击。

（6）碾压法

碾压法又称滚压法，它在焊接过程中用窄轮碾压焊缝和近缝区表面，使被碾压部位发生

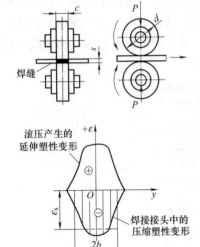

图 2-74 滚压焊缝调节和
消除残余应力示意图

塑性延伸变形，以达到调节和消除焊接应力与变形的目的。该方法一般适用于薄板对接焊缝，设备结构及原理如图 2-74 所示。通过调节滚轮压力控制变形量，一般而言，焊缝纵向塑性伸长量为（1.7～2.0）ε，即可补偿因焊接所造成的压缩塑性变形。

2.8.2 焊接残余应力的消除

2.8.2.1 整体高温回火

整体高温回火又被称为消应力退火。采用该种方法时需要将部件整体加热至一定温度，之后在该温度下保持一定时间，最后缓慢冷却。从工艺角度分析，最为关键的因素为保温的温度和时间，该参数需要综合考虑钢材的成分、组织和应力状态来进行确定。一般而言，温度越高、高温时间越长，则应力消除效果越好。但温度过高会造成材料软化，甚至发生相变导致材料性能劣化进而部件报废，这也是实际生产需要关注的问题。

图 2-75 所示为低碳钢在不同温度下经过不同保温时间后残余应力的消除效果。从图中可以看出随着温度的提高相同时间内残余应力值明显降低；而对于同一温度，残余应力随着时间快速下降后即保持较缓慢的下降速度。

一般而言，热强性高的材料消除内应力所需温度比热强性差的材料高。在同样的回火温度和时间下，单轴拉伸应力的消除效果比双轴和三轴的效果好。表 2-3 所示为常用金属材料消应力的回火温度选择。保温时间一般根据焊件的厚度来选择，厚度越厚，所需的保温时间越长。通常钢材按照 1～2min/mm 的速度进行选择，但总体时间不宜低于 30min、不宜高于 3h。加热速度一般根据板件厚度确定，厚度为 10mm 时，加热速度为 5℃/min；厚度为 50mm 时，加热速度为 1℃/min。冷却速度一般为加热速度的一半。

2.8.2.2 局部高温回火

局部高温回火时，只对焊缝及其附近的局部区域进行加热。同整体热处理相比，这种方法消除应力的效果相对较差，多用于较简单和拘束度较小的焊接接头。但是对于电站锅炉管道等部件，在进行

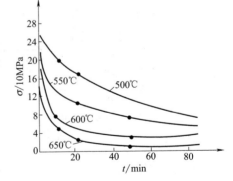

图 2-75 消除应力高温回
火温度与时间的关系

安装时其管道无法进行整体热处理，而只能选择局部热处理的措施。实践证明，这种处理方式对于减少焊件残余应力也是一种非常有效的手段。

为了保证加热效果，一般会对热处理时的加热宽度、保温层厚度、热电偶布置进行详细规定。局部热处理加热的热源包括火焰、远红外、工频感应等。同整体热处理类似，局部热处理的主要控制参数同样包括加热速度、保温温度和时间。在进行这些参数的选择时同样需

要综合考虑部件的材质、厚度等因素。焊后局部热处理能在一定程度上控制应力状态，达到消除局部应力和改善焊缝韧性的目的。但这种方法不适用于改善尺寸稳定性，因为在多数情况下这种方式只是使得残余应力发生位移和分散。对复杂结构进行局部热处理时，其加热和冷却应当尽量"对称"，以避免产生较大面积的新的残余应力以及可能产生的较大的反作用内应力。

表 2-3　常用金属材料的焊后热处理温度与时间

钢　　种	温度/℃	焊件厚度/mm						
		≤12.5	12.5～25	25～37.5	37.5～50	50～75	75～100	100～125
		保温时间/h						
C≤0.35%（20、ZG25）C-Mn（Q345）	580～620	不必热处理		1.5	2	2.25	2.5	2.75
15NiCuMoNb5（WB36）15MnNiMoR	580～620	1	2	2.5	3	4	5	—
0.5Cr-0.5Mo（12CrMo）	650～700	0.5	1	1.5	2	2.25	2.5	2.75
1Cr-0.5Mo（15CrMo、ZG20CrMo）	670～700	0.5	1	1.5	2	2.25	2.5	2.75
07Cr2MoW2VNbB（T/P23）	720～740	0.5	1	1.5	2	3	4	5
1Cr-0.5Mo-V（12Cr1MoV、ZG20 CrMoV）1.5 Cr-1Mo-V（ZG15Cr1Mo1V）1.75 Cr-0.5Mo-V2.25 Cr-1Mo	720～750	0.5	1	1.5	2	3	4	5
1Cr5Mo、15Cr13（1Cr13）	720～750	1	2	3	4	—	—	—

2.8.2.3　机械拉伸法

机械拉伸法同锤击法和碾压法类似，也是促使焊缝压缩塑性变形区产生拉伸变形，进而减少焊接压缩塑性变形量，使内应力降低。它通过对焊接结构进行拉伸加载，经过机械拉伸的加载和卸载过程，达到消除内应力的目的。

焊接压力容器的机械拉伸是通过液压试验来实现的。液压试验采用一定的过载系数，用水做试验介质。试验时介质的温度必须高于金属材料的脆性温度，以免在加载时发生脆断。在确定加载压力时，必须充分估计工作时可能出现的各种附加应力，务必使加载时的应力高于实际工作应力。

2.8.2.4　温差拉伸法

温差拉伸法又称为低温消除应力法。它是在焊缝两侧各用一个适当宽度的氧-乙炔火焰加热，在焰炬后一定距离处喷水冷却。焰炬和喷水管以相同速度向前移动，这样可以造成一个两侧高而焊缝区低的温度场，如图 2-76 所示。两侧的金属由于受热膨胀对温度较低的焊缝去进行拉伸，使之达到产生拉伸塑性变形，以抵消原来的压缩塑性变形，从而消除内应力。这种内应力消除方法同机械拉伸法类似，但是它采取了局部加载的方法，所以效率较高。

2.8.2.5　振动法

振动法又称为振动时效或振动消除应力法。它利用偏心轮和变速电机组成激振器，使结构发生共振，利用共振产生

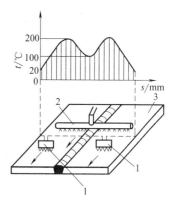

图 2-76　温差拉伸法示意图
1—氧-乙炔火焰炬；2—喷水排管；3—焊件

的循环应力来降低内应力。这种方法技术经济性高，焊件也无需承受高温等热作用，故目前对焊件、铸件等为了降低内应力和提高尺寸稳定性多采用此方法。一般认为，在振动过程中，振动给工件增加了附件应力，当附加应力与残余应力叠加后，达到或超过金属的屈服点时，在工件内部发生了微观和宏观的塑性变形，使其残余应力得以降低和均匀化。

2.8.2.6 爆炸法

爆炸法消除残余内应力是通过布置在焊缝及其附件的炸药带，引爆产生的冲击波与残余应力的交互作用，使金属产生适量的塑性变形，残余应力因而得到松弛。根据焊件厚度和材料性能，选定恰当的单位焊缝长度上的炸药量以及布置方式是取得良好残余应力消除效果的决定性因素。图 2-77 示出了部分用于大型中厚板焊接结构爆炸消除焊接应力部分布药方式。平板对接多在焊接残余拉应力区布药，曲面板对接的接头，如容器和管道上的焊缝，可以在内外表面布药。爆炸消除焊接残余应力已在国内外压力容器、化工反应塔、管道、水工结构和箱型梁等结构中

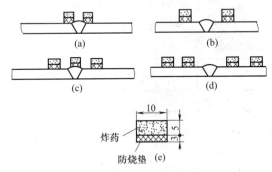

图 2-77　爆炸消除内应力法炸药布置示意图

得到应用。但是这种操作方法对安全性要求极高，操作时必须严格按照国家有关条例和相关操作规程要求进行。

2.9　焊接变形的控制和消除

2.9.1　设计和制造阶段采取的措施

2.9.1.1　选择合理的焊缝尺寸和形状

在保证结构承载能力的情况下，尽量采取小的焊缝尺寸。在考虑焊缝尺寸时应通过强度计算来进行确定，对承载情况不同的焊缝和联系焊缝要进行区别对待。角焊缝的尺寸对于焊接变形的影响较大，因此宜尽可能减小角焊缝的尺寸，尤其对于一些只起到联系作用和强度要求极小的角焊缝更是如此。

对于受力较大的 T 形或十字接头，在保证强度相同的条件下，采用开坡口的焊缝比不开坡口而利用一般角焊缝的情况可减少焊缝金属，对减小角变形有利，如图 2-78 所示。此外在进行坡口选择时，应尽量选择对称性坡口（如 X 形坡口）和焊缝金属填充量少的坡口，以此来减小焊接变形量。

2.9.1.2　尽可能减少焊缝数量并合理安排焊缝位置

在构件制造中，多采用型材、冲压件，如图 2-79 所示，采用压型结构代替筋板结构，有利于防止薄板结构的变形。在焊缝密集部位采用铸-焊联合结构。在结构及强度满足要求的前提下，适当增加壁板厚度，减少筋板焊缝数量。

在设计焊缝时，尽量使焊缝对称于构件截面的中性轴或使焊缝接近中性轴，这样可以减小焊接变形，如图 2-80 所示。

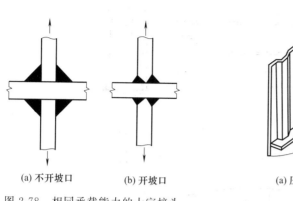

(a) 不开坡口　　　(b) 开坡口

图 2-78　相同承载能力的十字接头

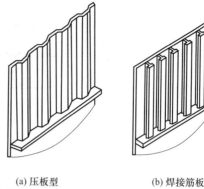
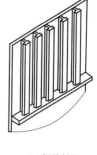

(a) 压板型　　　(b) 焊接筋板

图 2-79　用压型板代替筋板减
少焊缝数量和焊接变形

(a) 不合理(焊缝集中在截面中性轴下方)　(b) 合理(焊缝基本对称于中性轴分布)

图 2-80　槽钢和筋板两种焊缝位置结构设计

2.9.1.3　构件制造时的措施

（1）预变形法（反变形法）

根据预测的焊接变形和方向，在待焊工件装配时造成与焊接残余变形大小相当、方向相反的预变形量（反变形量，见图 2-81）。在焊接工作完成后，焊后残余变形得以抵消，从而使构件形状恢复初始设计要求。

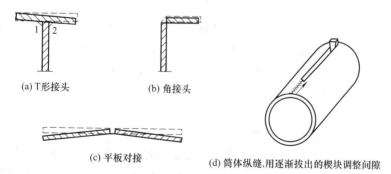

(a) T形接头　　　　(b) 角接头

(c) 平板对接　　　(d) 筒体纵缝,用逐渐拔出的楔块调整间隙

图 2-81　在不同构件上用补偿式安装反变形法减小焊接变形

在实际过程中，反变形法可以通过变形补偿式安装来实现，也可以用预先成形法来实现。反变形量还可以在下料拼板时加以考虑。例如图 2-82 所示，桥式起重机的主梁由上下盖板、前后腹板和内部的大小筋板焊接而成。对于图 2-83 所示起重机主梁的腹板，在下料拼板时除了考虑主梁设计所要求的上拱量外，还应该额外预留一定上拱量，以补偿焊接变形。上盖板与大小筋板焊接时，由于焊缝的横向收缩，在备料时要预留出一定的余量。

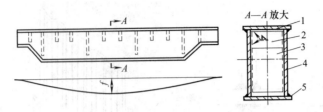

图 2-82　桥式起重机主梁

(f 为受额定载荷时产生的挠度，即主梁焊好后产生的上拱)

1—上盖板；2—小筋板；3—大筋板；4—腹板；5—下盖板

图 2-83　桥式起重机主梁腹板预置上拱示意图

上拱预制量应该是主梁设计要求的上拱量再减去焊接变形产生的上拱量。对于焊缝分布在一侧的构件，为了防止焊后的弯曲变形，可以将两根相同的构件"背靠背"地固定在焊接转胎上，中间支撑，使之发生弹性弯曲，然后进行焊接（图 2-84）。采用这种方法，不仅施焊方便，而且可以显著提高生产效率。

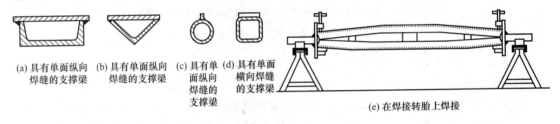

(a) 具有单面纵向　(b) 具有单面纵向　(c) 具有单　(d) 具有单面
　　焊缝的支撑梁　　　焊缝的支撑梁　　面纵向　　横向焊缝
　　　　　　　　　　　　　　　　　　　焊缝的　　的支撑梁
　　　　　　　　　　　　　　　　　　　支撑梁

(e) 在焊接转胎上焊接

图 2-84　弹性支撑法示意图

反变形量的大小可以通过试验获得。用通常的焊接工艺参数，在自由状态下焊接，测出残余变形量。将该残余变形量作为反变形的依据，结合焊件的反弹量作适当的调整，以满足焊件形状和尺寸要求。结合有限元计算是一种更加高效的获得焊接反变形量的方法，在实际生产中也获得了广泛应用。

(2) 预拉伸法

该方法多用于薄板平面构件，如壁板的焊接。在焊前，先将薄壁件用机械方法拉伸或用加热方法使之伸长，然后再与其他构件装配焊接在一起。在这种情况下，焊接是在薄板有预张力和预变形量的情况下进行的，焊后去除预拉伸或加热，薄板即可恢复初始状态，可以有效降低残余应力，对于控制波浪变形失稳效果明显。图 2-85 为采用拉伸法、加热法和两者并用的方法把薄板与壁板构件焊接成一个整体结构的工艺方案图。

(3) 刚性固定法

在焊前将焊件夹持固定，以提高焊件的刚度，减小焊接变形。刚性固定法是焊接常用的方法。采用这种方法，将夹具拆除后，由于回弹，焊件还会有一定的残余变形，所以常和反变形法一起使用，以获得更好的效果，见图 2-86。

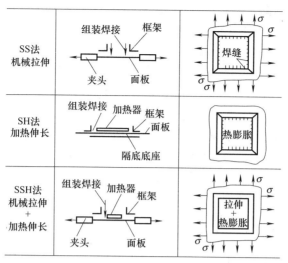

图 2-85 采用预拉伸法控制壁板焊接失稳变形

刚性固定的夹具可以有多种样式，包括专用夹具、琴键式夹具、压铁，还可以在焊缝两侧点固角钢（图 2-87、图 2-88）。由于刚性固定法增加了焊接时的拘束度，焊接收缩量可以减少 40%～70%，但是采用这种方法会产生较大的焊接残余应力。

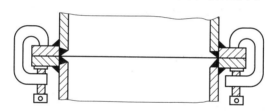

图 2-86 刚性固定法焊接法兰盘以减小角变形

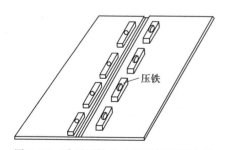

图 2-87 采用压铁防止薄板的波浪变形

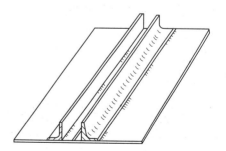

图 2-88 在焊缝两侧点固角钢提高构件刚度

（4）合理选择焊接方法和焊接工艺参数

热源能量集中和热输入低的焊接方法可以显著减小焊接变形。用 CO_2 气体保护焊焊接中厚钢板的焊接变形显著低于气焊和焊条电弧焊焊件的变形程度。在进行薄板焊接时优选激光焊、氩弧焊等能量集中的方法。

焊接热输入是影响焊接变形量的关键因素。在保证熔透和焊接质量的前提下，应尽量采用小的焊接热输入，例如图 2-89 所示。根据焊件的结构特点，可以灵活运用热输入对变形的影响规律控制变形。例如，具有对称截面形状和焊缝布置对称的焊件，焊接每一条焊缝时焊接热输入应保持一致。如果焊缝分布不对称，则远离中性轴的焊缝应该采用小热输入分层

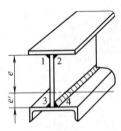

图 2-89 采用不同焊接参数减小非对称焊缝构件的弯曲变形

焊，尽量减小焊接变形量。

在焊缝两侧采用直接水冷或水冷铜块散热，可以限制和缩小焊接温度场，减小变形，如图 2-90 所示。但对于具有淬火倾向的钢种在使用时应慎用。

（5）选择合理的装配顺序和焊接顺序

合理的装配和焊接顺序可以使焊件变形减至最小。考虑合理装配和焊接顺序的原则是：前期焊缝产生的焊接残余应力和变形应尽量不影响或少影响后期焊接的残余应力和变形。对于形状复杂的大型构件，在进行装配焊接时，可将构件分为几个部分分别进行组焊，最后再进行总组装。这样，在各个构件焊接制造中可以充分利用反变形等方法减少刚度较小的各组焊件。

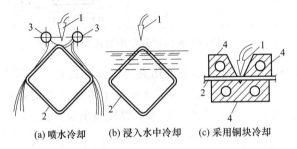

(a) 喷水冷却　　(b) 浸入水中冷却　　(c) 采用铜块冷却

图 2-90　采用局部冷却防止薄板焊接变形
1—焊枪；2—工件；3—喷水管；4—水冷铜块

大型构件上的对称焊缝，最好由多名焊工同时施焊，使相反方向的变形互相抵消。如大型管道安装时，常常要求对称施焊，以便减小焊接变形。当焊缝在结构上分布不对称时，如果焊缝位于焊件中性轴位置两侧，则可通过调节焊接热输入和交替施焊的顺序控制变形。

对于长焊缝的焊接，可以综合考虑逐步退焊法、分中逐步退焊法、跳焊法、交替焊接法等，如图 2-91 和图 2-92 所示。通过这些方法可以减小局部加热的不均匀性，从而控制和减小焊接变形。

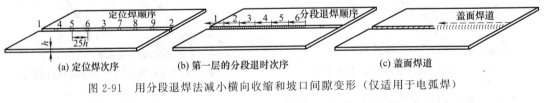

(a) 定位焊次序　　(b) 第一层的分段退时次序　　(c) 盖面焊道

图 2-91　用分段退焊法减小横向收缩和坡口间隙变形（仅适用于电弧焊）

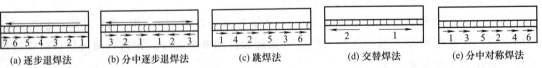

(a) 逐步退焊法　　(b) 分中逐步退焊法　　(c) 跳焊法　　(d) 交替焊法　　(e) 分中对称焊法

图 2-92　长焊缝的不同焊接顺序

（6）焊前预热

由于变形是由于焊接时的不均匀加热造成的，因此采用适当的预热是减小焊接变形的有效措施。一般而言预热温度越高越有利于减小材料的变形。但预热温度过高会恶化焊接工作环境并可能对材料的性能造成影响。多道焊时,前一道焊缝对后一道焊缝具有预热作用,因此选择多道焊对于减小焊接变形具有一定作用。

2.9.2 焊后矫形的措施

2.9.2.1 机械矫形法

机械矫形法为利用外力使焊后构件产生与焊接变形相反的塑性变形,从而使得焊接变形得以抵消的方法。图 2-93 为工字梁焊后进行变形矫正的示意图。常用的工器具包括大锤、千斤顶、螺钉压杠、多辊平板机、压力机等。采用该方法时需考虑构件的韧性等因素,防止在矫形过程中造成构件开裂。图 2-94 为用门式压力机矫正工字梁的伞形变形示意图。

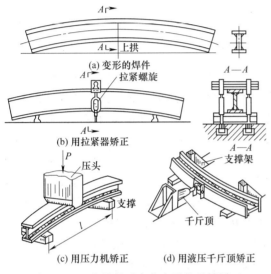

图 2-93 工字梁焊后弯曲变形的机械矫正

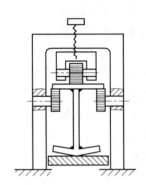

图 2-94 用门式压力机矫正工字梁的伞形变形

2.9.2.2 锤击法

锤击法可以通过延展焊缝及其周围的压缩塑性变形区区域的金属,达到消除焊接变形的目的。这种方法操作简单,经常用来矫正厚度不太厚的板,但是这种方法劳动强度高,对焊缝表面质量也会造成不利影响。

2.9.2.3 滚压法

焊缝滚压技术在消除焊接残余应力的同时,也具有焊后矫形作用,是一种矫正板壳结构变形的有效手段,多应用于自动焊方法完成的规则焊缝。用窄轮滚压还可以在工件待焊处预先造成反变形,以抵消焊接残余应力。

2.9.2.4 强电磁脉冲矫形法

利用强电磁脉冲形成的电磁场冲击力,在焊件上产生与残余变形相反的变形量,以此达到矫正的目的。电磁锤是用于钣金件成形的一种有效工具,其原理是利用高压电容通过圆盘形线圈组成的电磁锤放电,在线圈与工件之间感应生成很强的脉冲电磁场,形成较均匀的压力脉冲用于矫形。

该方法适用于电导率高的铝、铜等材料的薄壁件。对电导率低的材料,需要在工件与电磁锤之间放置铝或铜质薄板。采用该方法矫正不会在工件表面留下锤击或点状加压形成的撞击损伤痕迹，冲击能量可控性高。

2.9.2.5 火焰矫正法

火焰矫正法又称局部加热法，它采用火焰作为热源对金属局部区进行加热，在高温区域材料的热膨胀受到构件本身的刚性约束而产生局部压缩塑性变形，冷却后金属发生收缩，利用该收缩所产生的变形去抵消焊接引起的残余变形，见图2-95。

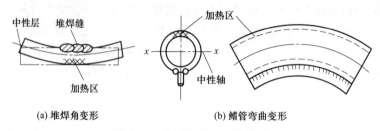

(a) 堆焊角变形   (b) 鳍管弯曲变形

图 2-95　火焰矫正的加热位置

决定火焰矫正效果的因素主要包括加热位置、加热温度和加热区的形状。加热位置不正确，不仅起不到矫正的作用，反而会加重已有的变形。所选加热位置必须使它产生变形的方向与焊接残余变形方向相反，起到抵消变形的作用。一般而言产生弯曲或角变形的原因主要是焊缝集中于焊件中性轴的一侧，要矫正这种变形，加热位置就必须选在中性轴的另一侧，如图2-96所示。加热位置距离中心轴越远，矫正的效果就越好。加热部位的温度必须高出相邻加热部位，且使得受热金属热膨胀受阻，产生压缩塑性变形。对于低碳钢构件，在刚性拘束较大的情况下加热温度高于100℃就能产生压缩塑性变形。在生产中结构钢火焰加热的温度一般控制在600～800℃。加热区的形状包括点状、条状和三角形三种。点状热源集中于金属表面较小的区域，加热后可以获得以点为中心的均匀径向收缩，比较适合于薄壁板波浪变形矫平。条状加热的横向收缩量一般大于纵向收缩量，应充分利用此特点去安排加热位置。条状加热多用于矫正变形量较大，或刚性较大的构件。三角形加热区可以获得三角形底边横向收缩大于顶端横向收缩的效果，用于矫正发生弯曲变形的焊接构件，具有很好的效果。

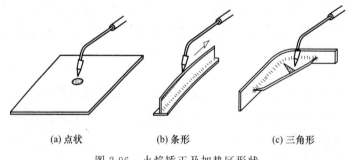

(a) 点状   (b) 条形   (c) 三角形

图 2-96　火焰矫正及加热区形状

思考题

1. 什么是应力、内应力，弹性变形、塑性变形、自由变形、内部变形、外观变形？
2. 什么是热应力、相变应力和塑变应力及残余应力？

3. 试分析焊接时热应变脆化的形成过程。

4. 试分析低碳钢薄板堆焊时焊接纵向应力的形成过程。

5. 简述焊接应力的分类，并分析平板对接时焊接纵向应力和横向应力的形成过程。

6. 简述焊接厚度方向应力、拘束应力、形变应力、封闭焊缝引起的应力分布特点。

7. 试述焊接应力对焊接结构性能的影响。

8. 测量焊接残余应力的方法有哪些？各有何特点？

9. 低碳钢工字形构件长 5m，腹板高 250mm，厚 10mm，翼板宽 250mm，厚 12mm，四条角焊缝均为埋弧焊一次焊完，焊脚 $K=8mm$，试计算工字形构件的纵向收缩量。

10. 焊接变形种类有哪些？其变形的形成各有何特点？

11. 分析工字梁焊接时可能出现的焊接变形类型以及防止措施。

12. 试分析板-板对接焊接横向收缩变形特点，以及板-板对接装配间隙应如何处理。

13. 试分析材料为 Q235B，其规格为 $500mm \times 300mm \times 30mm$，板-板对接，开 X 形坡口，采用焊条电弧焊焊接时的角变形特点，以及如何防止角变形。

14. 影响焊接应力和变形的因素有哪些？如何防止焊接应力和变形？

15. 焊接变形的矫正措施有哪些？火焰矫正应注意哪些事项？

16. 简述加热减应区法原理及其目的。

17. 图 2-97 为低碳钢对接平板及其纵向残余应力分布图，设其板厚为 δ，弹性模量为 E，屈服强度为 σ_s、塑性区宽为 B_p 回答下列问题：

（1）如将平板沿 BG 切开，那么 ABGH 部分将发生什么变形？写出变形量的表达式。

（2）如将平板沿 BG 线切开，那么，BCDEFG 部分将发生什么变形？

（3）如将平板同时沿 BG、CF 切开，那么，中间部分 BCFG 将发生什么变形？变形量是多少？

（4）如对平板施加一平行于焊缝方向的纵向载荷 F，在加载过程的某一时刻，平板纵向应力分布如图 2-98 所示，该时刻 F 等于多少？

（5）如图 2-98 所示，该时刻平板纵向应力是工作应力的一部分还是残余应力的一部分，或是工作应力与残余应力之和？

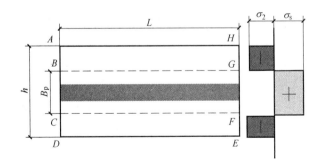

图 2-97　思考题 17（一）

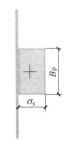

图 2-98　思考题 17（二）

Chapter 03

焊接接头断裂

3.1 焊接接头的基本形式

3.1.1 焊接接头类型

3.1.1.1 焊接接头的基本概念

焊接接头就是用焊接方法连接起来的不可拆卸的接头，简称接头。在焊接结构中，焊接接头通常要发挥两方面的作用：一是连接作用，即把被焊工件连接成一个整体；二是传力作用，即传递被焊工件所承受的载荷。根据化学成分、金相组织、力学性能的不同特征，接头一般可分为焊缝金属、熔合区、热影响区及其邻近的母材组成，见图 3-1。

熔化焊焊接接头是采用高温移动热源对被焊金属进行局部高温加热而形成的。焊缝金属是由焊接填充材料及部分母材熔融凝固

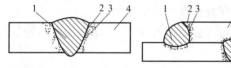

|(a) 对接接头断面图|(b) 搭接接头断面图|

图 3-1 熔化焊焊接接头的组成

1—焊缝金属；2—熔合区；3—热影响区；4—母材

形成的铸造组织，其组织和化学成分都不同于母材。近缝区受焊接热循环和热塑性变形的影响，其组织和性能都发生变化，特别是熔合区的组织和性能变化更为明显。因此焊接接头是一个不均匀体。此外，焊接接头因焊缝的形状和布置的不同而产生不同程度的应力集中，再加上焊接接头的残余应力与变形和高刚性就构成了焊接接头的基本属性。总的来说，焊接过程使焊接接头具有以下力学特点：

① 焊接接头力学性能不均匀。由于焊接接头各区在焊接过程中进行着不同的焊接冶金过程，并经受不同的热循环和应变循环的作用，各区的组织和性能存在较大的差异，焊接接头组织的不均匀造成了整个接头力学性能的不均匀。

② 焊接接头工作应力分布不均匀，存在应力集中。由于焊接接头存在几何不连续性，致使其工作应力是不均匀的，存在应力集中。当焊缝中存在工艺缺陷、焊缝外形不合理或接头形式不合理时，将加剧应力集中程度，影响接头强度，特别是疲劳强度。

③ 焊接不均匀加热引起焊接残余应力与变形。焊接是局部加热的过程，电弧焊时，焊缝处最高温度可达到材料沸点，而离开焊缝处温度急剧下降，直至室温。这种不均匀温度场将在焊件中产生残余应力和变形，焊接残余应力可能与工作应力叠加而导致结构破坏，焊接

变形可能引起焊接结构的几何不完善性。例如，焊接接头的角变形和错边可以增加壳体的椭圆度，产生附加弯曲应力，直至影响强度。

④ 焊接接头具有较大的刚性。通过焊接，焊缝与构件组成整体，所以与铆接或胀接相比，焊接接头具有较大的刚性。

影响焊接接头性能的因素较多，如图 3-2 所示。这些因素可归纳为两个方面：一个是力学方面的影响因素，另一个是材质方面的影响因素。

在力学方面影响焊接接头性能的因素有接头形状不连续性、焊接缺陷、残余应力和焊接变形等。接头形状的不连续性，如焊缝余高和施焊中可能造成的接头错位等，都是应力集中的根源；特别是未焊透和焊接裂纹等焊接缺陷，往往是接头破坏的起点。

在材质方面影响焊接接头性能的因素主要有：焊接热循环所引起的组织变化，焊接材料引起的焊缝化学成分的变化，焊接过程中的热塑性变形循环所产生的材质变化，焊后热处理所引起的组织变化和矫正变形引起的加工硬化等。

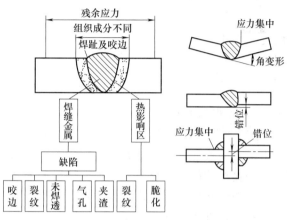

图 3-2　影响焊接接头性能的主要因素示意图

在实际中上述各影响因素可能复杂地交错在一起，导致焊接接头性能劣化，从而增加了结构破坏的可能性。

焊接接头是组成焊接结构的关键元件，它的性能与焊接结构的性能和安全等方面有直接的关系。因此，为了不断提高焊接接头的性能和质量，多年来许多焊接工作者对影响其性能的各种因素都做了大量的试验研究工作，取得了许多重大成果，扩大了焊接结构的应用范围，提高了焊接结构的安全可靠性。但是，焊接结构的破坏事故并未完全消除，尤其是在如今新钢种不断出现、采用高强度钢制造大型结构逐日增多的情况下，对焊接接头性能的研究仍是当前和今后的一项重要任务。

3.1.1.2　焊接接头的分类和基本类型

焊接接头的种类和形式很多，可从不同角度进行分类。例如，可按所采用的焊接方法、接头构造形式以及坡口形状、焊缝类型等进行分类。

根据焊接方法不同，焊接接头可以分为熔焊接头、压焊接头和钎焊接头三大类。根据接头的构造形式不同，焊接接头可分为对接接头、T 形接头、十字接头、搭接接头、盖板接头、套管接头、塞焊（槽焊）接头、角接接头、卷边接头和端接接头 10 种类型，如果同时考虑构造形式和焊缝传力特点，这 10 种接头类型中又有若干类型具有本质上的结构类似性。

在焊接结构中，一般根据结构的形式、钢板的厚度、对强度的要求以及施工条件等情况来选择接头形式，常用焊接接头的基本形式有四种：对接接头、T 形（十字）接头、角接接头和搭接接头，如图 3-3 所示。选用接头形式时，应该熟悉各种接头的优缺点。

（1）对接接头

两焊件相对平行，两件表面构成大于或等于 135°、小于或等于 180°的夹角，即两板件

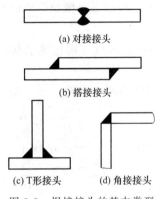

(a) 对接接头

(b) 搭接接头

(c) T形接头　　(d) 角接接头

图 3-3　焊接接头的基本类型

相对端面焊接而形成的接头叫对接接头。从力学角度看，对接接头是比较理想的接头形式，与其他类型的接头相比，它的受力状况最好，应力集中程度较小，能承受较大的静载荷或动载荷，是焊接结构中采用最多也是最完善的一种接头形式。

焊接对接接头时，为了保证焊接质量、减小焊接变形和焊接材料消耗，根据板厚或壁厚的不同，往往把被焊工件的对接边缘加工成各种形式的坡口，进行坡口对接焊。对接接头常用的坡口形式有单边卷边、双边卷边、I 形、V 形、单边 V 形、带钝边 U 形、带钝边 J 形、双 V 形、带钝边双 V 形以及双 J 形等，如图 3-4 所示。各种坡口尺寸可根据 GB/T 985.1《气焊、焊条电弧焊、气体保护焊和高能束焊的推荐坡口》、GB/T 985.2《埋弧焊的推荐坡口》、GB/T 985.3《铝及铝合金气体保护焊的推荐坡口》、GB/T 985.4《复合钢的推荐坡口》或根据具体情况确定。

开坡口的根本目的是使焊缝根部焊透，确保焊接质量和接头性能，对合金钢来说，坡口还能起到调节母材金属和填充金属比例的作用。坡口形式的选择主要取决于板材厚度、焊接方法和工艺过程。同时应考虑满足焊接质量要求、焊后应力变形的大小、坡口加工的难易程度和焊接施工难度来确定，同时还要考虑经济性，有无坡口、坡口的形状和大小都将影响到坡口加工成本和焊条的消耗量。

V 形坡口是最常用的坡口形式，这种坡口加工方便，但同样厚度焊件的焊条消耗量比 X 形坡口大得多，由于焊缝不对称会引起焊后较大的角变形。X 形坡口由于焊缝对称，从两面施焊产生均匀的收缩，因此角变形很小，此外焊条消耗量也较少；但缺点是焊接时需要翻转焊件。U 形坡口焊条消耗量比 V 形坡口少，但同样由于焊缝不对称将产生角变形。双 U 形坡口焊条消耗量最小，变形也均匀。与 X 形和 V 形坡口比较，U 形和双 U 形坡口加工较复杂，一般只在较重要的及厚大的构件中采用。

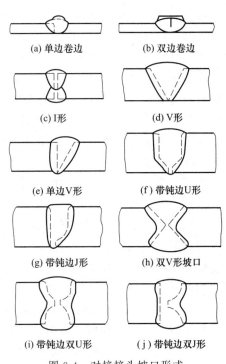

(a) 单边卷边　　　　(b) 双边卷边

(c) I形　　　　　(d) V形

(e) 单边V形　　　　(f) 带钝边U形

(g) 带钝边J形　　　(h) 双V形坡口

(i) 带钝边双U形　　(j) 带钝边双J形

图 3-4　对接接头坡口形式

（2）T 形（十字）接头

T 形（十字）接头是把互相垂直的或成一定角度的被焊工件用角焊缝连接起来的接头，如图 3-5 所示。这种接头是典型的电弧焊接头，能承受各种方向的力和力矩，如图 3-6 (b) 所示。它的种类较多，常见的见图 3-5。在计算接头强度时，开坡口焊透的 T 形及十字接头，其接头强度可按对接接头计算，特别适用于承受动载的结构。这类接头在钢结构中应用较多，其适用范围仅次于对接接头，特别是船体结构中约 70% 的焊缝是 T 形接头。

T 形接头应避免采用单面角焊缝，因其根部有很深的缺口，承载能力非常低。对较厚的板可采用 K 形坡口 [图 3-5 (b)]，根据受力情况决定是否需要焊透，这样做与不开坡口 [图 3-5 (a)] 而用大尺寸角焊缝相比，不仅经济合算，而且接头疲劳强度也高。对要求完全焊透的 T 形接头，采用单边 V 形坡口［图 3-5（c）］从一面施焊、焊后在背面清根焊满，比采用 K 形坡口施焊更加可靠。

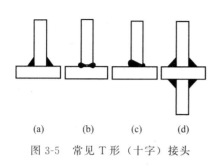

图 3-5　常见 T 形（十字）接头

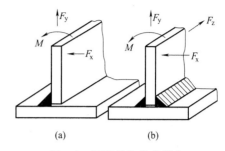

图 3-6　T 形接头承载能力

（3）搭接接头

两个被焊工件部分地重叠在一起或加上专门的搭接件用角焊缝或塞焊缝、槽焊缝连接起来的接头称为搭接接头。搭接接头的应力分布不均匀，疲劳强度较低，不是最理想的接头形式。但是它的焊前准备和装配工作比对接接头简单得多，其横向收缩量也比对接接头小，所以在受力较小的焊接结构中仍能得到较广泛的应用。

搭接接头有多种连接形式，最常见的是角焊缝组成的搭接接头，一般用于厚度在 12mm 以下的钢板焊接。除此之外，还有开槽焊、塞焊、锯齿状搭接等多种形式。不带搭接件的搭接接头一般采用正面角焊缝、侧面角焊缝或正面、侧面联合角焊缝连接，有时也用塞焊缝、槽焊缝连接，见图 3-7。

开槽焊搭接接头的构造见图 3-8，先将被连接件冲切成槽，然后用焊缝金属填满该槽，槽焊焊缝断面为矩形，其宽为被连接件厚度的两倍，开槽长度应比搭接长度稍短一些。当被连接件的厚度不大时，可采用大功率的埋弧焊或 CO_2 气体保护焊，不开槽也有可能熔透，使两个焊件连接起来。

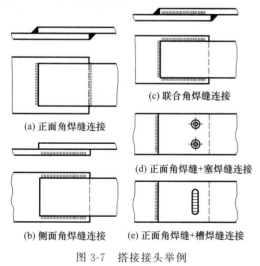

图 3-7　搭接接头举例

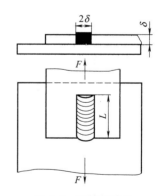

图 3-8　开槽焊接头

塞焊是在被连接的钢板上钻孔来代替开槽焊的槽形孔，用焊缝金属将孔填满使两板连接起来，有时也叫电铆焊，见图 3-9。塞焊可分为圆孔内槽焊和长孔内塞焊两种。当被连接板厚小于 5mm 时，可以采用大功率的埋弧焊或 CO_2 气体保护焊直接将钢板熔透而不必钻孔。

这种接头施焊简单，特别对于一薄一厚的两焊件连接最为方便，生产效率较高。

锯齿缝搭接接头如图 3-10 所示，这是单面搭接接头的一种形式。直缝单面搭接接头的强度和刚度比双面搭接接头低得多，所以只能用在受力很小的次要部位。对背面不能施焊的接头采用锯齿形焊缝搭接，有利于提高强度和刚度。若在背面施焊很困难时，用这种接头形式比较合理。

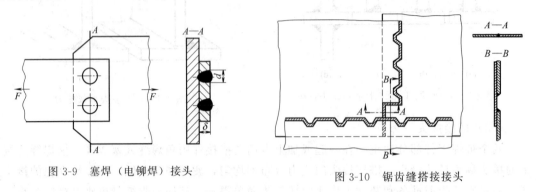

图 3-9　塞焊（电铆焊）接头　　　　图 3-10　锯齿缝搭接接头

（4）角接接头

角接接头是指两被焊工件端面间构成大于 30°、小于 135°夹角的接头。角接接头多用于箱形构件上，常见的连接形式如图 3-11 所示。它的承载能力视其连接形式不同而各异，图 3-11（a）所示是最简单的角接接头，但承载能力最差，特别是当接头处承受弯曲力矩时焊根处会产生严重的应力集中，焊缝容易自根部断裂；图 3-11（b）所示为采用双面角焊缝连接，其承载能力可大大提高；图 3-11（c）和图 3-11（d）所示为开坡口焊透的角接接头，有较高的强度，而且在外观上具有良好的棱角，但厚板时可能出现层状撕裂；图 3-11（e）和图 3-11（f）所示结构易装配，省工时，是最经济的角接接头；图 3-11（g）所示是保证接头具有准确直角的角接接头，并且刚性大，但角钢厚度应大于板厚；图 3-11（h）所示是最不合理的角接接头，焊缝多而且不易施焊，结构的总重量也较大，浪费大量材料。

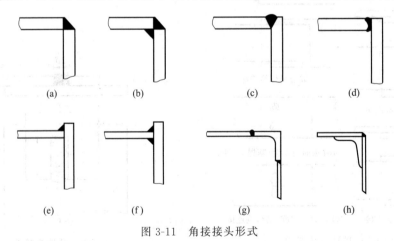

(a)　　　(b)　　　(c)　　　(d)

(e)　　　(f)　　　(g)　　　(h)

图 3-11　角接接头形式

3.1.2　焊缝的类型

焊缝是构成焊接接头的主体部分，焊缝按不同分类方法可分为下列几种形式：按焊缝在空间位置的不同，可分为平焊缝、立焊缝、横焊缝及仰焊缝四种形式；按焊缝结合形式不同，可分为对接焊缝、角焊缝、塞焊缝、槽焊缝和端接焊缝五种形式；按焊缝断续情况分为定位焊缝、连续焊缝和断续焊缝三种形式。下面主要介绍对接焊缝和角焊缝两种基本形式。

（1）对接焊缝

对接焊缝是沿着两个焊件之间形成的，其焊接接头可采用卷边、平对接或加工成 V 形、X 形、K 形和 U 形等坡口。

在焊接生产中，通常使对接接头的焊缝略高于母材板面，高出部分称为余高。焊缝余高可避免熔池金属在凝固收缩时产生焊接缺陷，增大焊缝截面承受静载荷的能力。但余高过大将产生应力集中，使疲劳寿命缩短。

由于余高的存在会造成焊缝与母材的过渡处应力集中，其应力分布如图 3-12 所示。在焊缝正面与母材的过渡处应力集中系数为 1.6，在焊缝背面与母材的过渡处应力集中系数为 1.5。应力的大小主要与余高 h 和焊缝向母材过渡的半径 r 有关，减小 r 和增大 h，都会使应力集中系数 K_T 增加，如图 3-13 所示。

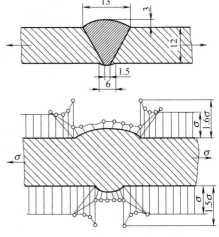

图 3-12 对接接头的应力分布

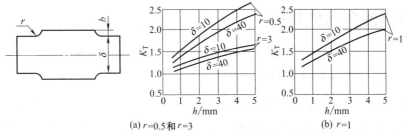

(a) $r=0.5$ 和 $r=3$ (b) $r=1$

图 3-13 余高 h 和过渡半径与应力集中系数的关系

（2）角焊缝

角焊缝按其截面形状可分为平角焊缝、凹角焊缝、凸角焊缝和不等腰角焊缝四种，如图 3-14 所示。按其承载方向可分为三种：焊缝与载荷相垂直的正面角焊缝、与载荷相平行的侧面角焊缝和与载荷倾斜的斜向角焊缝。

角焊缝是一种应用最广泛的焊缝，与对接焊缝比较，在力学性能方面具有许多特点：以角焊缝构成的各种接头其几何形状都有急剧的变化，力线的传递比对接焊缝复杂，焊缝的根部与趾部的应力集中一般都比对接焊缝大。各种截面形状角焊缝的承载能力与载荷性质有关。静载时，如母材塑性良好，角焊缝的截面形状对承载能力没有显著影响；动载时，凹角焊缝比平角焊缝的承载能力高，凸角焊缝的最低。不等腰角焊缝，长边平行于载荷方向时，承受动载效果较好。角焊缝的实际受力情况在具体结构上是比较复杂的，但工程上为了安全可靠和计算简便，常假定角焊缝是在平均切应力作用下断裂的，并假定其断裂面是在角焊缝截面的最小高度 a 处，如图 3-14 所示，图（c）、（d）所示两种角焊缝有时断裂在 2—2 截面处，但计算强度时仍以 a 处计算。

角焊缝的具体应用如图 3-15 中（a）~（c）所示，应用最多的角焊缝是截面为直角等腰的平角焊缝，一般可用腰长 K 来表示其大小，通常称 K 为焊脚尺寸。

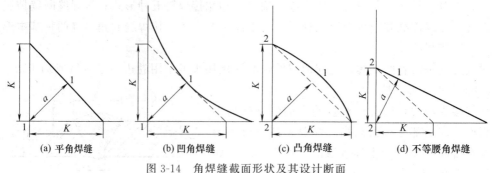

图 3-14　角焊缝截面形状及其设计断面

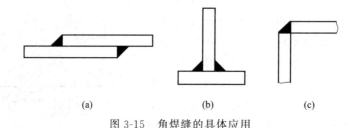

图 3-15　角焊缝的具体应用

3.2 焊接接头脆性断裂

3.2.1 脆性断裂事故分析

第二次世界大战前，比利时阿尔拜特（Albert）运河上建造了 50 余座威廉德式（Vierendeel）桥梁，从桥梁的设计上看，此种形式桥梁的刚性很大，材料为比利时当时生产的 St-42 钢（转炉钢），桥梁为全焊结构。1938 年 3 月 14 日，跨度为 74.52m 的哈塞尔特桥（Hasselt，表 3-1 所示为桥梁简图及数据）在使用 14 个月以后，在载荷不大的情况下突然断为三截并落入运河中，事故发生时气温为 -20℃。之后不久，在 1940 年 1 月 19 日和 25 日该运河上另外两座桥梁又发生局部脆断事故。从 1938 年到 1940 年间，所有 50 余座桥梁中共有十多座先后发生了脆断事故。由于战争原因，调查这些事故的委员会并没有公开发表完整的报告，只是在一些国家中部分地发表了有关这个问题的研究情况。

1946 年，美国海军部发表资料表明，在第二次世界大战期间，美国制造的 4694 艘船只中，在 970 艘船上发现有 1442 处裂纹。这些裂纹多出现在万吨级的自由轮上，其中 24 艘甲板全部横断，1 艘船底发生完全断裂，8 艘从中腰断为两半，其中 4 艘沉没。值得注意的是，Schenectady 号 T-2 型油轮，该船建成于 1942 年 10 月，1943 年 1 月 16 日在码头停泊时发生突然断裂事故，当时海面平静，天气温和，其甲板的计算应力只有 70MPa。

圆筒形储罐和球形储罐的破坏事故更为严重。一起事故发生在 1944 年 10 月 20 日美国东部的俄亥俄煤气公司液化天然气储存基地，该基地装有 3 台内径为 17.4m 的球形储罐，一台直径为 21.3m、高为 12.8m 的圆筒形储罐。事故是由圆筒形储罐开始的，首先在其 1/3~1/2 的高度的断裂处喷出气体和液体，接着听见雷鸣般的响声，气体化为火焰，然后储罐爆炸，酿成大火。20min 后，一台球罐因底脚过热而倒塌爆炸，使灾情进一步扩大，这次事故造成128人死亡，经济损失达680万美元。另一起事故发生在1971年西班牙马德里，一台5000m³球形煤气储罐，在水压试验时三处开裂而破坏，死伤15人。

表3-1 Hasselt桥梁简图及数据

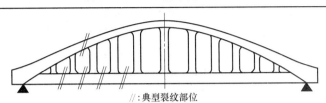

//:典型裂纹部位

地名(桥名)	类型	中间跨度/m	宽度/m	下弦杆	日期	
					建成年份	失效
Hasselt	轻轨铁路和道路	74.2	14.3		1936	1938年3月
Herenthalsoolen	轻轨铁路和道路	60	9.4		1937	1940年1月
Kaulille	道路	48	8.7		1935	1940年1月

随着焊接技术的发展，特别是材料科学的发展，焊接接头发生脆性破坏事故日益减少，但并未杜绝。20世纪70年代以来仍发生过桥梁、压力容器、采油平台、球形容器等一些结构的脆性破坏事故。1995年1月17日在日本阪神大地震中，一些按当今日本有关标准设计的钢结构的梁柱焊接接头发生了一系列脆性断裂，它们多起源于垫板。而在1994年的1月17日美国洛杉矶发生的里氏6.8级地震中，也造成了大量的梁-柱接头的脆性事故。与阪神地震结构损失不同，洛杉矶地区的梁-柱接头脆断前几乎未发生任何塑性变形，日本和美国梁柱接头品质有区别，但无一例外均出现上述脆断事故。

3.2.2 脆性断裂断口形貌特征

在工程上，按照断裂前塑性变形的大小，将断裂分为延性断裂（亦称塑性断裂和韧性断裂）和脆性断裂两种。延性断裂在断裂前有较大的塑性变形；而脆性断裂前则没有或只有少量的塑性变形，断裂突然发生并快速发展（裂纹扩展速率高达1500～2000m/s）。同一材料在不同条件下也会出现不同断裂形式，例如低碳钢通常认为是塑性很高，被广泛应用于各种焊接结构中，但在一定条件下低碳钢构件也会发生脆性断裂。

延性断裂发生、扩展及其宏观和微观的断口特征：塑性金属材料的晶体，在载荷作用下首先发生弹性变形，当载荷继续增加达到某一数值即可发生屈服，由于滑移使多晶体金属发生永久变形，即塑性变形。若要继续变形则要增大作用力，此过程即所谓加工硬化。继续加大载荷金属将进一步变形，继而产生微裂口或微空隙。这些微裂口一经形成，便在随后加载过程中逐步汇合起来，形成宏观裂纹。宏观裂纹发展到一定尺寸后就发生失稳扩展而导致最终断裂。

延性断裂的断口一般呈纤维状，色泽灰暗，边缘有剪切唇，断口附近有宏观的塑性变形。杯锥状断口是一种常见的延性断口，其底部是与主应力方向垂直的宏观平断口，它是材料在平面应变状态下的延性断裂。断口并不是完全平直的面有很细小的凹凸，这些凹凸的小斜面又和拉伸轴成45°角，故呈现纤维状。此外还有一种斜切断口也是典型的延性断口，是

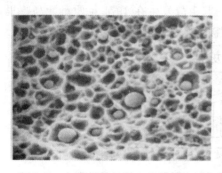

图 3-16 韧性断裂的韧窝花样电镜图

剪切应力在平面应力状态下形成的，断口附近有明显的宏观塑性变形。

延性断裂的微观特征形态是韧窝。韧窝的实质是材料微区塑性变形形成空洞聚集和长大导致材料断裂所留下的圆形或椭圆形凹坑，如图 3-16 所示。韧窝花样的形状主要由所受应力状态决定，由于应力不同，显微空隙的生核、长大、聚集过程不同，因此韧窝一般可分为等轴韧窝、剪切韧窝和撕裂韧窝。后两者的形成呈抛物线状的拉长了的韧窝。

通常脆性断裂系指沿一定结晶面劈裂的解理断裂（包括半解理断裂）及晶界（沿晶）断裂，多发生于体心立方和密排六方晶体材料中。

（1）解理断口

解理是沿晶内一定结晶学平面分离而形成的穿晶断裂，这个结晶学平面称为解理面。金属材料在一定条件下，例如低温、高应变速率及高应力集中的情况下，当应力达到一定数值时就会发生解理断裂。关于解理断裂的产生已经有许多模型，它们大多与位错理论相联系。普遍认为，当材料的塑性形变过程严重受阻，材料不能以形变方式而是以分离来顺应外加应力，从而发生解理断裂。金属中的夹杂物、脆性析出物和其他缺陷对解理断裂的产生亦有重要影响。

解理断裂的宏观断口平整，一般与主应力垂直，没有可以觉察到的塑性变形，断口有金属光泽。金属材料实际是由取向不同的多晶体组成的，因此各晶粒中的解理面（总是沿晶内原子排列密度最大的晶面，例如：属于立方晶系的体心立方金属，其解理面为 {100}，六方晶系为 {0001}，三角晶系为 {111}，一个晶体如果是沿着解理面发生开裂，则称为解理断裂。）不可能在同一平面，故在强光下断口上可以观察到闪闪发光的颗粒，常称为晶状断口，如图 3-17 所示。应当指出，面心立方晶体很少发生解理，这就是奥氏体钢很少发生脆性断裂的一个原因。

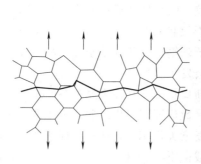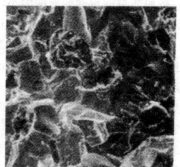

图 3-17 解理断裂断口微观形貌

解理裂纹扩展所消耗的能量很少，其扩展速度往往与该介质中的纵向声波速度相当，因此容易造成脆性断裂构件的瞬时整体破坏。其宏观断口常呈现放射状撕裂棱形，即所谓人字纹花样。人字纹剑锋指向裂纹源，与人字纹成正交的曲线族即裂纹的瞬间位置，见图 3-18（a）。解理断口的微观特征形态常出现河流花样、舌状花样、扇形花样等，图 3-18（b）所示是一典型的河流花样图像。

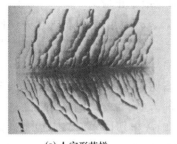
(a) 人字形花样

(b) 河流花样

图 3-18　解理断裂断口

（2）晶界脆性断口

晶界断裂即是沿着晶粒边界扩展的一种脆性断裂，如图 3-19 所示。晶间断裂时，裂纹扩展总是沿着消耗能量最少（即原子结合力最弱）的区域进行，例如各种析出相、夹杂物和元素偏析处，再加上环境（如应力腐蚀）、温度（如热损伤等）和机械（如三向应力状态）等外来因素，易导致沿晶界破断。

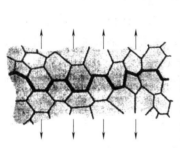
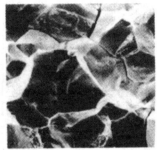

图 3-19　晶间断裂断口微观形貌

晶界脆性断裂的断口宏观形态特征呈颗粒状或粗瓷状，色泽较灰暗（但比韧性断口要光亮）。断裂前没有可以觉察到的塑性变形，断口一般与主应力垂直，表面齐平，边缘有剪切唇。晶界脆性断裂的断口微观形态特征是明显的多面体，没有明显的塑性变形，呈现不同程度的晶粒多面体，外形如岩石状花样或冰糖块状花样。

实际金属材料的断裂由于受力状态、材质和介质特点都比较复杂，常常不是单一的机制，如纯延性断裂或纯解理断裂等，而是具有多种机制的混合断裂，即两种或两种以上断裂机制相继发生的结果。焊接宽板拉断的断口常常可以在预制裂纹根部看到纤维状延性起裂断口（又称指甲纹），随后为快速扩展的放射状线条区（脆性断裂区）——人字纹区，断口两侧及端部有剪切唇。随着条件的变化，如温度降低、材料塑性变差、刻槽尖锐等，则剪切唇和纤维状指甲纹可能减小甚至消失，人字纹也可能不明显，整个断面呈闪亮的结晶状断口，出现几乎完全的解理断裂。反之则剪切唇可以增大，直到形成跨越整个断面的 45° 斜断口，呈现典型的纤维状延性断裂。

3.2.3　影响脆性断裂的原因

3.2.3.1　应力状态的影响

物体在受外载时，不同的截面上产生不同的正应力 σ 和切应力 τ。在主平面上作用有最

大正应力 $\sigma_{\max}$（另一个与之相垂直的主平面上作用有最小正应力 $\sigma_{\min}$），与主平面成 $45°$ 的平面上作用有最大切应力 $\tau_{\max}$。$\sigma_{\max}$ 和 $\tau_{\max}$ 及其比 $\tau_{\max}/\sigma_{\max}$ 与加载方式有关，例如杆件受单轴拉伸时，$\sigma_{\max}$ 作用在与载荷方向垂直的截面上，$\tau_{\max}$ 作用在与载荷方向成 $45°$ 角的截面上，并且 $\tau_{\max}=1/2\sigma_{\max}$。当圆棒受扭转时，$\tau_{\max}$ 作用在与中心轴垂直的界面上，而 $\sigma_{\max}$ 则作用在与中心轴成 $45°$ 角的截面上，并且 $\tau_{\max}=\sigma_{\max}$。当切应力达到屈服强度时，产生塑性变形，达到剪断抗力时，产生剪断。当正应力达到正断抗力时，产生正断，断口与 $\sigma_{\max}$ 垂直。如果在 $\sigma_{\max}$ 达到正断抗力前，$\tau_{\max}$ 先达到屈服强度，则产生塑性变形，形成延性断裂；如果在

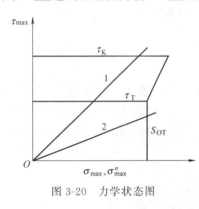

图 3-20　力学状态图

$\tau_{\max}$ 达到屈服强度前，$\sigma_{\max}$ 先达到正断抗力，则发生脆性断裂。因此断裂的形式与加载形式亦即应力状态有关。这个关系可用力学状态图来表达，如图 3-20 所示，水平轴代表 $\sigma_{\max}$ 亦可代表最大折合应力 $\sigma_{\max}^{n}$，垂直轴代表 $\tau_{\max}$，S_{OT} 为正断抗力，τ_{T} 为剪切屈服限，τ_{K} 为剪断抗力。通过 O 点的一条直线即代表一种应力状态，其斜率则为 $\tau_{\max}/\sigma_{\max}$。射线 1 所代表的应力状态与 τ_{K} 相交，故产生延性断裂；射线 2 所代表的应力状态先与 S_{OT} 相交，故产生脆性断裂。因此提高 $\tau_{\max}/\sigma_{\max}$ 值的加载方式和应力状态都有利于产生塑性变形；反之则有利于脆性断裂。例如单轴拉伸时，$\tau_{\max}/\sigma_{\max}=1/2$；而在三轴拉伸时，当主应力为 σ_1、σ_2、σ_3（$\sigma_1>\sigma_2>\sigma_3$）且 $\sigma_3\neq0$，则 $\sigma_{\max}=\sigma_1$，$\tau_{\max}=(\sigma_1-\sigma_2)/2$，则：

$$\frac{\tau_{\max}}{\sigma_{\max}}=\frac{\dfrac{\sigma_1-\sigma_3}{2}}{\sigma_1}=\frac{1}{2}\left(1-\frac{\sigma_3}{\sigma_1}\right)<\frac{1}{2} \tag{3-1}$$

如按第二强度理论 $\sigma_{\max}=\sigma_{\max}^{n}=\sigma_1-\mu(\sigma_2+\sigma_3)$，则：

$$\frac{\tau_{\max}}{\sigma_{\max}}=\frac{\dfrac{1}{2}(\sigma_1-\sigma_3)}{\sigma_1-\mu(\sigma_2+\sigma_3)} \tag{3-2}$$

可以看出，都使 $\tau_{\max}/\sigma_{\max}$ 下降，脆性断裂的危险性加大了。当 $\sigma_1=\sigma_2=\sigma_3$，$\tau_{\max}/\sigma_{\max}=0$，在力学状态图上与横轴重合，说明材料必然是脆性断裂。力学状态图可以用来解释许多断裂现象。实验证明，许多材料处于单轴或双轴拉伸应力下呈现塑性，当处于三轴拉伸应力下时，因不易发生塑性变形而呈现脆性。

在实际结构中三轴应力可能由三轴载荷产生，但更多的情况是由于结构几何不连续性引起的。虽然整个结构处于单轴、双轴拉应力状态，但某局部地区由于设计不佳、工艺不当，往往出现局部三轴应力状态的缺口效应。图 3-21 所示表示构件受均匀拉伸应力时，其中一个缺口根部出现高值的应力和应力集中，缺口越深、越尖，其局部应力和应变也越大。

研究表明，在三轴应力情况下，材料的屈服点较单轴应力时提高，这也进一步增加了材料的脆性。同时，最大应力超出单轴拉伸时的屈服应力，形成很高的局部应力而材料尚未发生屈服，结果降低了材料塑性，使该处材料变脆，这说

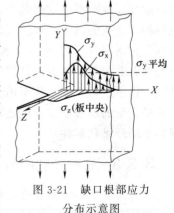

图 3-21　缺口根部应力
分布示意图

明了为什么脆性断裂事故一般都起源于具有严重应力集中效应的缺口处，而在试验中也只有引入这样的缺口才能产生脆性行为。

3.2.3.2 温度的影响

如果把一组开有相同缺口的试样在不同温度下进行试验，就会看到随着温度的降低，它们的破坏方式会发生变化，即从塑性破坏变为脆性破坏。这是因为随着温度的降低，发生解理断裂的危险性增大，材料的剪切屈服限增大，而正断抗力相对不变，如图 3-22 所示。对于一定的加载方式（应力状态），当温度降至某一临界值时，将出现延性到脆性断裂的转变，这个温度称之为韧-脆转变温度。应当注意，同一材料采用不同试验方法，将会得到不同的韧-脆转变温度。韧-脆转变温度随最大切应力与最大正应力之比值的降低而提高。带缺口试样的比值比光滑试样低，拉伸试样的比值比扭转试样低，因此韧-脆转变温度前者比后者高。

由于解理断裂通常发生在体心立方和密排六方点阵的金属和合金中，只在特殊情况下，如应力腐蚀条件下，才在面心立方点阵的金属中发生，因此面心立方点阵的金属（如奥氏体不锈钢），可以在很低的温度下工作而不发生脆性断裂。

图 3-22　温度对 τ_T 和 S_{OT} 的影响

3.2.3.3 加载速度的影响

随着加载速度的增加，材料的屈服点提高，因而促使材料向脆性转变，其作用相当于降低温度。随着应变速率的提高，τ_T 提高而 S_{OT} 基本不变，如图 3-23 所示。

应当指出，在同样加载速率下，当结构中有缺口时应变速率可呈现出加倍的不利影响，因为此时有应力集中的影响，缺口根部附近材料的应变速率比无缺口结构高得多，从而大大降低了材料的局部塑性，这也说明了为什么结构钢一旦开始脆性断裂就很容易扩展。当缺口根部小范围金属材料发生断裂时，则在新裂纹前端的材料立即受到高应力和高应变载荷，换句话说，一旦缺口根部开裂，就有高的应变速率，而不管其原始加载条件是动载的还是静载的，此时随着裂纹加速扩展，应变速率更急剧增加，致使结构最后破坏。延性-脆性转变温度与应变速率的关系如图 3-24 所示。

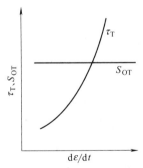

图 3-23　应变速度 $\dfrac{d\varepsilon}{dt}$ 对 τ_T 和 S_{OT} 的影响

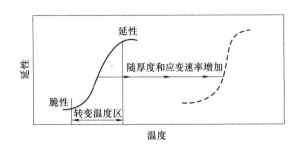

图 3-24　延性-脆性转变温度与应变速率的关系

3.2.3.4 材料状态的影响

除了上述的应力状态、温度、加载速度等外界条件对材料的断裂形式有很重要的影响外，材料的本身状态对其延性-脆性转变温度也有重要的影响，了解和考虑这些影响，对焊接结构选材来说是非常重要的。

（1）厚度的影响

厚度对脆性破坏的不利影响由以下两种因素决定：

① 厚板在缺口处容易形成三轴拉应力，因为沿厚度方向的收缩和变形受到较大的限制，形成所谓的平面应变状态；而当板材比较薄时，材料在厚度方向能比较自由地收缩，故厚度方向的应力较小，接近于平面应力状态。如前所示，平面应变的三轴应力使材料变脆。

有人把厚度为 45mm 的钢板，通过加工制成板厚为 10mm、20mm、30mm、40mm 厚的试样，研究其不同板厚所造成的不同应力状态对脆性破坏的影响，发现在预制 40mm 长的裂纹和施加应力等于二分之一屈服极限的条件下，当板厚小于 30mm 时，发生脆断的转变温度随板厚增加而直线上升；而当板厚超过 30mm 后，脆性破坏发生温度增加的较为缓慢。

② 冶金因素。一般来说，生产薄板时压延量大，轧制温度较低，组织细密；反之，厚板轧制次数少，终轧温度高，组织疏松，内外层均匀性较差。显然，厚板的延、韧性均较差。

（2）晶粒度的影响

对于低碳钢和低合金钢来说，晶粒度对钢的脆性-延性转变温度有很大影响，即晶粒越细，其转变温度越低。具体关系为：

$$T_c \propto \ln d^{-1/2} \tag{3-3}$$

式中，T_c 为转变温度，K；d 为晶粒直径，mm。

图 3-25 示出了转变温度 T_c、屈服强度 R_{eL} 和晶粒直径 d 之间的关系，该图所示为低碳钢的试验结果。

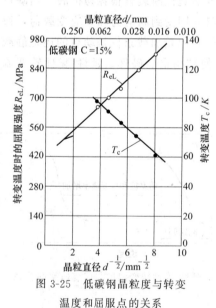

图 3-25 低碳钢晶粒度与转变
温度和屈服点的关系

（3）化学成分的影响

钢中的 C、N、O、H、S、P 增加钢的脆性；另一些元素如 Mn、Ni、Cr、V，如果加入量适当则有助于减小钢的脆性。

（4）微观组织的影响

一般情况下，在给定的强度水平下，钢的韧-脆转变温度由它的微观组织来决定。例如钢中主要微观组织组成物铁素体具有最高的韧-脆转变温度，随后是珠光体、上贝氏体、下贝氏体和回火马氏体。其中每种组成物的转变温度又随组成物形成时的温度以及在需经回火时的回火温度发生变化。例如等温转变获得的下贝氏体具有最佳的断裂韧度，此时转变温度比同等强度的回火马氏体还低，但如果是不完全贝氏体处理的掺有马氏体的混合组织，其韧-脆转变温度将要上升许多。

另外，奥氏体在某些铁素体和马氏体钢中的存在，可以阻碍解理断裂的快速扩展，也就相应地提高了该钢种的断裂韧度。

3.2.4　焊接结构抗脆断性能的评定

焊接结构的抗断性能，按裂纹的产生、扩展和终止过程可以分为抗开裂性能和止裂性能。前者说明结构在工作条件下即使有裂纹存在也具有抵抗开（启）裂的能力，后者是说明结构对正在扩展的裂纹具有阻止其继续扩展的能力，显然后者比前者要求更苛刻。这两种性能都可以通过一定试验手段和评价准则进行评价。

防止焊接结构脆性破坏事故有效而又经济的方法是要求在焊接结构最薄弱的地方，即接头处应具有一定的抵抗脆性断裂产生的能力，即抗开裂性能；同时希望如果在这些地方产生了脆性小裂纹，限制其只在接头局部扩展，而周围的母材应具有将其迅速止住的能力，即对小裂纹的止裂能力。

3.2.4.1　抗开裂性能测试方法

（1）韦尔斯（Wells）宽板拉伸试验

这是大型试验中用得比较多的一种，由于这种方法能在实验室内重现实际焊接结构的低应力断裂现象，同时又能够对结构的一些参数如材料的板厚、焊接工艺影响（冶金损伤和残余应力）、载荷和应变量、裂纹部位等一系列因素进行实际模拟，所以宽板试验在研究焊接接头抗开裂和止裂性能以及研究各种影响因素等方面是行之有效的试验方法，不但可以用来研究脆断机理，而且也可作为选材的基本方法。

韦尔斯宽板试验试样由 910mm×910mm×原厚的板材制成。制备试样时，首先将钢板沿轧制方向切成两半，并在切口边缘处加工成供焊接用的坡口。焊前在板中央预先开出与坡口边缘垂直的缺口，见图 3-26。施焊这道焊缝时，要保证缺口根部不但在焊接残余拉应力场内，而且缺口尖端在一定温度场下产生应变集中，即发生动应变时效。这就很好地模拟了焊接结构的局部脆化效应，将试样在不同温度下进行拉伸，使其断裂，即可确定出对应于某塑性应变值的断裂温度或开裂转变温度。即低于此温度时，可发生低应力脆性破坏；高于该转变温度时，则必须施加足够大的载荷，使试样产生整体屈服，造成延性断裂。

对于对应变时效不敏感的结构钢或某些高强钢来说，熔合区或热影响区往往是接头最脆区，因此缺口应开在这些区域内进行试验。这时需要采用十字焊缝型宽板拉伸试样，其形状如图 3-27 所示。试样首先焊接与拉伸载荷垂直的横向焊缝，其坡口形式可根据实际结构的要求，也可以为了研究目的开成 K 形坡口；然后把缺口开在横向焊缝区需要研究的部位，如熔合区、热影响区和焊缝等部位，或同时将各部位的缺口一起开出；试样开完缺口后，最后再焊接与拉伸载荷平行的纵向焊缝。

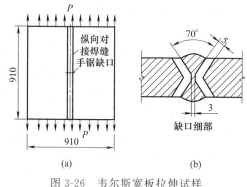

图 3-26　韦尔斯宽板拉伸试样

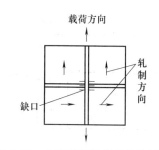

图 3-27　十字形焊缝宽板拉伸试样

　　焊接高强钢储罐容易产生焊趾裂纹，这种裂纹常常是半椭圆形的表面裂纹，制造球罐时又往往产生角变形，为探讨这类缺陷和焊接接头角变形以及焊接产生的拉伸残余应力对脆性断裂的影响，常常设计带有不同尺寸表面裂纹和角变形的宽板拉伸试样。图 3-28 所示为设计带有两种角变形，三种裂纹深度（$t_1/t = 0.1, 0.2, 0.3$）HT-60 及 HT-80 钢的十字焊缝宽板拉伸试样。

　　用这种试验方法，能够找出临界温度，低于此临界温度，发生低应力破坏；而高于该转变温度，必须施加足够大的载荷，使试样产生整体屈服后，断裂才能发生。同时该方法也可以研究焊接结构制造因素如应变时效、焊缝强度匹配、热处理等工艺对构件断裂强度的影响，图 3-29 所示是国产低温钢 09MnTiCuRe 和 06MnNb 的宽板拉伸结果。

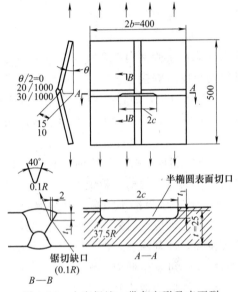

图 3-28　十字焊缝，带角变形及表面裂纹的宽板拉伸试样

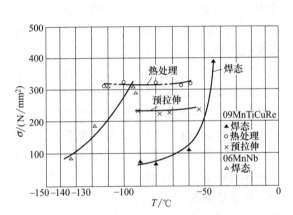

图 3-29　国产低温钢宽板拉伸试验结果

　　宽板试验的最大优点是可以模拟焊接结构许多实际情况，得出的结果是比较接近实际的。它不仅可以用于测定钢材的抗脆断（抗开裂和止裂）的性能，还可以研究各种因素对抗断性能的影响，而且也是选择材料的一个重要手段。但是这种方法的主要缺点是试验费用昂贵、试验周期长，因此不便于普遍采用。

　　（2）COD 试验

　　对于焊接结构大量采用的中、低强度钢来说，全面屈服断裂力学应用较为普遍，尤其是

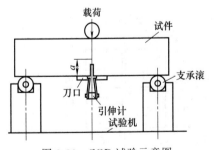

图 3-30　COD 试验示意图

COD 试验。COD 试验是典型的开裂型试验（图 3-30）。它是在已标准化的试样中部开好裂纹，试样放入试验机中，作为简支梁加载，在缺口两边预先粘贴好的刀口上，装卡夹式引伸计，在加载过程中，自动记录载荷 P 和夹式引伸计所测得缺口嘴部位移 V 的 P-V 曲线，由缺口（裂纹）嘴部位移 V 可以换算得裂纹尖端的张开位移。于是用多个试样或用监测裂纹尖端开裂的仪器，可测得开裂时的位移或表观启裂张开

位移 δ_i 等，统称 COD 值。试验可以在接头不同
部位（缺口开在不同位置）及不同温度下进行。
它反映了材料在开裂前的塑性变形能力。材料的
抗开裂性能是与裂纹尖端的局部材质性能相关的。
对于焊接接头来说，裂纹尖端在母材内或在热影
响区内，其抗开裂性能有较大差别，因此设计和
加工试样时应充分考虑到这一点，才能得到可靠
的结果。例如对于 C-Mn 钢，特别是沸腾钢或半
镇静钢，应变时效区往往是最脆区，因此缺口应
开在该区。而对于强度较高的钢材，焊缝或热影
响区的粗晶区往往是其最脆部位，因此应注意在

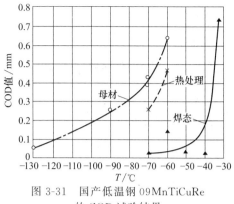

图 3-31　国产低温钢 09MnTiCuRe
的 COD 试验结果

这些区中产生裂纹。故对于具体结构来说，不能以母材的 COD 值来评定结构的抗开裂性能。

在测焊接接头 COD 值的试验中，可建立 COD 值与温度之间的关系。图 3-31 为国产低
温钢 09MnTiCuRe 的母材及焊接接头最脆部位——热应变时效区的 COD 值与温度的关系
图。由图可见，该钢材的焊接接头在焊接状态下的 COD 转变温度接近于 $-40\,^{\circ}\mathrm{C}$。

3.2.4.2　止裂性能试验方法

落锤试验是动载简支弯曲试验，图 3-32 是试验的示意图。试验时先在试样（标准试样
有 3 种尺寸：P_1 型为 25mm×90mm×360mm；P_2 型为 19mm×51mm×127mm；P_3 型为
16mm×51mm×127mm）中受拉伸的表面中心与平行长边方向堆焊一段长约 64mm、宽约
13mm 的脆性焊道（对于厚度超过标准试样的试板，应只从一面机加工至标准厚度，并将未
加工表面作为受拉表面），然后在焊道中央垂直焊缝锯开一人工缺口。试验时把冷却至预定
温度的试样缺口朝下放在标准砧座上，砧座两支点中部有限制试样在加载时所产生挠度的止
挠块，在不同温度下用锤头（是一个具有半径为 25mm 左右圆柱面的钢制重锤）冲击。试
验按照标准选择锤头重量、支座的跨距与试验终止挠度，以限制试验时试样的变形量（对于
标准试样后者不用选择）。试样断裂的最高温度为无延性转变温度 NDT。

由材料的 NDT，再利用其他大型试验的结果和已知的经验，就可以建立起应力、缺陷
和温度之间关系的断裂分析图 FAD，如图 3-33 所示。图中 FTE 为弹性断裂转变温度，FTP
为延性断裂转变温度。该图表明了温度、缺陷尺寸和断裂强度的关系。由图可见，断裂强度
是温度和缺陷尺寸的函数，当温度低于 NDT 时，随着缺陷尺寸加大，断裂强度明显降低；
但当温度高于 NDT 时，这种关系有了明显变化，其断裂强度都明显上升。当温度达到 FTE
后，其断裂强度不管缺陷尺寸如何都达到或超过材料屈服限；而当温度达到 FTP 后，材料

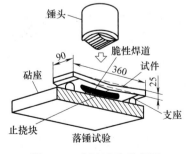

图 3-32　落锤试验示意图

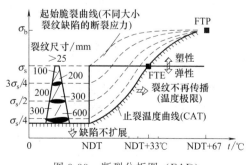

图 3-33　断裂分析图（FAD）

只有受到相当于拉伸强度 σ_b 应力时，才会拉断。在图上同时示出了脆断止裂温度曲线，这意味着当应力低于该曲线时，裂纹将停止扩展。

3.2.5 防止脆性断裂的措施

造成焊接结构脆性断裂的基本因素是：材料在工作条件下韧性不足，结构上存在严重的应力集中（设计上的或工艺上的）和过大的拉应力（工作应力、残余应力和温度应力）。如果能有效地解决其中一个因素中所存在的问题，则结构发生脆性断裂的可能性就能显著降低或排除。一般来说，防止结构脆性断裂可着眼于选材、设计和制造三个途径。

3.2.5.1 正确选用材料

选择材料的基本原则是既要保证结构的安全使用，又要考虑经济效果。一般地说，应使所选用的钢材和焊接填充金属保证在使用温度下具有合格的缺口韧性，其含义是：第一，在结构工作条件下，焊缝金属、热影响区、熔合线的最脆部位应有足够的抗开裂性能，母材应具有一定的止裂性能；第二，随着钢材强度的提高，断裂韧性和工艺性一般都有所下降。因此，不宜采用比实际需要强度更高的材料，特别不应该单纯追求强度指标，忽视其他性能。

3.2.5.2 采用合理的焊接结构设计

设计有脆断倾向的焊接结构，应当注意以下几个原则：

(1) 尽量减少结构或焊接接头部位的应力集中

① 在一些构件截面改变的地方，必须设计成平缓过渡，不允许有突变，不允许有尖角。例如图 3-34 所示，对于图 3-34 (a)、(b) 所示的尖角连接形式应改成图 3-34 (c)、(d) 所示的平缓过渡连接形式。

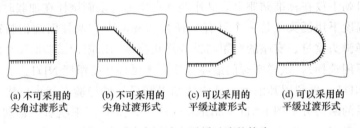

(a) 不可采用的   (b) 不可采用的   (c) 可以采用的   (d) 可以采用的
尖角过渡形式   尖角过渡形式   平缓过渡形式   平缓过渡形式

图 3-34　尖角过渡和平缓过渡的接头

② 在设计中应尽量采用应力集中系数小的对接接头，力求避免选用应力集中系数较大的搭接接头。如有可能，尽量将角焊缝改用对接焊缝。如图 3-35 (a) 所示接头设计是不合理的，在使用中曾多次出现焊缝破坏事故；而改成图 3-35 (b) 所示形式后，由于减少了焊缝处的应力集中，承载能力大为提高，爆破试验证明，断裂从焊缝以外开始。

③ 不同厚度构件的对接接头应当尽可能采用圆滑过渡，如图 3-36 所示。其中以图 3-36 (b) 所示的形式为最好，因为这种形式焊缝部位应力集中最小。图 3-36 (a)、(c) 所示形式虽然将厚零件削薄，但在焊缝部位仍有相当大的应力集中。

④ 避免和减少焊缝的缺陷，应将焊缝设计布置在便于焊接和检验的地方，如图 3-37 (a)～(d) 所示的焊缝设计，设计者在图上绘制非常容易，但焊接时却十分困难无法保证质量。在图 3-37 (d) 中，如果采用左边的方案则很难焊接，如果在设计上稍加改动如图 3-37 (d) 中右图所示，即很容易施焊。

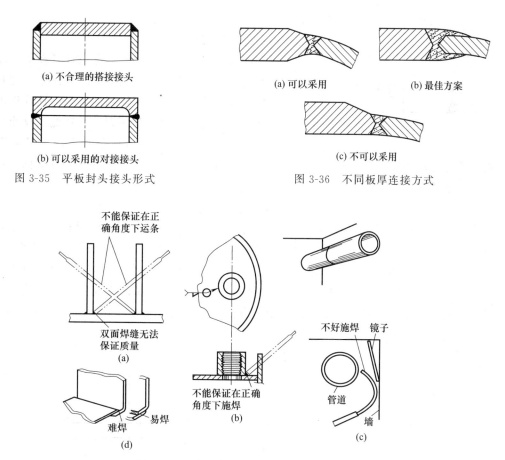

(a) 不合理的搭接接头

(b) 可以采用的对接接头

图 3-35　平板封头接头形式

(a) 可以采用　　　(b) 最佳方案

(c) 不可以采用

图 3-36　不同板厚连接方式

图 3-37　不易施焊的焊缝部位举例

（2）在满足结构的使用条件下，尽量减小结构刚度，降低应力集中和附加应力的影响

例如比利时阿尔拜特（Albert）运河桥梁脆断事故，这种威廉德式（Vierendeel）桥梁的主要缺点是刚性大，设计者采用了图 3-38（b）所示的连接方式：即先将铸钢块或锻钢块焊在旋杆的翼板上，然后将立杆的翼板用对接焊缝与铸钢块或锻钢块相连接。这种设计极不合理，因为在施焊对接焊缝时会在该处产生较大的应力，脆断事故也正源于此。如果采用图 3-38（c）所示连接形式，立杆的翼板和旋杆的翼板之间不焊接，则避免了产生高值拘束应力，对防止脆断事故是有利的。

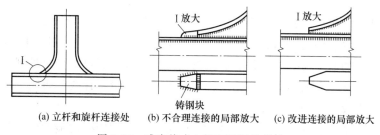

(a) 立杆和旋杆连接处　　(b) 不合理连接的局部放大　　(c) 改进连接的局部放大

图 3-38　威廉德式立杆和弦杆的焊接

在压力容器中，经常要在容器的器壁上开孔，焊接接管。因为焊接部位的刚性过大，所以焊接时有较大的焊接应力，易产生焊接缺陷。为避免焊缝在此处刚性过大，可采用开缓和

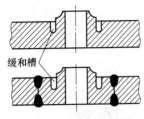

图 3-39 容器开缓和槽

槽，如图 3-39 所示。

（3）不采用过厚的截面

由于焊接可以连接很厚的截面，因此设计者在焊接结构中常会选用比一般铆接结构厚得多的截面。但应该注意，通过降低许用应力值来减小脆断的危险性是不恰当的，因为这样做的结果将使厚度过分增大，而过厚的板材其断裂韧性较低，反而容易引起脆断事故的发生。在满足工作应力的条件下，尽量采用薄板材料。采用多层板是减小结构刚度、降低钢板的脆性转变温度的有效办法，这对防止结构脆性破坏是非常有利的。

（4）重视结构中附件的连接形式和不受力焊缝的设计

对于附件或不受力焊缝的设计，应和主要承力焊缝一样给予足够重视。因为脆性裂纹一旦由这些未受重视的接头部位产生，就会扩展到主要受力元件中，使结构发生断裂。因此，对结构中的一些附件也应该仔细考虑、精心设计，一般不要在受力构件上随意加焊附件。例如图 3-40（a）所示的支架被焊接到受力构件上，由于难以保证焊缝质量，此处极易产生裂纹，严重影响结构的断裂强度；图 3-40（b）中所示的方案采用了卡箍就避免了上述缺点，有助于防止脆性断裂。

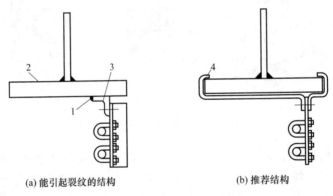

(a) 能引起裂纹的结构   (b) 推荐结构

图 3-40　附加元件安装方案

1—连接焊缝；2—翼板；3—角钢；4—卡箍

3.3　焊接接头的疲劳断裂

材料在变动载荷作用下会产生微观和宏观的塑性变形，这种塑性变形会降低材料的继续承载能力并引起裂纹，随着裂纹逐步扩展，最后将导致断裂，这一过程称为疲劳。简单来说，疲劳即是裂纹的萌生与扩展过程。以应力循环次数计，裂纹的稳定扩展阶段是总寿命的主要部分。疲劳断裂是金属结构失效的一种主要形式，大量统计资料表明，由于疲劳而失效的金属结构约占失效结构的 90％。

一般来说，在结构承受重复载荷的应力集中部位，构件所受的最大应力低于材料的抗拉强度，甚至低于材料的屈服点，因此，断裂往往是无明显塑性变形的低应力断裂。疲劳断裂是突然发生的，没有明显的预兆，难以采取预防措施，所以疲劳裂纹对结构的安全性具有严重的威胁。

3.3.1 疲劳断裂事故案例

疲劳断裂事故最早发生在 19 世纪初期，随着铁路运输的发展，机车车辆的疲劳破坏称为工程上遇到的第一个疲劳强度问题。以后在第二次世界大战期间发生多起飞机疲劳失事事故。1953~1954 年英国德-哈维兰飞机公司设计制造的"彗星"号民用喷气机接连发生了 3 次坠毁事故，经大量研究确认为压力舱构件疲劳失效所致。"彗星"号事故引起了人们对低周疲劳的重视，并使疲劳研究上升到新的高度。1998 年 6 月 3 日，德国高速列车脱轨，造成 100 多人遇难，就是由于一个双壳车轮的钢制轮箍发生疲劳损伤而引发的。图 3-41 和图 3-42 所示是焊接结构产生的疲劳破坏事例。

图 3-41 为直升机起落架的疲劳断裂图，裂纹是从应力集中很高的角接板尖端开始的。该机飞行着陆 2118 次后发生破坏，属于低周疲劳。图 3-42 所示为载重汽车底架纵梁的疲劳断裂，该梁板厚 5mm，承受反复的弯曲应力。在角钢和纵梁的焊接处，因应力集中很高而产生裂纹。该车破坏时已运行 30000km。

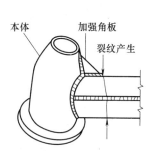

图 3-41 直升机起落架的疲劳断裂

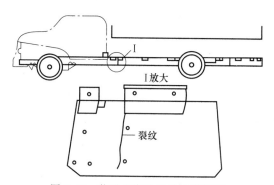

图 3-42 载重汽车纵梁的疲劳断裂

从上述几个焊接结构的疲劳断裂事故中，可以清楚地看到焊接接头的重要影响。因此采用合理的接头设计、提高焊缝质量、消除焊接缺陷是防止和减少结构疲劳断裂事故的重要措施。应当指出，近年来，虽然在这方面的研究已经取得了很大成绩，但是焊接结构疲劳断裂事故仍然不断发生，而且随着焊接结构的广泛应用有所增加。

随着现代机械结构日益向高温、高压、高速方向发展，采用高强钢的结构日益增多。高强钢对应力集中的敏感性比低碳钢高，如果处理不当，高强钢焊接结构的疲劳强度反而比低碳钢结构低。随着新材料新工艺的不断出现，将会提出许多疲劳强度的新问题，材料或结构的疲劳研究和抗疲劳设计任务将任重而道远。

3.3.2 疲劳强度和疲劳极限

在循环应力和应变的反复作用下，在一处或几处产生局部永久性累积损伤，经一定循环次数后产生的裂纹或突然发生完全断裂的过程称为疲劳。疲劳可分为高周次疲劳和低周次疲劳，工程结构中最常遇到的是高周次疲劳，即材料在小于屈服应力的循环应力作用下经 10^4 以上循环次数而产生的疲劳。高周次疲劳受应力幅控制，故又称应力疲劳，是最常见的一种疲劳破坏类型；低周次疲劳是指材料在接近或超过其屈服应力的循环应力作用下经低于 10^4 次塑性应变循环而产生的疲劳，即作用的应力超过弹性范围，低周次疲劳受应变幅控制，故又称应变疲劳。一般焊接结构如压力容器的接管结构的顶点和鞍点、飞机起落架等，由于循环载荷的作用，在应力集中区应力水平很高、疲劳寿命短，是典型的低周次疲劳。

在工程实际中疲劳有多种表现形式，如完全由变动载荷引起的机械疲劳、在高温和交变应力作用下的蠕变疲劳、由温度变化引起的热疲劳等。

3.3.3 疲劳断裂过程及断口形貌特征

3.3.3.1 疲劳断裂过程和断裂机理

材料及结构的疲劳失效的特征表现为：

① 疲劳断裂形式与脆性断裂形式有明显差别。疲劳与脆性断裂相比较，虽然二者断裂时的形变都很小，但疲劳断裂需要多次加载，而脆性断裂一般不需要多次加载；结构脆性断裂是瞬时完成的，而疲劳裂纹的扩展较缓慢，需经历一段时间甚至数年时间才发生破坏。此外，对于脆性断裂来说，温度的影响是极其重要的，随着温度的降低，脆断的危险性迅速增加，但材料的疲劳强度变化不显著。疲劳断裂和脆性断裂相比较还有不同的断口特征等。

② 疲劳强度难以准确定量确定。疲劳过程受相互联系的诸多因素影响，往往在同一组试验中或同一问题的不同试验之间存在试验结果（强度数值）分散问题，因而难以准确定量预测。工程实践中的工作疲劳强度预测，如果仅基于一般的技术资料和理论知识而不直接进行实际工作条件下的疲劳强度试验，那么这种预测的可靠性只能作为表征设计、制造和使用等工作是否恰当的一种指标。

③ 疲劳破坏一般从表面和应力集中处开始，而焊接结构的疲劳又往往是从焊接接头处产生的。

材料的疲劳断裂一般由裂纹萌生、稳定扩展和失稳扩展（即瞬时断裂）三个阶段组成。在疲劳断口上可观察到"年轮弧线"的痕迹，并可分为裂源区、疲劳裂纹扩展区和瞬时断裂区，如图 3-43 所示。

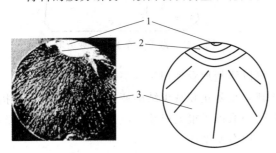

图 3-43 疲劳断口示意图
1—裂纹源；2—裂纹扩展区；3—瞬时断裂区

（1）疲劳裂纹萌生

疲劳源区即疲劳裂纹的萌生区，疲劳裂纹萌生都是由局部塑性应变集中所引起的。这往往是由于材料的质量（冶金缺陷与热处理不当等）或设计不合理造成的应力集中，或者是加工不合理造成的表面粗糙或损伤等，均会使裂纹在零件的某一部位萌生。疲劳裂纹一般有三种常见的萌生方式，即滑移开裂、晶界和孪生界开裂、夹杂物或第二相与基体的界面开裂。

疲劳裂纹大都是在金属表面上萌生的。由于循环载荷的作用，在结晶方向和最大切应力面相一致滑移面的晶粒首先开始屈服而发生滑移，在单调载荷和循环载荷作用下都会出现滑移。图 3-44（a）所示为单调载荷和高应力幅循环载荷作用下的粗滑移，而在低应力幅循环载荷作用下则出现细滑移 [图 3-44（b）]。随着循环加载的不断进行，滑移线的量加大成为滑移带，并不断加宽、加深，金属表面形成滑移带的"挤出"和"挤入"现象 [图 3-44（c）]，滑移带的挤入会形成严重的应力集中，从而形成疲劳裂纹。

（2）疲劳裂纹扩展

疲劳裂纹的扩展可以分为两个阶段，即第 I 阶段裂纹扩展和第 II 阶段裂纹扩展

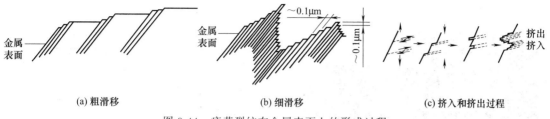

（a）粗滑移　　　　　　　　　　（b）细滑移　　　　　　　（c）挤入和挤出过程

图 3-44　疲劳裂纹在金属表面上的形成过程

（图 3-45）。第Ⅰ阶段裂纹扩展时，在滑移带上萌生的疲劳裂纹首先沿着与拉应力成 45°的滑移面扩展。在微裂纹扩展到几个晶粒或几十个晶粒深度后，裂纹的扩展方向开始由与应力成 45°的方向逐渐转向与拉伸应力相垂直的方向，这就是第Ⅰ阶段的裂纹扩展。裂纹从与主应力成 45°方向逐渐转向与主应力垂直方向扩展，成为宏观疲劳裂纹直至失稳和断裂。在该阶段内，裂纹扩展的途径是穿晶的，其扩展速率较快，在电子显微镜下观察到的疲劳裂纹主要是这一阶段内形成的。在带切口试样中，可能不出现裂纹扩展的第Ⅰ阶段。

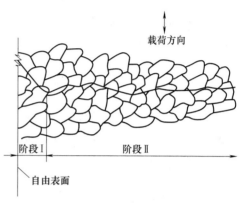

图 3-45　疲劳裂纹的扩展示意图

疲劳裂纹扩展区宏观上平坦光滑，而微观上则凹凸不平。断口表面由若干凹凸不平的小断面连接而成，小断面过渡处形成台阶。多裂纹萌生情况下，相邻裂纹扩展相遇时还会发生重叠现象（图 3-46）。

（a）　　　　　　　　　　　　　　　　　　　　　（b）

图 3-46　矩形截面试样裂纹扩展断口示意图

在裂纹扩展第Ⅱ阶段，疲劳断口在电子显微镜下可显示出疲劳条带（图 3-47），将图 3-47中所示的疲劳条带数目、排列与循环加强程序加以对照，可以发现一个加载循环形成一个疲劳条带。变化加载程序、疲劳条带数目和排列也随之变化，并由此推断出只在循环加载的拉伸阶段裂纹才扩展。

疲劳裂纹扩展机理有不同的解释模型，其中著名的有拉埃特（Laird）模型和斯密司（Smith）模型，如图 3-48 所示。在每一循环开始时，应力为零，裂纹处于闭合状态 [图 3-48（a）]；当拉应力增大，裂纹张开，并在裂纹尖端沿最大切应力方向产生滑移 [图 3-48（b）]；拉应力增长到最大值，裂纹进一步张开，塑性变形也随之增大，使得裂纹尖端钝化 [图 3-48（c）]，因而应力集中减小，裂纹停止扩展；卸载时，拉应力减小，裂纹逐渐闭合，裂纹尖端滑移方向改变 [图 3-48（d）]；当应力变为压应力时，裂纹闭合，裂纹尖端锐化，又回复到原先的状态 [图 3-48（e）]。由此可见，每经过一次加载循环，裂纹尖端即经历一

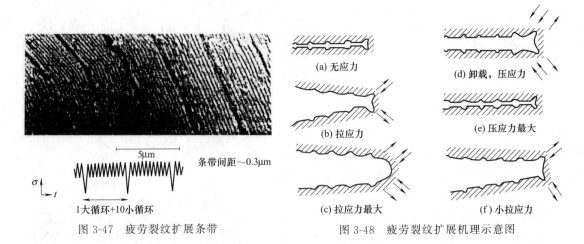

图 3-47　疲劳裂纹扩展条带

图 3-48　疲劳裂纹扩展机理示意图

次锐化、钝化、再锐化的过程，裂纹向前扩展一段距离，这就是裂纹扩展速率 da/dN，同时在断口表面上就产生一疲劳条带，而且裂纹扩展是在拉伸加载时进行的。

（3）断裂

断裂是疲劳破坏的最终阶段，和前两个阶段不同，这个阶段是在一瞬间发生的。这是由疲劳损伤逐渐累积引起的，由于裂纹不断扩展，承受载荷的剩余面积越来越小，直到剩余断面不足以承受外载荷时（即剩余断面上的应力达到或超过材料的静强度，或者当应力强度因子超过材料的断裂韧性时），裂纹突然发生失稳扩展以至断裂。裂纹的失稳扩展可能是沿着与拉伸载荷方向成 $45°$ 的剪切型或倾斜型，这种剪切可能是单剪切 ［图 3-49 （a）］，也可能是双剪切 ［图 3-49 （b）］。

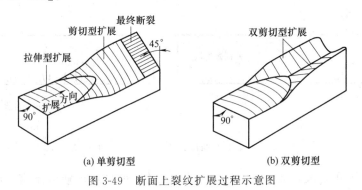

图 3-49　断面上裂纹扩展过程示意图

当然在这三个阶段之间是没有严格界限的，如疲劳裂纹产生的定义就带有一定的随意性，这主要是因为采用的裂纹检测技术不一而引起的。从研究疲劳机理出发，有人采用电子显微镜把裂纹长大到 100nm （1000Å）之前定义为裂纹产生阶段，但从实用角度出发则一般又以低倍显微镜（×10）看到之前为裂纹产生阶段。同样，最后断裂阶段的定义也是不严格的，一般根据结构形式而定，例如对于承力构件可以定义为扣除裂纹面积的净截面已不能再承受所施应力时为断裂阶段，而对于压力容器则把出现泄漏时定为断裂阶段的开始等。

3.3.3.2　疲劳断口特征

在进行疲劳断口的宏观分析时，如不计及疲劳裂纹加速扩展区，一般把断口分成三个区：疲劳裂纹源区、疲劳裂纹扩展区和瞬时破断区，如图 3-50 所示。这三个区分别与疲劳裂纹的形成、扩展和瞬时断裂三个阶段相对应。

对断裂表面进行细致的宏观检查，可以看到从断裂开始点向四周辐射出类似贝壳纹的疲劳纹。图 3-51 所示为从焊趾裂纹开始的疲劳裂纹，由图可以清楚地看出疲劳裂纹从焊趾裂纹向外辐射而贯穿板厚，最后造成构件断裂。对于塑性材料，宏观断口为纤维状，暗灰色；对于脆性材料则是结晶状。

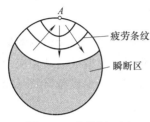

图 3-50　疲劳断口图

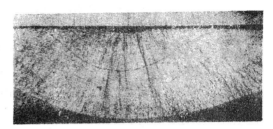

图 3-51　由焊趾裂纹开始的疲劳裂纹

（1）疲劳裂纹源区

它是疲劳裂纹的形成过程在断口上留下的真实记录。由于疲劳裂纹源区一般很小，因此宏观上难以分辨疲劳裂纹源区的断面特征。疲劳裂纹源一般发生在表面，但如果构件内部存在缺陷（如脆性夹杂物等），则也可在构件内部产生。疲劳源数目有时不止一个，而有两个甚至两个以上。对于低周疲劳，由于其应变幅值较大，断口上常有几个位于不同位置的疲劳源。

（2）疲劳裂纹扩展区

它是疲劳断口上最重要的特征区域。其宏观形貌特征常呈现为贝壳状或海滩波纹状条纹，而且条纹推进线一般是从裂纹源开始向四周推进呈弧形线条，垂直于疲劳裂纹的扩展方向。这些贝壳状的推进线是在使用过程中由于循环应力振幅变化或载荷大小改变等原因所遗留的痕迹。在实验室做恒应力或恒应变实验时，断口一般无此特征，疲劳断口光滑呈细晶状，有时光洁得犹如瓷质状一般，对于低周疲劳往往观察不到这种贝壳状的推进线。

在疲劳裂纹扩展过程中，显微断口分析表明，在均匀的循环应力作用下，只要应力值足够大，一般每一次应力循环将在断裂表面产生一道辉纹，如图 3-52 所示。

（3）瞬时破断区（或称最终破断区）

它是疲劳裂纹扩展到临界尺寸之后发生的快速破断。其特征与静载拉伸断口中快速破坏的放射区及剪切唇相同，但有时仅仅出现剪切唇而无放射区。对于非常脆的材料，该区为结晶状的脆性断口。

图 3-52　疲劳裂纹扩展的辉纹

根据宏观断口上的疲劳裂纹扩展区和最后瞬时破段区所占面积的相对比例，可以估计所受应力高低和应力集中程度的大小。一般来说，瞬时破断区的面积越大，越靠近断口面中心，则表示工件过载程度越大；反之，其面积越小，位置越靠近断口边缘，则表示过载程度越小。

3.3.4　影响焊接接头疲劳强度的因素

影响基本金属疲劳强度的因素（如应力集中、截面尺寸、表面状态、加载情况、介质等）同样对焊接结构的疲劳强度有影响。另外，焊接结构本身的一些特点，如接头材料性能的不均匀性、焊接缺陷和残余应力等都对焊接结构疲劳强度产生影响。弄清楚这些因素的具体影响，对提高焊接结构的疲劳强度是有益的。

3.3.4.1　应力集中的影响

焊接结构的疲劳强度由于应力集中程度的不同而有很大的差异。焊接结构的应力集中包括接头区的焊趾、焊根、焊接缺陷引起的应力集中和结构截面突变造成的结构应力集中。若在结构截面突变处有焊接接头，则其应力集中更为严重，最容易产生疲劳裂纹（图 3-53）。

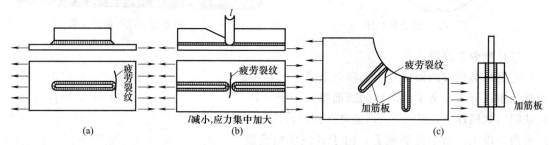

图 3-53　结构上的缺口与焊接区重叠部分产生的疲劳裂纹

在对接接头中，由于焊缝形状变化不大，因此它的应力集中比其他接头形式要小，但是过大的余高、过大的母材与焊缝金属间的过渡角 θ 以及过小的焊趾圆弧半径都会增加应力集中，使接头的疲劳强度下降。图 3-54 所示为对接接头的过渡角 θ 以及过渡圆弧半径 R 对疲劳强度的影响。对接接头的不等厚、错边以及角变形都会产生不同程度的影响，对于板厚差异大的对接应采取过渡对接的形式。

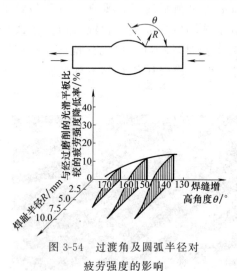

图 3-54　过渡角及圆弧半径对疲劳强度的影响

图 3-55 所示为低碳钢及低合金锰钢的对接头的疲劳强度，焊缝未经机械加工。若对焊缝表面进行机械加工，则应力集中程度将大大减小，对接接头的疲劳强度也相应提高。图 3-56 所示为经过机械加工后的对接接头的疲劳强度，但是这种表面机械加工的成本很高，因此只有真正有益和确实能加工到的地方才适宜采用这种加工。而带有严重缺陷和不用打底焊的焊缝，其缺陷处或焊缝根部应力集中要比焊缝表面的应力集中严重得多，所以在这种情况下焊缝表面的机械加工是毫无意义的。

由于 T 形和十字接头焊缝向基本金属过渡处有明显的截面变化，其应力集中系数要比对接接头的高，因此 T 形和十字接头的疲劳强度远低于对接接头。对于未开坡口的用角焊缝连接的接头，当焊缝传递工作应力时，其疲劳断裂可能发生在两个薄弱的环节上，即母材与焊缝趾端交界处和焊缝上。当单个焊缝的计算厚度 a 与板厚 δ 之比 $a/\delta < 0.6 \sim 0.7$ 时，一

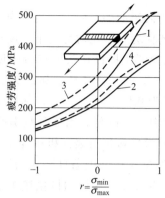

图 3-55　未经加工的低碳钢及低合
金钢对接接头的疲劳强度

1—低合金锰钢；2—低碳钢；3—低合
金锰钢未焊母材；4—低碳钢未焊母材

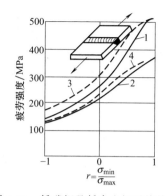

图 3-56　低碳钢及低合金钢对接接头
在机械加工后的疲劳强度

1—低合金锰钢；2—低碳钢；3—低合金锰
钢未焊母材；4—低碳钢未焊母材

般断于焊缝；当 $a/\delta > 0.7$ 时，一般断于母材。图 3-57 为两种钢材十字接头的疲劳强度图，实线代表的疲劳强度是按断裂在母材计算的，虚线是按断裂在焊缝计算的，由图中可以看出合金钢对应力集中比较敏感。在这种情况下，采用低合金钢对疲劳强度并没有优越性。此外增加焊缝的尺寸对提高疲劳强度仅仅在一定范围内才有效，因为焊缝尺寸的增加并不能改变另一薄弱截面，即焊缝趾端处母材的强度，所以也不能超过断裂在此处的疲劳强度。提高 T 形和十字接头的疲劳强度的根本措施是开坡口焊接和加工焊缝过渡区使之圆滑过渡。图 3-58 为开坡口焊透的低碳钢十字接头的疲劳强度图。通过这种措施改进，疲劳强度有较大的提高。焊缝不承受工作应力的低碳钢 T 形和十字接头的疲劳强度主要取决于焊缝与主要受力板过渡区的应力

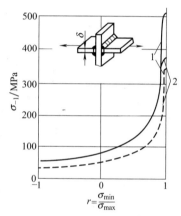

图 3-57　未开坡口的十字接头

1—低合金锰钢；2—低碳钢

集中，图 3-59 所示为焊缝不承受工作应力的低碳钢 T 形和十字接头的疲劳强度。T 形接头和过渡区经过机械加工的接头具有较高的疲劳强度，其数值接近于图中阴影线的上限，而十

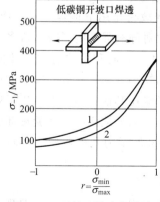

图 3-58　开坡口的十字接头

1—焊缝经过机加工；2—焊缝未经机加工

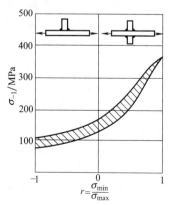

图 3-59　焊缝不承受工作应力的 T 形
和十字接头的疲劳强度

字接头和过渡区未经加工接头的疲劳强度数值接近于图中阴影线的下限。这是因为不对称的T形接头上有一个偏心力矩，降低了过渡区的应力，它的应力集中比对称的十字接头低。

低碳钢搭接接头的疲劳试验结果见图 3-60，这些试验证明搭接接头的疲劳强度是很低的。仅有侧面焊缝的搭接接头疲劳强度最低［图 3-60（a）］，只达到基体金属的 34％。焊脚为 1∶1 的正面焊缝的搭接接头［图 3-60（b）］疲劳强度为基体金属的 40％，其数值仍然很低。正面角焊缝 1∶2 的搭接接头［图 3-60（c）］应力集中稍有降低，因而其疲劳强度有所提高，但这种措施的效果不大。即使对焊缝向基体金属过渡区域进行表面机械加工［图3-60（d）］，也不能显著提高接头的疲劳强度。只有当盖板的厚度比按强度条件要求的增加一倍，焊脚比例为 1∶3.8 并采用机械加工使焊缝向基体金属平滑过渡，这样的搭接接头疲劳强度才等于基体金属的疲劳强度［图 3-60（e）］。但是在这种情况下，已经丧失了搭接接头简单易行的优点，因此不宜采用该措施。采用所谓"加强"盖板的对接接头是极不合理的，在这种情况下，接头的疲劳强度由搭接区决定，使得原来疲劳强度较高的对接接头被大大地削弱了［图 3-60（f）］。

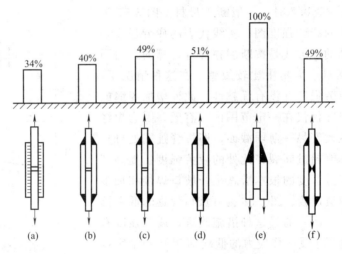

图 3-60　低碳钢搭接接头的疲劳强度对比

3.3.4.2　焊接缺陷的影响

焊接缺陷对焊接结构承载能力有非常显著的影响，其主要原因是缺陷减小了结构承载截面的有效面积，并且在缺陷周围产生了应力集中，在交变载荷作用下很容易引发疲劳裂纹。在同样材料制成的焊接结构中，缺陷对疲劳强度的影响比对静载强度的影响大得多。

焊接缺陷对疲劳强度的影响大小与缺陷的种类、尺寸、方向和位置有关。即使缺陷相同，片状缺陷（如裂纹、未熔合、未焊透等）比带圆角的缺陷（如气孔等）影响大；表面缺陷比内部缺陷影响大；与作用力方向垂直的片状缺陷的影响比其他方向的大；位于残余拉应力场内的缺陷影响比在残余压应力区内的大；位于应力集中区的缺陷（如焊缝趾部裂纹）的影响比在均匀应力场中同样缺陷影响大。图 3-61 及图 3-62 所示为几种典型的不同位置不同载荷下的影响，A 组的影响大，B 组的影响小。

3.3.4.3　焊接残余应力的影响

焊缝区在焊后的冷却收缩一般是三维的，所产生的残余应力也是三轴的。但是，在材料厚度不大的焊接结构中，厚度方向上的应力很小，残余应力基本上是双轴的；只有在大厚度

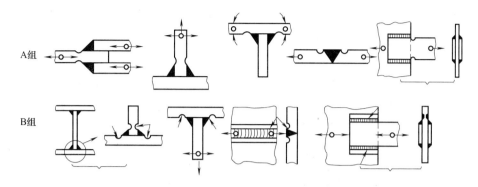

图 3-61　咬边在不同方向的载荷作用下对疲劳强度的影响

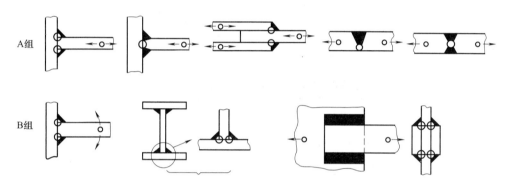

图 3-62　未焊透在不同方向的载荷作用下对疲劳强度的影响

的结构中，厚度方向上的应力才比较大。研究表明，这三个方向上的残余应力在厚度上的分布极不均匀，其分布规律对于不同焊接工艺有较大差别。

　　焊接残余应力对结构疲劳强度的影响是比较复杂的。一般而言，焊接残余应力与疲劳载荷相叠加（图 3-63），如果是压缩残余应力，就降低原来的应力水平，其效果表现为提高疲劳强度；反之若是残余拉应力，就提高原来的应力水平，因此降低焊接构件的疲劳强度。由于焊接构件中的拉、压残余应

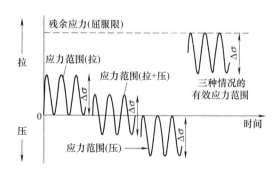

图 3-63　外载应力与残余应力的叠加

力是同时存在的，因此其疲劳强度分析要考虑拉伸残余应力的作用。

　　焊接残余应力分布对疲劳强度的影响如图 3-64 所示，若焊接残余应力与疲劳载荷叠加后在材料表面形成压缩应力，则有利于提高构件的疲劳强度；若焊接残余应力与疲劳载荷叠加后在材料表面形成拉伸应力，则不利于构件的疲劳强度。焊后消除应力处理有利于提高焊接结构的疲劳强度，如图 3-65 所示。

　　残余应力在交变载荷的作用过程中会逐渐衰减（图 3-66），这是因为在循环应力的作用下材料的屈服点比单调应力低，容易产生屈服和应力的重分布，使原来的残余应力峰值减小并趋于均匀化，残余应力的影响也就随之减弱。

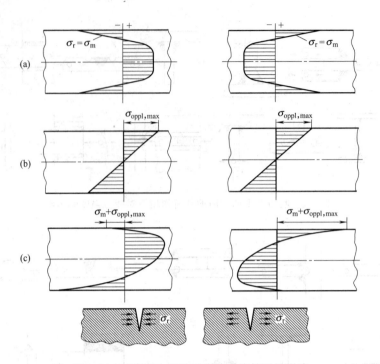

图 3-64　残余应力及其对疲劳裂纹扩展的影响

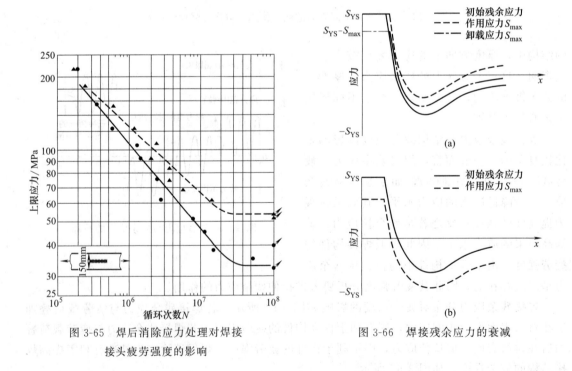

图 3-65　焊后消除应力处理对焊接
　　　　接头疲劳强度的影响

图 3-66　焊接残余应力的衰减

　　在高温环境下，焊件的残余应力会发生松弛，材料的组织性能也会变化，这些因素的交叉作用使得残余应力的影响常常可以忽略。这种情况下，应注意温度变化引起的热应力疲劳所产生的影响。

3.3.4.4 构件尺寸的影响

在疲劳强度试验中早就注意到了试样尺寸越大疲劳强度就越低这一现象。在以往的疲劳试验中，由于经费、试验设备的能力和时间的限制等因素，有相当数量的试验资料是从小试样取得的，应用这些试验资料时需考虑试样尺寸效应。导致大小试样疲劳强度有差别的主要原因有两个方面：一是对处于均匀应力场的试样，大尺寸试样比小尺寸试样含有更多的疲劳损伤源；二是对处于非均匀应力场的试样，大尺寸试样疲劳损伤区中的应力比小尺寸试样更加严重。显然前者属于统计的范畴，后者则属于传统宏观力学的范畴。

3.3.5 提高焊接接头疲劳强度的措施

3.3.5.1 降低应力集中

疲劳裂纹源于焊接接头和结构上的应力集中点，消除或降低应力集中的一切手段，都可以提高结构的疲劳强度。

① 采用合理的结构形式，减少应力集中，以提高疲劳强度，图 3-67 所示为各组元件设计的正误对比。

② 尽量采用应力集中系数小的焊接接头形式，如对接接头的应力集中系数小，因而疲劳强度高，应当尽量选用。图 3-68 所示为采用复合结构把角焊缝改为对接焊缝的实例。

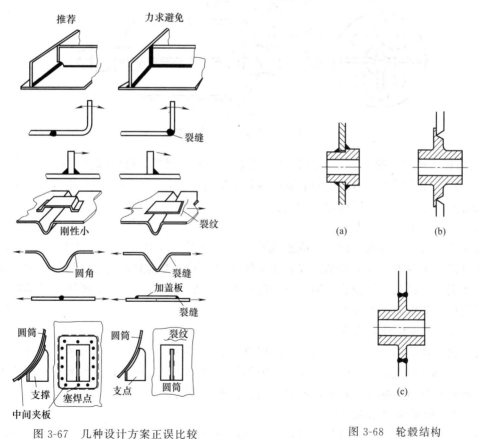

图 3-67　几种设计方案正误比较

图 3-68　轮毂结构

在对接焊缝中，应当保证基体金属与焊缝之间平缓过渡，用磨盘或砂轮对焊趾（或焊缝端部）进行局部磨削将降低其缺口效应，焊接热影响区中的微观缺陷亦得以消除，这将延迟裂纹萌生阶段。机械打磨过渡区是可采用的方法，需要注意打磨方法应是顺着力线传递方向，而垂直力线方向打磨往往取得相反的效果。

还应当指出，在对接焊缝中只有保证连接件的截面没有突然改变的情况下传力才是合理的。图 3-69 所示是一些不合理对接焊缝的实例，由于接头形状的突然改变，端部存在严重的应力集中，因此易在焊缝端部产生疲劳裂纹。

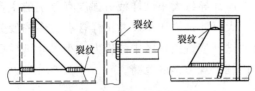

图 3-69 不合理的对接焊缝

另外，对接焊缝虽然一般具有较高的疲劳强度，但如果焊缝质量不高，其中存在严重的缺陷，则疲劳强度值将下降很多，甚至低于搭接焊缝。这也是应当引起注意的。

③ 当采用角焊缝时（有时不可避免）须采取综合措施（机械加工焊缝端部，合理选择角接板形状，焊缝根部保证熔透等）来提高接头疲劳强度，采取这些措施可以降低应力集中并消除残余应力的不利影响。

④ 有些试验证明，在某些情况下，可以通过开缓和槽使力线绕开焊缝的应力集中处来提高接头的疲劳强度。图 3-70 所示就是用开缓和槽方法提高焊接接头疲劳强度的实例。

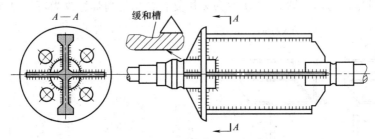

图 3-70 带有缓和槽的焊接电机转子

⑤ 用表面机械加工的方法，消除焊缝及其附近的各种刻槽，可以降低构件中的应力集中程度提高接头疲劳强度。但是这种表面机械加工的成本高，因此只在真正有益和确实能加工到的地方，才适合采用这种加工方法。

3.3.5.2 调整残余应力场

消除接头应力集中的残余拉应力或使该处产生残余压应力都可以提高接头的疲劳强度。这种方法可以分为两类：一类是结构或元件整体处理；另一类是对接头部位局部处理。第一类包括整体退火或超载预拉伸法；第二类一般是在接头某部位采用加热、碾压、局部爆炸等方法使接头应力集中处产生残余压应力。

3.3.5.3 改善材料的力学性能

表面强化处理，用小轮挤压和用锤轻打焊缝表面及过渡区，或用小钢丸喷射（即喷丸处理）焊缝区，都可以提高接头的疲劳强度。因为材料经过这种处理后，不但形成有利的表面压应力，而且使材料局部加工硬化，所以可以提高疲劳强度。

3.3.5.4 特殊保护措施

介质往往对材料的疲劳强度有影响，因此采用一定的保护涂层是有利的，例如在应力集中处涂上加填料的塑料层。

焊缝外部缺口表面的金属或塑料涂层之所以能提高疲劳强度，主要是因为它们的防腐蚀作用，同时也因为它们能在一定（较小）程度上降低缺口应力（仅当涂层具有足够大的弹性模量时），裂纹的萌生将因此而得以推迟。

 思考题

1. 什么是焊接接头？由哪几部分组成？各部分有何特征？

2. 焊接结构中常用的焊接接头有哪些基本形式？各有什么特点？

3. 焊接接头坡口形式有几种？各适合于什么场合？

4. 焊缝按分类方法不同可分为哪几种形式？其中角焊缝分几种类型？

5. 什么是脆性断裂？脆性断裂断口的宏观及微观特征是什么？

6. 简述影响金属脆性断裂的主要因素，及防止脆性断裂的措施。

7. 什么是疲劳强度？疲劳破坏的基本特征是什么？

8. 什么是 COD 实验？实验主要参数有哪些？简述实验参数大小与脆性断裂的关系。

9. 什么是落锤 NDT 实验？实验主要参数有哪些？简述实验参数大小与脆性断裂的关系。

10. 什么是疲劳断裂？疲劳断裂断口的宏观及微观特征是什么？

11. 简述疲劳破坏过程的几个阶段。疲劳强度表示有哪几种？其含义是什么？

12. 影响疲劳断裂的主要因素有哪些？其中焊接接头质量是如何影响疲劳断裂的？

13. 试述焊接残余应力对焊接接头疲劳断裂的影响。提高接头疲劳强度的措施有哪些？

14. 举例说明如何从焊接结构设计上有效控制焊接结构的疲劳破坏。

第 4 章

焊接接头设计与焊接
工艺评定

Chapter 04

4.1 焊接接头设计

在焊接结构中的焊缝，根据焊缝在结构中传递载荷情况的不同可分为两种：即工作焊缝和联系焊缝。工作焊缝又称承载焊缝，是与载荷方向垂直的焊缝，与被连接的工件是串联的，它承担着传递全部载荷的作用，焊缝一旦断裂，结构立即失效，见图 4-1 (a)、(c)，其应力称为工作应力；联系焊缝又称非承载焊缝，是与载荷方向平行的焊缝，与被连接的工件是并联的，它传递很小的载荷，主要起元件之间的相互联系的作用，焊缝一旦断裂，结构不会立即失效，见图 4-1 (b)、(d)，其应力称为联系应力。在设计焊接结构时，只需计算工作焊缝的强度，无需计算联系焊缝的强度。对于既有工作应力又有联系应力的双重性焊缝，则只计算工作应力，不考虑联系应力。

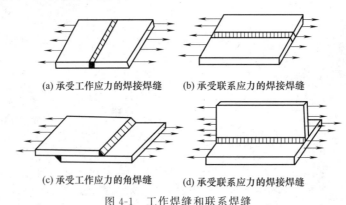

(a) 承受工作应力的焊接焊缝　　　(b) 承受联系应力的焊接焊缝

(c) 承受工作应力的角焊缝　　　(d) 承受联系应力的焊接焊缝

图 4-1　工作焊缝和联系焊缝

4.1.1　焊接接头的设计原则

焊接接头，指两个或两个以上零件要用焊接组合的接点，或指两个或两个以上零件用焊接方法连接的接头，由焊缝、熔合区、热影响区三部分组成。焊接接头的作用是能将被焊工件连接起来，并传递结构所承受的载荷。焊接接头作为整个受压部件或承压设备不可分割的组成部分，是决定结构工作寿命和运行可靠性的重要因素。正确的焊接接头设计对于保证结构的整体质量具有重要意义。

焊接接头设计的工作内容主要包括：在结构设计过程中，根据拟采用的焊接工艺方法和焊接材料种类，正确合理地布置焊缝，确定接头的类型、坡口形状和尺寸。对于承载接头，则应进行强度或其他性能的校核。结构设计根据构件的形状特征和承载状况，决定接头的形式（对接或角接）后，接头的细部（坡口形状和尺寸）则取决于拟采用的焊接工艺方法、焊接材料种类及规格，以及焊接参数和坡口制备方法等。在保证焊接质量的前提下，焊接接头设计应遵循以下原则：

① 焊缝填充金属尽量少；

② 焊接工作量尽量少，且操作方便；

③ 合理选择坡口角度、钝边高、根部间隙等结构尺寸，使之有利于坡口加工及焊透，以减小各种缺陷产生的可能；

④ 有利于焊接防护；

⑤ 合理选择焊材，焊缝金属的性能应高于或等于母材性能；

⑥ 焊缝外形应尽量连续、圆滑、减少应力集中。

4.1.2 焊接接头设计的内容与准则

焊接接头与其他连接形式（如铆接、胀接和螺栓连接）相比具有令人注目的优点，如结构重量较轻、受力均衡、制造成本低、生产周期短等，但也不可忽视其各区组织不均一性、性能不均一和存在各种焊接缺陷等特点。焊接接头设计的基本内容为：

① 确定接头形式和位置；

② 设计坡口形式和尺寸；

③ 制订对接头质量的具体要求，如探伤要求等。

接头设计的基本准则是：

① 焊接接头与母材的等强性。等强性的含义应包括常温、高温短时强度、高温持久强度、静载和交变载荷下的强度。

② 焊接接头与母材的等塑性。接头的塑性与母材的塑性不同。接头塑性主要是指接头在结构中的整体变形能力，能经受受压部件在制造过程中和运行过程中复杂的受力条件。

③ 焊接接头的工艺性。焊接接头应布置在便于施工、焊接和检查（包括无损探伤）的部位，焊接坡口形状和尺寸应适应所采用的焊接工艺，具有较高的抗裂性并能防止焊接变形，应易于形成全焊透的焊缝并能避免形成其他焊接缺陷。

④ 焊接接头的经济性。焊接是一种消耗能量和优质焊材的工艺过程，故应尽量减少焊接接头的数量，在保证接头强度的前提下减薄焊缝的厚度。在设计焊接坡口形状时，应在保证工艺性的前提下，尽量减小坡口的倾角和截面。对于壁厚较薄的受压部件应尽可能采用不开坡口的先进焊接工艺。

4.1.3 焊接坡口的设计与选择

焊件坡口是根据设计或工艺需要，在工件的待焊部位加工成一定几何形状并经装配后构成的沟槽。用机械、火焰或电弧加工坡口的过程称为开坡口。开坡口的目的是为保证电弧能深入到焊缝根部使其焊透，并获得良好的焊缝成形以及便于清渣。对于合金钢来说，坡口还能起到调节母材金属和填充金属比例的作用。

坡口的形式有I形、V形、单边V形、U形、双V形（X形）坡口等。焊接坡口选用的基本原则是：在保证焊接质量的前提下，能不开坡口就不开坡口，能开小尺寸坡口绝不开大尺寸坡口。

① V形坡口是最常用的坡口形式。这种坡口便于加工，焊接时为单面焊，不用翻转焊件，但焊后焊件容易产生变形，常用于中厚板对接焊缝的焊接。

② X形坡口是在V形坡口基础上发展起来的。采用X形坡口后，在同样厚度下，能减少焊缝金属量约1/2，并且是对称焊接，所以焊后焊件的残余变形较小，但缺点是焊接时需要翻转焊件。

③ U形坡口在焊件厚度相同的条件下其空间面积比V形坡口小得多。对易产生焊接裂纹、淬硬倾向较大、厚度较大、只能单面焊接的焊件，为提高生产率，可采用U形坡口，但这种坡口由于根部有圆弧，加工比较复杂，特别是在画筒形焊件的筒壳上加工更加困难。

④ I形坡口。I形坡口就是不开坡口，是一种最经济的坡口形。因此在焊透的最大厚度内，尽量采用I形坡口。

4.1.4　接头形式和坡口类型

焊接接头主要有对接接头、T形接头、角接接头和搭接接头四种形式。焊接接头形式一般根据焊件的厚度、结构及使用条件来选用。对接接头受力状况好，应力集中程度较小，材料消耗较少，疲劳强度较高，是理想的接头形式，也是各种焊接结构中采用最多的一种接头形式。所以对接接头是焊接接头设计首选的接头形式。需要注意的是，不同厚度的钢板对接焊时，如果厚度差超过规定值（表4-1），则应在较厚的板上做出单面或双面削薄，削薄长度不小于板厚的3倍。

表4-1　不同厚度钢板对接接头的允许厚度差　　　　　　　　　　　　　　　　mm

薄板厚度	≥2～5	>5～9	>9～12	>12
允许厚度差	1	2	3	4

对接接头余高一般为0～3mm，余高越大应力集中越严重，接头的疲劳强度越低。一些重要的承受动载荷的焊接接头，常采用减小余高甚至削平余高来提高焊接接头的疲劳强度。T形接头是一焊件的端面与另一焊件表面构成直角或近似直角的接头。T形接头能承受各个方向的力和力矩，但T形接头的应力集中系数比对接接头要高，因此T形接头的疲劳强度远低于对接接头。T形接头是各类箱型结构中最常用的接头形式。角接接头承载能力差，一般用于不重要的焊接结构中。搭接接头的接头承载能力差，疲劳强度很低，只用在不重要的结构中。搭接接头一般用于厚度在12mm以下的钢板，其重叠部分为3～5倍板厚。有时为了保证结构强度，搭接接头可选用圆孔焊缝或长孔槽焊缝的形式，这种形式常用于被焊结构狭小处及密闭的焊接结构。

坡口尺寸主要是坡口角度（坡口面角度）、根部间隙和钝边。坡口尺寸与焊接方法有关，对于焊条电弧焊和埋弧焊，由于焊接时会产生熔渣，因此坡口角度应大些、根部间隙要大些。通常焊条电弧焊、埋弧焊的坡口角度为60°～70°，根部间隙为0～3mm，钝边为0～3mm。对于CO_2/MAG焊由于不必考虑脱渣，并且焊丝直径较细、电流密度大、电弧穿透力强，电弧热量集中，因此对于同等厚度焊件，坡口角度可由焊条电弧焊的60°～70°减为30°～45°，钝边可相应增大2～3mm，根部间隙可相应减少1～2mm。等离子弧焊的熔透能力大，则可采用钝边较大的焊接坡口，如采用穿透型法焊接 10mm 不锈钢时，钝边厚度可由 TIG 焊的 1.5mm 增至 5mm，坡口角度也可由 75°减至 60°，均能获得满意的焊接质量。此外，采用窄坡口或窄间隙焊，不仅能节省焊接材料，而且显著提高焊接效率。

4.2 焊接接头静载强度计算

焊接接头设计有许用应力和极限状态设计法两种。目前许用应力是常用的设计方法，极限状态设计法仅在建筑钢结构设计中使用。两者在接头的应力分析和计算中没有本质区别，在强度表达式上也很类似，只是取值的方式和方法有所不同。

4.2.1 常用焊接接头的工作应力分布

4.2.1.1 应力集中

（1）应力集中概念

由于焊缝形状和分布的特点，实际焊接接头中往往存在着变形或某种缺陷，导致接头中工作应力分布不均匀。这种在几何形状突变处或不连续处应力突然增大的现象称为应力集中。应力集中程度的大小，常以应力集中系数 K_T 表示：

$$K_T = \sigma_{max} / \sigma_m$$

式中 σ_{max}——截面中最大应力值；

σ_m——截面中平均应力值。

（2）焊接接头产生应力集中的原因

引起焊接接头应力集中的原因涉及结构方面、工艺方面等多种因素。

① 焊缝中的工艺缺陷。如气孔、夹渣、裂纹和未焊透等。其中裂纹和未焊透引起的应力集中较严重。

② 焊接接头处几何形状的改变。如对接接头中，由于余高的存在，在母材与余高过渡处有应力集中。

③ 不合理的接头形式和焊缝外形。如接头处截面突变、加盖板的对接接头、单侧焊缝的 T 形接头等，这些都会引起较大的应力集中。

4.2.1.2 电弧焊接头的工作应力分布

（1）焊缝常用术语

焊缝常用术语，如图 4-2 所示。

① 焊趾。焊缝表面与母材的交界处。

② 余高。超出母材表面连线上面的那部分焊缝金属的最大高度。

③ 焊缝宽度。焊缝表面两焊趾之间的距离。

④ 焊根。焊缝背面与母材的交界处。

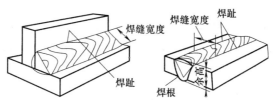

图 4-2　焊缝术语示意图

（2）对接接头的工作应力分布

图 4-3 所示为对接接头的工作应力分布及应力集中情况。在焊接接头处，通常都有余高存在，致使焊缝与母材的过渡处的截面发生变化，使此处产生应力集中。

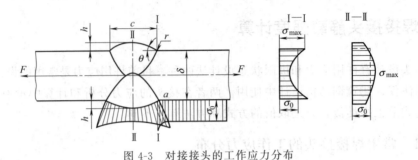

图 4-3　对接接头的工作应力分布

应力集中系数 K_T 的大小取决于焊缝宽度 c、余高 h、焊趾处的 θ 角及转角半径 r。在其他因素不变的情况下，余高 h 增加，焊缝宽度 c 减少，θ 角增大，r 减小等都会使 K_T 增加。

由于余高带来的应力集中对动载结构的疲劳强度是不利的，因此对重要的动载构件，有时采用削平余高（余高为零，$K_T=1$，应力集中消失）或增大过渡半径的措施来降低应力集中，以提高接头的疲劳强度。各类接头中，对接接头是最好的接头形式。不但静载强度高，而且疲劳强度也很高。

（3）T 形（十字）接头的工作应力分布

T 形（十字）接头焊缝向母材的过渡处形状变化较大，在角焊缝的过渡处和根部都有很大的应力集中。

① 未开坡口的 T 形（十字）接头。如图 4-4（a）所示，此种接头应力集中部位为：一是焊缝根部，这是由于根部没有焊透造成的；另一部位在焊趾截面 $B—B$ 上，B 点的应力集中系数随角焊缝 θ 角减小而减小，也随焊脚尺寸增大而减小。

② 开坡口并焊透的 T 形（十字）接头。如图 4-4（b）所示，这种接头的应力集中大大降低。可见开坡口或采用深熔焊接以保证焊透是降低应力集中的重要措施之一。

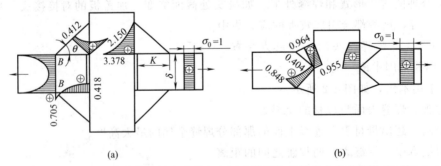

图 4-4　T 形（十字）接头的应力分布（图中数字是表示应力集中系数 K_T 值）

在 T 形（十字）接头中，应尽可能将其焊缝形式由承载状态转化为非承载状态。若两个方向都受拉力，则宜采用圆形、方形或特殊形状的轧制、锻造插入件，把角焊缝变成对接焊缝，如图 4-5 所示。

（4）搭接接头的工作应力分布

在搭接接头中，根据搭接角焊缝受力方向的不同，可分为正面搭接角焊缝接头、侧面搭

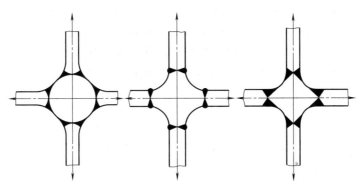

图 4-5　几种插入件形成的十字接头

接角焊缝接头、正面和侧面联合角焊缝接头等。

① 正面搭接角焊缝的工作应力分布。正面搭接角焊缝中各截面的应力分布如图 4-6 所示。由图可知，在角焊缝的根部 A 点和焊趾 B 点都有较大的应力集中，其数值与许多因素有关，如焊趾 B 点的应力集中系数就是随角焊缝的斜边与水平的夹角 θ 而变的，减小其夹角 θ、增大熔深及焊透根部等都可降低应力集中系数。

搭接接头的正面角焊缝受偏心载荷作用时，在焊缝上会产生附加弯曲应力，导致弯曲变形，如图 4-7 所示。为了减小弯曲应力，两条正面角焊缝之间的距离 l 应不小于其板厚 δ 的 4 倍。

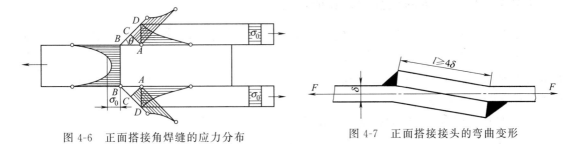

图 4-6　正面搭接角焊缝的应力分布　　　　图 4-7　正面搭接接头的弯曲变形

② 侧面搭接角焊缝的工作应力分布。侧面搭接角焊缝的应力分布更为复杂，在焊缝中既有正应力，又有切应力。主要特点是切应力沿焊缝长度上的分布极不均匀，焊缝两端应力值高，中间应力值低，应力分布呈悬索状。产生这种状况的主要原因是搭接板材不是绝对刚体，在外力作用下会产生弹性变形，如果在拉力作用下，就要产生拉伸变形。这种弹性位移的结果，势必有部分外力功转化为弹性变形能，因而通过搭接区段内各截面的外力是不同的。

如图 4-7 所示，上板的截面通过的拉力 F'_X，从左到右逐渐由 F 降至零；下板截面通过的拉力 F'_X 从左到右逐渐由零升高到 F。两块板的弹性变形自左至右相应地减小和增大。这样两板各对应点之间的相对位移就不均匀，而是两端位移量大，中间位移量小，因而夹在两板中的焊缝单位长度上所传递的剪切力也必然是两端高中间低。

侧面搭接角焊缝应力集中的严重程度主要与搭接长度 L 有关，即焊缝长度，应力分布越不均匀。因此，一般规定侧面角焊缝构成搭接接头的焊缝长度不得大于焊脚长的 50 倍。

如果两个被连接件的断面不相等（$A_1 \neq A_2$），切应力的分布并不对称于焊缝中点，最大应力值位于小断面一侧的端部，如图 4-8（a）所示。

③ 联合角焊缝的工作应力分布。这种接头，在侧面角焊缝的基础上增添正面角焊缝后，如图 4-8（b）所示，在 $B—B$ 截面上正应力分布比较均匀，最大切应力 τ_{max} 降低，故在 $B—B$ 截面两端点的应力集中得到改善。由于正面角焊缝承担一部分外力，以及正面角焊缝比侧面角焊缝刚度大、变形小，因此侧面角焊缝的切应力分布得到改善。设计搭接接头时，增加正面角焊缝，不但可以改善应力分布，还可以缩短搭接长度。

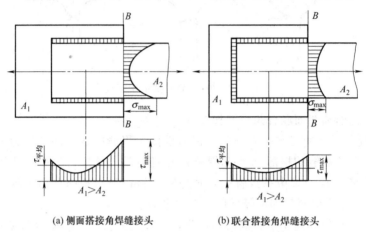

(a) 侧面搭接角焊缝接头　　　　(b) 联合搭接角焊缝接头

图 4-8　侧面角焊缝与联合角焊缝搭接接头的应力分布

4.2.2　焊接接头静载强度计算的假定

熔化焊接头在热循环的作用下产生了焊接残余应力（尤其是角焊缝构成的各类型接头的应力分布十分复杂）、残余变形，热影响区的晶粒比母材粗大，焊趾和焊根处都不同程度存在应力集中、缺陷等，所以焊接接头的强度与焊缝很难等强。为了便于计算，工程上往往采用近似计算做如下假定：

① 焊接残余应力不影响焊接接头的静载强度。

② 由于几何形状不连续而引起局部应力集中，因此对焊接接头强度没有影响。

③ 焊接接头工作应力的分布是均匀的，以平均应力计算。

④ 正面角焊缝和侧面角焊缝在强度上无差别。

⑤ 焊脚尺寸的大小对角焊缝的强度没有影响。

⑥ 角焊缝均是在切应力的作用下破坏，一律按切应力计算其强度。

⑦ 忽略焊缝的余高和少量的熔深，以焊缝中最小截面（又称危险断面）计算强度。各种接头的焊缝计算断面如图 4-9 所示，图中 a 为该断面的计算厚度。

4.2.3　对接、搭接和 T 形接头焊缝强度计算

相同的条件下钢结构中的焊缝与母材受外力作用时，其受力等同。所以，在计算焊缝静载强度时其计算方法与材料力学中钢材强度计算方法完全相同。即焊缝强度表达式为：

$$\sigma \leqslant [\sigma'] \text{ 或 } \tau \leqslant [\tau']$$

式中　σ, τ——平均工作应力；

$[\sigma'], [\tau']$——焊缝的许用应力。

（1）对接接头

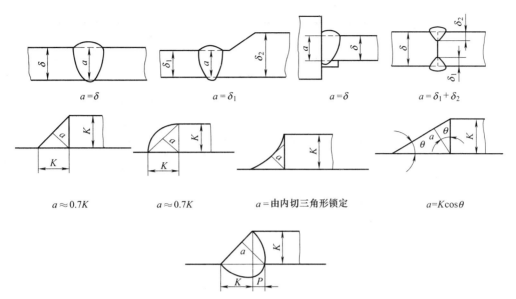

$a = \delta$ $a = \delta_1$ $a = \delta$ $a = \delta_1 + \delta_2$

$a \approx 0.7K$ $a \approx 0.7K$ $a = $ 由内切三角形锁定 $a = K\cos\theta$

$K \leqslant 8$ 时，$a = K$；$K > 8$ 时，$a = 0.7(K + P)$；一般 $P = 3$

图 4-9 各种焊缝的计算断面（a 为计算厚度）

全焊透对接接头受外拉应力、弯矩、剪切等作用，如图 4-10 所示。由于各种原因焊缝的各尺寸和形状很难达到完全一致，为了便于计算对接焊缝的强度，焊缝的余高不考虑，强度的计算与母材金属相同，焊缝的计算厚度取被连接的两块板中较薄的厚度，焊缝长度一般取焊缝的实际长度。对于优质碳素结构钢和低合金结构钢全焊透时，如果选择的焊缝填充金属的强度与母材金属基本相同，可以不进行强度计算。计算公式见表 4-2。

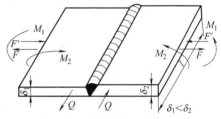

图 4-10 对接接头的受力情况

表 4-2 焊接接头强度计算基本公式

接头形式		受力条件	计算公式
对接接头		受拉	$\sigma = F'/l\delta_1 \leqslant (\sigma_l')$
		受压	$\sigma = F'/l\delta_1 \leqslant (\sigma_a')$
		受剪切	$\tau = F/l\delta_1 \leqslant (\tau')$
		受板平面内弯矩（M_1）	$\sigma = 6M_1/l^2\delta_1 \leqslant (\sigma')$
		受板平面内弯矩（M_2）	$\sigma = 6M_2/l\delta_1^2 \leqslant (\sigma_l')$
T 形接头（无坡口）		F // 焊缝	$\tau_合 = \tau_M^2 + \tau_Q^2$ $\tau_M = 3FL/0.7Kh^2$ $\tau_Q = F'/1.4Kh$
		$F \perp$ 板面	$\tau = M/W$ $W = l[(\delta + 1.4K)^3 - \delta^3]/6(\delta + 1.4K)$
搭接接头	正面焊缝	受拉、压	$\tau = F/1.4Kl \leqslant (\tau')$
	侧面焊缝	受拉、压	$\tau = F/1.4Kl \leqslant (\tau')$

续表

接头形式			受力条件		计算公式	
搭接接头	正侧联合搭接焊缝		受拉、压		$\tau=\dfrac{F'}{0.7K\sum l}\leqslant(\tau')$ $\sum l=2l_1+l_2$	
			受弯矩	分段法	$\tau=\dfrac{M}{0.75Kl(h+K)+\dfrac{0.7Kh^2}{6}}\leqslant(\tau')$	
				轴惯性矩法	$\tau_{max}=\dfrac{M}{I_x}V_{max}\leqslant(\tau')$ I_x——焊缝对 x 轴的惯性矩	
				极惯性矩法	$\tau_{max}=\dfrac{M}{I_p}r_{max}\leqslant(\tau')$ $I_p=I_x+I_y$, I_y——焊缝对 y 轴的惯性矩	
	双焊缝搭接	长焊缝小间距	$F\perp$焊缝		$\tau_合=\tau_M+\tau_Q$	$\tau_M=\dfrac{3FL}{0.7Kl^2}$
			$F/\!/$焊缝		$\tau_合=\sqrt{\tau_M^2+\tau_Q^2}$	$\tau_Q=\dfrac{F}{1.4Kl}$
		短焊缝小间距	$F/\!/$焊缝		$\tau_合=\tau_M+\tau_Q$	$\tau_M=\dfrac{FL}{0.7Khl}$
			$F\perp$焊缝		$\tau_合=\sqrt{\tau_M^2+\tau_Q^2}$	$\tau_Q=\dfrac{F}{1.4Kl}$
	开槽焊		受剪切		$[F]=2\delta l[\tau']m$, $0.7<m\leqslant1.0$	
	塞焊				$[F]=h\dfrac{\pi}{4}d^2[\tau']m$, $0.7<m\leqslant1.0$	

（2）T 形（十字）接头

T 形（十字）接头的强度与焊角尺寸有关，一般根据焊缝强度等于被连接件强度的等强度原则确定焊缝尺寸。普通角焊缝构成 T 形（十字）接头，焊脚尺寸 K 为较薄钢板厚度的 3/4，坡口焊缝熔深 P 等于钢板厚度，如图 4-11 所示。根据载荷作用的方式不同，T 形（十字）接头静载强度可选用以下两种计算方法：

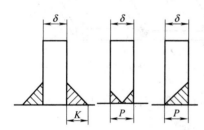

图 4-11 等强度角焊缝和坡口角焊缝

① 载荷平行于焊缝的 T 形（十字）接头的形式，如图 4-12 所示。首先将作用力 F 平移到焊缝根部平面，并同时附加力偶。产生最大应力的危险点是在焊缝的最上端，该点同时有两个切应力起作用：一个是由 $Q=F$ 引起的 τ_Q；一个是由 $M=FL$ 引起的 τ_M。τ_Q 和 τ_M 是互相垂直的。如果 T 形接头开坡口并焊透，强度按对接接头计算，则焊缝截面积等于母材截面积（$A=\delta h$）；若不开坡口，则该点的合成应力可按表 4-2 中的公式计算。

② 弯矩与板面垂直的 T 形（十字）接头的形式及应力分布如图 4-13 所示。在纯弯矩载荷作用下，弯矩所在平面垂直于焊缝。根据强度计算的假设，按切应力计算强度，其强度计算式见表 4-2。

（3）搭接接头

① 受拉、压载荷作用的搭接接头形式如图 4-14 所示，其接头强度计算公式见表 4-2。

② 受弯矩作用的搭接接头在焊缝平面内受弯曲力矩时，其强度计算方法有分段计算法（图 4-15）、轴惯性矩法（图 4-16）、极惯性矩法（图 4-17）三种，其接头强度计算公式见表 4-2。在三种计算法中，以极惯性矩法较为准确，但计算过程较为复杂。轴惯矩法和分段

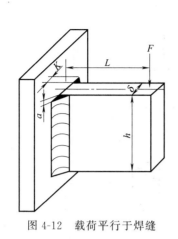

图 4-12　载荷平行于焊缝

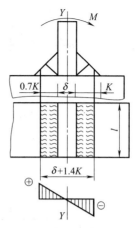

图 4-13　弯矩垂直于板面

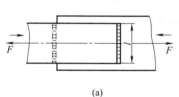

(a)

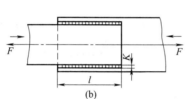

(b)

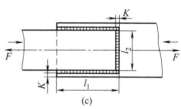

(c)

图 4-14　各种搭接接头受力情况

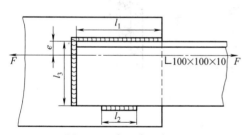

图 4-15　合理布置焊缝

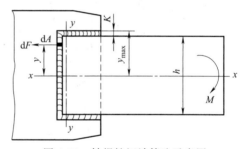

图 4-16　轴惯性矩计算法示意图

计算法计算结构大致相同，且计算简便。所以，一般较简单的接头均用分段计算法。当接头焊缝布置较复杂时，则采用极惯性矩法和轴惯性矩法较方便。

③ 有的搭接接头只由两条角焊缝组成，这种双缝搭接接头（图 4-18）的强度应根据焊缝长度和焊缝之间距离的对比关系按表 4-2 中公式进行计算。

④ 开槽焊接头及塞焊接头的构造如图 4-19 所示。其强度按工作面承受的剪切力计算，即

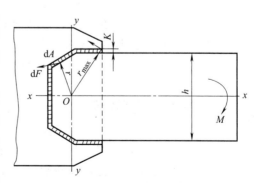

图 4-17　极惯性矩计算法示意图

剪切力作用于基本金属与焊缝金属的接触面上，所以其承载能力取决于焊缝金属与母材实际接触面积的大小。开槽焊焊缝面积与开槽长度 l 及板厚 δ 成正比；塞焊焊缝金属的接触面积

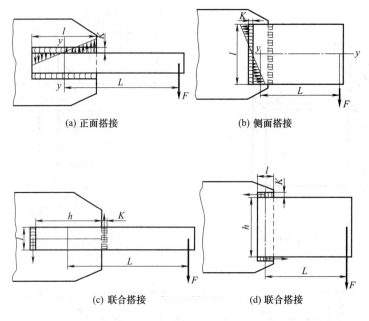

(a) 正面搭接 (b) 侧面搭接

(c) 联合搭接 (d) 联合搭接

图 4-18　双缝搭接接头

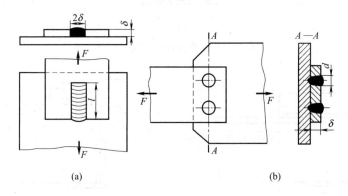

(a) (b)

图 4-19　开槽焊、塞焊接头

与焊点直径 d 的平方及点数 n 成正比。此外，焊缝金属接触面积的大小，还受焊接方法及可焊到性的影响，所以常在计算公式中乘以系数 m。当槽或孔的可焊到性差时，取 $m=0.7$；当槽或孔的可焊到性好或采用自动焊等熔深较大的焊接方法时，取 $m=1.0$。其计算公式常以最大容许载荷 $[F]$ 表示，见表 4-2。

4.3　焊接工艺评定

　　焊接工艺评定工作是整个焊接工作的前期准备。焊接工艺评定工作是验证所拟订的焊件及有关产品的焊接工艺的正确性而进行的试验过程和结果评价。焊接工艺评定是通过对焊接接头的力学性能或其他性能的试验证实焊接工艺规程的正确性和合理性的一种程序。生产厂家按国家有关标准、监督规程或国际通用的法规，自行组织并完成焊接工艺评定工作。

　　它包括焊前准备、焊接、试验及其结果评价的过程。焊接工艺评定也是生产实践中的一个重要过程，这个过程有前提、有目的、有结果、有限制范围。所以焊接工艺评定要按照所拟订的焊接工艺方案进行焊前准备、焊接试件、检验试件、测定试件的焊接接头是否具有所要求的使用性能的各项技术指标，最后将全过程积累的各项焊接工艺因素、焊接数据和试验结果整理成具有结论性、推荐性的资料，形成"焊接工艺评定报告"。

4.3.1 焊接工艺评定目的和意义

（1）焊接工艺评定的意义

焊接工艺评定是保证锅炉、压力容器和压力管道焊接质量的一个重要环节；是锅炉、压力容器和压力管道焊接之前准备工作中一项不可缺少的重要内容；是国家质量技术监督机构进行工程审验中必检的项目；是保证焊接工艺正确和合理的必经途径；是保证焊件的质量、焊接接头的各项性能必须符合产品技术条件和相应的标准要求的重要保证。因此，必须通过相应的实验即焊接工艺评定加以验证焊接工艺正确性和合理性，焊接工艺评定还能够在保证焊接接头质量的前提下尽可能提高焊接生产效率和最大限度地降低生产成本，获取最大的经济效益。

（2）焊接工艺评定的目的

焊接工艺评定试验不同于以科学研究和技术开发为目的而进行的试验，焊接工艺评定的目的主要有两个：一是为了验证焊接产品制造之前所拟订的焊接工艺是否正确；二是评定即使所拟订的焊接工艺是合格的，但焊接结构生产单位是否能够制造出符合技术条件要求的焊接接头。也就是说，焊接工艺评定的目的除了验证焊接工艺规程的正确性外，更重要的是评定制造单位的能力。

4.3.2 焊接工艺评定方法

4.3.2.1 试件准备

根据钢制压力容器焊接结构特点，焊接工艺评定用的试件主要有图 4-20 所示形式。

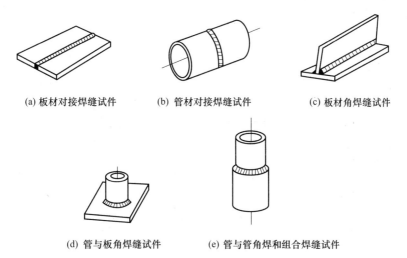

(a) 板材对接焊缝试件　　　(b) 管材对接焊缝试件　　　(c) 板材角焊缝试件

(d) 管与板角焊缝试件　　　(e) 管与管角焊和组合焊缝试件

图 4-20　对接焊缝试件形式

（1）对接焊缝试件

试件的厚度 T 应充分考虑适用于焊件厚度的有效范围（表 4-3）。试件其他尺寸应能满足制备试样的要求，图 4-21 所示尺寸可供参考。

表 4-3　焊接工艺评定适用厚度的有效范围　　　　　　　　　mm

工艺评定的试件母材厚度 T 或焊缝金属厚度 t	适用焊件母材厚度的有效范围		适用焊件焊缝金属厚度的有效范围	
	最小值	最大值	最小值	最大值
$1.5 \leqslant T$ 或 $t \leqslant 8$	1.5	$2t$，且 $\leqslant 12$	不限	$2t$，且 $\leqslant 12$
T 或 $t > 8$	$0.75T$	$1.5T$		$1.5t$

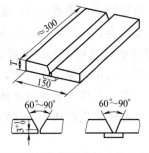

图 4-21　对接焊缝试件尺寸及坡口形式

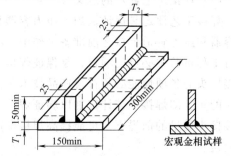

图 4-22　角焊缝试件尺寸

（2）角焊缝试件

① 板材角焊缝试件尺寸按表 4-4 和图 4-22 确定（板材角焊缝试件及试样焊脚等于 T_2，且 $\leqslant 20$mm）。

表 4-4　角焊缝试件尺寸　　　　　　　　　　　　mm

翼板厚度 T_1	腹板厚度 T_2
$\leqslant 3$	T_1
>3	$\leqslant T_1$，但不小于 3

② 管与板角焊缝试件尺寸见图 4-23，管与板角焊缝试件及试样最大焊脚等于管壁厚。

③ 板材组合焊缝试件尺寸，见表 4-5 和图 4-24。

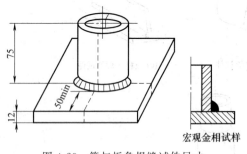

图 4-23　管与板角焊缝试件尺寸

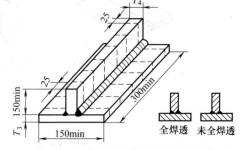

图 4-24　板材组合焊缝试件及试样

表 4-5　组合焊缝试件适用范围　　　　　　　　　　mm

翼板厚度 T_3	腹板厚度 T_4	适用于焊件母材厚度的有效范围
<20	$\leqslant T_3$	翼板和腹板的厚度均小于 20
$\geqslant 20$	$\leqslant T_3$，但 >20	翼板和腹板的厚度中任一或全都大于或等于 20

④ 管与板组合焊缝试件尺寸，见表 4-6 和图 4-25。

表 4-6   组合焊缝试件适用范围   mm

试试件管壁厚度	试件厚度	适用于焊件母材厚度的有效范围
<20	<20	管壁厚度和板厚均小于 20
<20	≥20	管壁厚度小于 20,板厚等于或大于 20
≥20	≥20	管壁厚度和板厚大于或等于 20

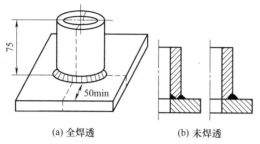

(a) 全焊透   (b) 未焊透

图 4-25   管与板组合焊缝试件及试样

4.3.2.2   试件的焊接位置

① 板材对接焊缝试件的焊接位置见图 4-26。

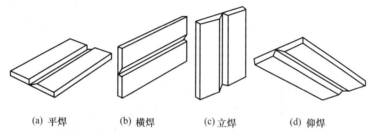

(a) 平焊   (b) 横焊   (c) 立焊   (d) 仰焊

图 4-26   板材对接焊缝试件的焊接位置

② 管材对接焊缝试件的焊接位置见图 4-27。

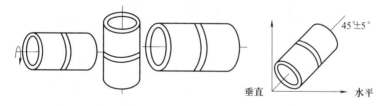

(a)水平旋转焊   (b) 垂直固定焊 (c) 水平固定焊   (d) 45°固定焊

图 4-27   管材对接焊缝试件的焊接位置

③ 板材角焊缝试件的焊接位置见图 4-28。

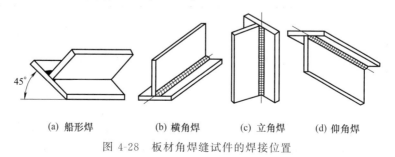

(a) 船形焊   (b) 横角焊   (c) 立角焊   (d) 仰角焊

图 4-28   板材角焊缝试件的焊接位置

④ 管与板角焊缝、管与管角焊缝的焊接位置见图 4-29。

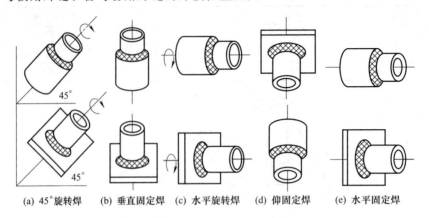

<table>
<tr><td>(a) 45°旋转焊</td><td>(b) 垂直固定焊</td><td>(c) 水平旋转焊</td><td>(d) 仰固定焊</td><td>(e) 水平固定焊</td></tr>
</table>

图 4-29　管与板角焊缝、管与管角焊缝的焊接位置

4.3.2.3　试样的截取及其数量

对接接头力学性能试验有拉伸、弯曲（含面弯、背弯和侧弯）和冲击（含焊缝金属和热影响区金属）三项试验。这些试验用的试样均从板材试件和管材试件中截取和制备。

① 板材对接焊缝试样。在试件上取样位置和取样顺序如图 4-30 所示，试样数量见表 4-7。

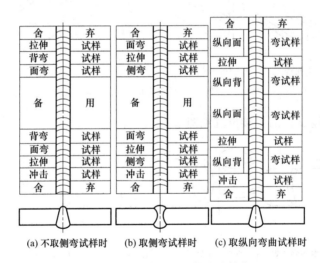

(a) 不取侧弯试样时　　(b) 取侧弯试样时　　(c) 取纵向弯曲试样时

图 4-30　板材对接焊缝试件的取样位置

表 4-7　试件的力学性能试验及取样数量

试样厚度 /mm	试样的类别和数量					
	拉伸试验		弯曲试验		冲击试验	
	拉力试样	面弯试样	背弯试样	侧弯试样	焊缝区试样	热影响区试样
$5 \leqslant T < 10$	2	2	2	—	3	3
$10 \leqslant T < 20$	2	2	2	3	3	3
$T \geqslant 20$	2	—	—	4	3	3

采用带肩板形式的拉伸试样，应按图 4-31 所示形状和尺寸制备。取样和加工的要求是：厚度小于或等于 30mm 的试件，采用全厚度试样进行试验；厚度大于 30mm 的试件，根据试验条件可用全厚度试样，也可用两片或多片试样（应包括整个试件厚度）的试验代替一个全厚度试样的试验；试样焊缝的余高应以机械方法去除，使之与母材齐平。

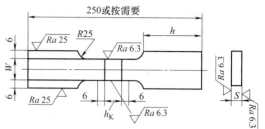

图 4-31　板材焊接接头拉伸试样形状及尺寸

S—试样厚度，mm；

W—试样受拉伸平行侧面宽度大于或等于 25mm；

h_K—焊缝最大宽度，mm；

h—夹持部分长度，根据试验机火具而定，mm

弯曲试样应以机械方法去除焊缝余高；面弯、背弯试样的拉伸面应平齐且保留焊缝两侧中至少一侧的母材原始表面。面弯和背弯试样见图 4-32～图 4-34。横向侧弯试样见图 4-35。

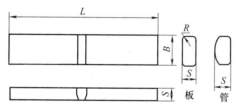

图 4-32　焊接接头横向面弯试样形状和尺寸

$L \geqslant 150mm$；$B = 38mm$；$S = T$，

最大 10mm；圆角 $R = 3mm$

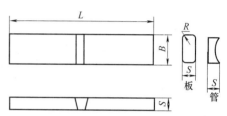

图 4-33　焊接接头横向背弯试样形状和尺寸

$L \geqslant 150mm$；$B = 38mm$；$S = T$，

最大 10mm；圆角 $R = 3mm$

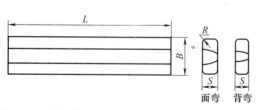

图 4-34　焊接接头纵向面弯和背弯试样形状和尺寸

$L \geqslant 150mm$；$B = 38mm$；$S = T$，

最大 10mm；圆角 $R = 3mm$

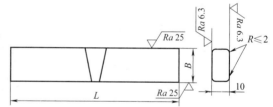

图 4-35　焊接接头侧向弯曲试样形状和尺寸

B—试样宽度（试件厚度方向），mm；

$L = D + 105mm$；D—弯芯直径

② 管材对接焊缝试样。在管材对接焊缝试件上按图 4-36 所示的位置取样，取样数量同表 4-7。

图 4-36　管材对接焊缝试件取样位置

1—拉力试样；2—面弯试样；3—背弯试样；4—侧弯试样；5—冲击试样；

③⑥⑨⑫—钟点号号，为水平固定焊时的定位标记

拉伸试样的形状和尺寸见图 4-37；弯曲试样的形状和尺寸同图 4-34 和图 4-35。

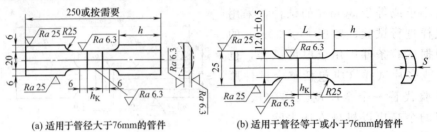

(a) 适用于管径大于76mm的管件　　　　(b) 适用于管径等于或小于76mm的管件

图 4-37　管材焊接接头拉伸试样

L—受拉伸平行侧面长度大于或等于 h_K+2S

③ 冲击试验试样。冲击试验用的试样应垂直于焊缝轴线，其缺口轴线垂直于母材表面；取样的位置见图 4-38。焊缝金属试样的缺口轴线应位于焊缝中心线上；热影响金属试样的缺口应开在熔合线以外的热影响区内且紧靠熔合线。试样的形式和尺寸应符合 GB/T 2650—2008 的规定。

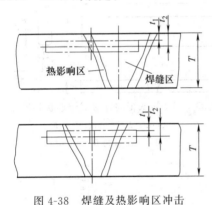

图 4-38　焊缝及热影响区冲击
试样截取位置

当 $T \leqslant 60mm$ 时，$t_1=1 \sim 2mm$；

当 $T > 60mm$ 时，$t_2=T/4$

4.3.2.4　焊接工艺评定报告的内容

一份完整的焊接工艺评定报告应记录评定试验时所使用的全部重要参数。焊接工艺评定报告和焊接工艺规程的格式，可由有关部门或制造厂自行确定，但必须标明影响焊接件质量的重要因素、补加因素（指接头性能有冲击韧性要求时）和次要因素。焊接工艺评定报告的内容包括下列各部分：

① 焊接工艺评定报告编号及相对应的设计书编号。

② 评定项目名称。

③ 评定试验采用的焊接方法、焊接位置。

④ 所依据的产品技术标准编号。

⑤ 试板的坡口形式、实际的坡口尺寸。

⑥ 试板焊接接头焊接顺序和焊缝的层次。

⑦ 试板母材金属的牌号、规格、类别号。如采用非法规和非标准材料，应列出实际的化学成分化验结果和力学性能的实测数据。

⑧ 焊接试板所用的焊接材料。列出型号（或牌号）、规格以及该批焊材入厂复验结果，包括化学成分和力学性能。

⑨ 工艺评定试板焊前实际的预热温度、层间温度和后热温度等。

⑩ 试板焊后热处理的实际加热温度和保温时间。对于合金钢应记录实际的升温和冷却速度。

⑪ 焊接参数。记录试板焊接过程中实际使用的焊接电流、电弧电压、焊接速度；对于熔化极气体保护焊、埋弧焊和电渣焊应记录实测的送丝速度。电流种类和极性应清楚标明，如采用脉冲电流，应记录脉冲电流的各参数。

⑫ 操作技术参数。凡是在试板焊接中加以监控或检测的参数都应记录，其他参数可不做记录。

⑬ 力学性能检测结果。应注明检验报告的编号、试样编号、试样形式，实测的接头强

度性能、塑性、抗弯性能和冲击韧性数据。

⑭ 其他性能的检验结果。角焊缝宏观检查结果，或耐腐蚀性检验结果、硬度测定结果等。

⑮ 工艺评定结论。

⑯ 编制、校对、审核人员签名。

⑰ 企业管理者代表批准，以示对评定报告的正确性和合法性负责。

4.4 焊接结构工艺审查

焊接结构工艺性审查是制订工艺文件、设计工艺装备和实施焊接生产的前提。工厂在首次生产新产品时，为了提高设计产品结构的工艺性，往往需要进行焊接结构工艺性审查。

4.4.1 焊接结构工艺性审查目的

焊接结构的工艺性，是指所设计的焊接结构在具体的生产条件下能否经济地制造出来，并采用最有效的工艺方法的可行性。焊接结构的工艺性是关系着一个产品制造快慢、质量好坏和成本高低的大问题。因此，一个结构的工艺性好坏，也是这个结构设计好坏的重要标志之一。

焊接结构的工艺性审查是个复杂问题，在审查中应实事求是，多分析比较，以便确定最佳方案。如图 4-39（a）所示的带双孔叉的连杆结构形式，装配和焊接不方便；图 4-39（b）所示的结构是采用正面和侧面角焊缝连接的，虽然装配和焊接方便，但因为是搭接接头，疲劳强度较低，也不能满足使用性能的要求；图 4-39（c）所示的结构是采用锻焊组合结构，使焊缝成为对接形式，既保证了焊缝强度，又便于装配焊接，可见是合理的结构形式。

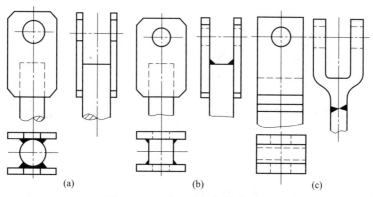

(a)   (b)   (c)

图 4-39 双孔叉的连杆结构形式

焊接结构工艺性的审查是一项认真、仔细、复杂的工作，它不能脱离生产纲领和生产条件（设备能力、技术水平和焊接方法等）。某个焊接结构，对单件或小批量生产来说工艺性是好的，但对大批量生产来说就不一定好；对甲厂的生产条件来说工艺性是好的，但对乙厂的生产条件来说就不一定好。因此，不能笼统地说，凡是工艺性不好的结构，都是设计上的不合理。如图 4-40 所示的弯头，有三种形式，每种形式的工艺性都是适应一定的生产条件的。图 4-40（a）所示结构是由两个半压制件和法兰组成的，如果是大量生产又有大型压床

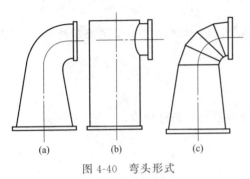

图 4-40 弯头形式

的条件下，工艺性是好的；图 4-40（b）所示结构是由两段钢管和法兰组成的，在流速低、单件生产或缺设备的条件下，工艺性是好的；图 4-40（c）所示结构是由许多环形件和法兰组成的，在流速高又是单件生产的条件下，工艺性是好的。以上例子说明结构工艺性的好坏是相对某一具体条件而言的，只有用辩证的观点才能更有效地评价。

在工艺性审查结束后，工艺人员和设计人员应在"产品工艺性审查记录单"上签字，由工艺部门立案并存档备查。方案确定后设计部门、工艺部门双方还要履行会签手续。

4.4.2　焊接工艺性审查的内容

在进行焊接结构工艺性审查前，除了要熟悉该结构的工艺特点和技术要求以外，还必须了解被审查产品的用途、工作条件、受力情况及产量等有关方面的问题。在进行焊接结构的工艺性审查时，主要审查以下几方面内容。

4.4.2.1　从降低应力集中角度分析结构的合理性

应力集中不仅是降低疲劳强度的主要原因，而且也是引起结构产生脆性断裂的主要原因，它对结构强度有很坏的影响。为了减少应力集中，应尽量使结构表面平滑过渡并采用合理的接头形式。一般常从以下几个方面考虑：

（1）尽量避免焊缝过于集中

如图 4-41（a）所示用八块小肋板加强轴承套，许多焊缝集中在一起，存在着严重的应力集中，不适合承受动载荷。如果采用图 4-41（b）所示的形式，则不但降低了应力集中，也使工艺性得到了改善。

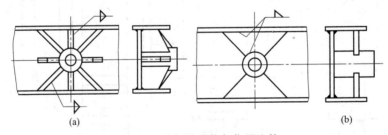

图 4-41　肋板的形状与位置比较

图 4-42（a）所示结构焊缝交叉、密集和重叠，都存在不同程度的应力集中，且可焊到性差，若改成图 4-42（b）所示结构，其应力集中和可焊到性都得到改善。

（2）尽量采用合理的接头形式

对于重要的焊接接头应开坡口，防止因未焊透而产生应力集中。应设法将角接接头和 T 型接头，转化为应力集中系数小的对接接头，如图 4-43 所示。将图 4-43（a）所示的接头转化为图 4-43（b）所示的形式，实质上是把焊缝从应力集中大的位置转移到应力集中小的地方，同时也改善了接头的工艺性。应当指出，在对接接头中只有当力能够从一个零件平缓地过渡到另一个零件上去时，应力集中才是最小的。

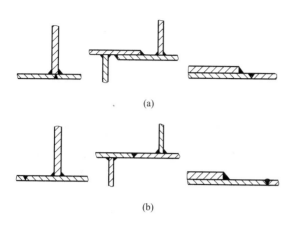

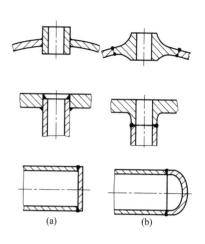

图 4-42　焊缝布置与应力集中的关系

图 4-43　接头转化的应用实例

（3）尽量避免构件截面的突变

在截面突变的地方必须采用圆滑过渡或平缓过渡，不要形成尖角；在厚板与薄板或宽板与窄板对接时，均应在板的结合处有一定斜度，使之平滑过渡。

（4）应用复合结构

复合结构具有发挥各种工艺长处的特点，它可以采用铸造、锻造和压制工艺，将复杂的接头简化，把角焊缝改成对接焊缝。这样不仅降低了应力集中，而且改善了工艺性。图 4-44 所示就是应用复合结构把角焊缝改为对接焊缝的实例。

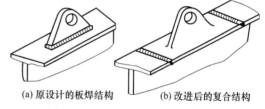

(a) 原设计的板焊结构　　(b) 改进后的复合结构

图 4-44　采用复合结构的应用实例

4.4.2.2　从焊接生产工艺性分析结构的合理性

（1）尽量使结构具有良好的可焊到性

可焊到性是指结构上每一条焊缝都能得到很方便的施焊。在审查工艺时要注意结构的可焊到性，避免因不易施焊而造成焊接质量不合格。图 4-45（a）所示结构没有必要的操作空间，很难施焊，如果改成图 4-45（b）所示的形式，就具有良好的可焊到性。如厚板对接时，一般应开成 X 形或双 U 形坡口，若在构件不能翻转的情况下，就会造成大量的仰焊焊缝，不但劳动条件差，质量还很难保证，这时就必须采用 V 形或 U 形坡口来改善其工艺性。

（2）保证接头具有良好的可探到性

严格检验焊接接头质量是保证焊接质量的重要措施，对于焊接结构上需要检验的焊接接头，必须考虑到是否方便检验。对高压容器，其焊缝往往要求 100％射线探伤。图 4-46（a）所示的接头无法进行射线探伤或探伤结果无效，应改为图 4-46（b）所示的接头形式。

超声波探伤对接头检测面的可探伤性要求似乎要低些。但是，所有存在间隙的 T 形接头和未焊透的对接接头，都不

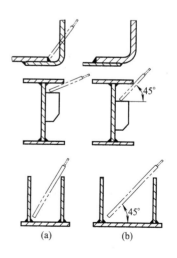

图 4-45　可焊到性比较

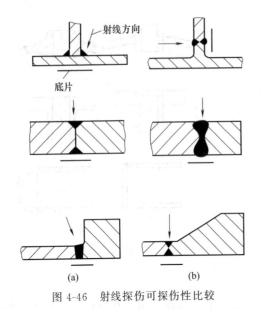

图 4-46　射线探伤可探伤性比较

能或者只能有条件地进行超声波检测。所以，接头的根部处理与焊透是采用超声波探伤的先决条件。

（3）尽量选用焊接性良好的材料制造焊接结构

在结构选材时，首先应满足焊接结构的工作条件和使用性能的需要，其次是满足焊接特点的需要。在满足第一个需要的前提下，首先考虑的是材料的焊接性，其次考虑材料的强度。另外，在结构设计具体选材时，为了使生产管理方便，材料的种类、规格及型号也不宜过多。

4.4.2.3　从焊接生产的经济性分析结构的合理性

合理地节约材料和缩短焊接产品加工时间，不仅可以降低成本，而且可以减轻产品质量，便于加工和运输等，所以在工艺性审查时应给予重视。

（1）合理利用材料

一般来说，零件的形状越简单，材料的利用率就越高。图 4-47 所示为法兰盘备料的三种方案，图 4-47（a）所示结构是用冲床落料而成的，图 4-47（b）所示结构是用扇形片拼接而成的，图 4-47（c）所示结构是用气割板条热弯而成的。材料的利用率按图 4-47（a）～（c）所示方案顺序提高，但所需工时也按此顺序增加，哪种方案好要综合比较才能确定。若法兰直径

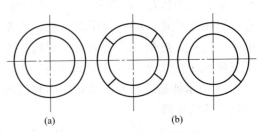

图 4-47　法兰盘备料方案比较

小、生产批量大，则应选图 4-47（a）所示方案；若法兰直径大且窄、批量又小，应选用图 4-47（c）所示方案；而尺寸大、批量也大时，图 4-47（b）所示方案就更优越。又如图 4-48 所示的锯齿合成梁，如果用工字钢通过气割，按图 4-48（a）所示下料，再焊成锯齿合成梁，就能节省大量的钢材和焊接工时。

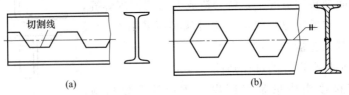

图 4-48　锯齿合成梁

（2）是否有利于减少生产劳动量

在焊接结构生产中，如果不努力节约人力和物力，不提高生产率和降低成本，就会失去竞争能力。除了在工艺上采取一定的措施外，还必须从设计上使结构有良好的工艺性。减少生产劳动量的办法很多，归纳起来主要有以下几个方面：

① 合理的确定焊缝尺寸。确定工作焊缝的尺寸，通常用等强度原则来计算求得。但只

靠强度计算有时还是不够的，还必须考虑结构的特点及焊缝布局等问题。如焊脚小而长度大的角焊缝，在强度相同的情况下具有比大焊脚短焊缝省料省工的优点，图 4-49 中所示焊脚尺寸为 K、长度为 $2L$ 和焊脚为 $2K$、长度为 L 的角焊缝强度相等，但焊条消耗量前者仅为后者的一半。在板料对接时，应采用对接焊缝，避免采用斜焊缝。

② 尽量取消多余加工。对单面坡口背面不进行清根处理的对接焊缝，通过修整焊缝表面来提高接头的疲劳强度是多余的，因为焊缝背面依然存在应力集中。对结构中的联系焊缝，要求开坡口或焊透也是多余的，因为焊缝受力不大。用盖板加强对接接头是不合理的设计，如图 4-50 所示。钢板对接后能达到与母

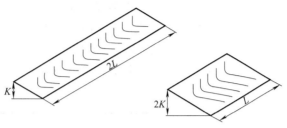

图 4-49 等强度的长短角焊缝图

材等强度，如果再焊上盖板，就会使焊缝集中而降低结构承受动载荷的能力。

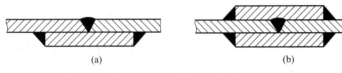

(a)   (b)

图 4-50 加盖板的对接接头

③ 尽量减少辅助工时。焊接结构生产中辅助工时一般占有较大的比例，减少辅助工时对提高生产率有重要意义。结构中焊缝所在位置应使焊接设备调整次数最少，焊件翻转的次数最少。

④ 尽量利用型钢和标准件。型钢具有各种形状，经过相互组合可以构成刚性更大的各种焊接结构。对同一种结构如果用型钢来制造，其焊接工作量比用钢板制造要少得多。图 4-51 所示为一根变截面工字梁结构，图 4-51（a）所示结构是用三块钢板组成的，如果用工字钢组成，可将工字钢用气割分开［图 4-51（c）］，再组装焊接起来［图 4-51（b）］，就能大大减少焊接工作量。

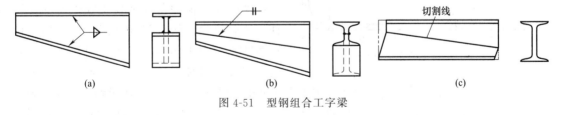

(a)   (b)   (c)

图 4-51 型钢组合工字梁

⑤ 采用先进的焊接方法。埋弧焊的熔深比焊条电弧焊大，有时不需要开坡口，从而节省工时；采用二氧化碳气体保护焊时，不仅成本低、变形小而且不需清渣。在设计结构时应使接头易于使用上述较先进的焊接方法。图 4-52（a）所示的箱形结构可用焊条电弧焊焊接，若做成图 4-52（b）所示的形式，就可使用埋弧焊和 CO_2 气体保护焊。

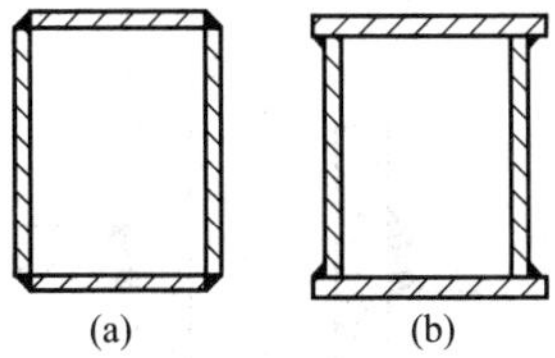

图 4-52 箱形结构

4.4.2.4 从焊接结构强度的可行性分析结构的合理性

（1）从焊接接头的强度分析

焊接结构和焊接接头的形式多种多样，设计者在设计时有充分的选择余地。但是必

须考虑工艺上实现的难易程度以及接头所处的位置对结构强度的影响，以便确定最合理的焊接结构和接头形式。不合理的结构设计不但难于制造，提高生产成本，而且往往可能会降低结构的承载能力和缩短使用寿命。

许多焊接结构是从铆接结构改过来的。如果不加分析地把铆接去掉换成焊缝，往往会产生严重的应力集中，降低接头强度。如图4-53所示为轻便桁架的节点构造。图4-53（a）所示的铆接节点结构，并不存在严重的应力集中，也不存在很高的内应力。如果直接把它改为焊接结构的搭接接头形式［图4-53（b）］，焊缝密集，应力集中严重，而且焊接残余应力也很高。如果结构承受的是动载荷，则结构的使用寿命将缩短。图4-53（c）所示的接头形式较为合理。

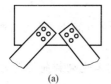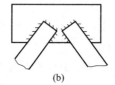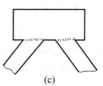

(a)   (b)   (c)

图4-53　铆接与焊接接头比较

这一简单实例说明，不加分析地把铆接接头的铆钉去掉换成焊缝是不合适的，即焊接结构应具有符合其工艺特点的结构形式。应根据接头承载状态及焊接生产特点，在保证强度和使用寿命的条件下选择合理的接头形式。

（2）从焊接结构的接头形式分析

在设计焊接结构时确定接头形式是重要的问题。在各种焊接接头中以对接接头最为理想，其受力均匀，应力集中小。质量优良的对接接头可以与母材等强度。对接接头焊缝的布置合理与否对结构的强度也有较大的影响，例如小直径的压力容器，采用大厚度平封头［图4-54（a）］的对接形式，应力集中严重，将降低承载能力。合理的结构形式是采用如图4-54（b）所示的热压成形的球面封头，以对接接头的形式连接筒体与封头。

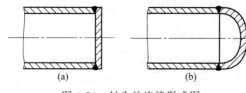

(a)   (b)

图4-54　封头的连接形式图

（3）从焊接结构的工作环境分析

当腐蚀介质与焊缝金属表面直接接触时，在缝隙内和其他尖角处常发生强烈的局部腐蚀，从而使焊接接头强度下降。当焊接结构在腐蚀介质中工作时力求采用对接焊缝，并要求焊透，同时要避免接头缝隙形成尖角和结构死区，以便流体介质排放与清洗，防止底部沉积。另外，因为焊接热影响区引起的偏析和晶粒长大等组织变化，会降低材料的耐蚀性，所以在焊缝接近非介质接触面时，应选用合理的焊接方法和相应的焊接参数，并保证有足够的壁厚，降低热影响区组织的影响。图4-55（a）所示结构不合理，改为图4-55（b）所示结构较好。

4.4.2.5　从减小焊接应力与变形的角度分析结构的合理性

焊接是局部加热过程，由于焊缝在高温时产生压缩塑性变形，从而导致焊件冷却后产生残余变形和残余应力。这是焊接生产的

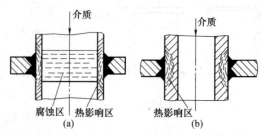

图4-55　腐蚀性介质中结构的接头形式

客观现象，是不可避免的。它给焊接生产带来诸多不便，也影响结构的精度和使用寿命。为降低焊接应力和变形，应从以下几方面审查：

（1）尽可能地减少结构上的焊缝数量和焊缝的填充金属量

图 4-56 所示的框架转角，就有两个设计方案。图 4-56（a）所示是用许多小肋板构成放射形状来加固转角；图 4-56（b）所示是用少数肋板构成屋顶的形状来加固转角，这种方案不仅提高了框架转角处的刚度与强度，而且焊缝数量又少，减少了焊后的变形和复杂的应力状态。

（2）尽可能地选用对称的构件截面和焊缝位置

焊缝对称于构件截面中性轴或焊缝接近中性轴时，焊后能使弯曲变形控制在较小的范围。如图 4-57 所示为各种截面构件。图 4-57（a）所示构件的焊缝都在 x-x 轴一侧，最容易产生弯曲变形；图 4-57（b）所示构件的焊缝位置对称于 x-x 和 y-y 轴，焊后弯曲变形较小，且容易防止；图 4-57（c）所示构件由两

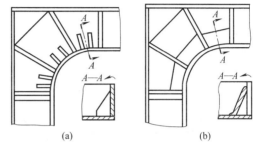

图 4-56 框架转角处加强肋布置的比较

根角钢组成，焊缝位置与截面重心并不对称，若把距重心线近的焊缝设计成连续的，把距重心线远的焊缝设计成断续的，就能减小构件的弯曲变形。

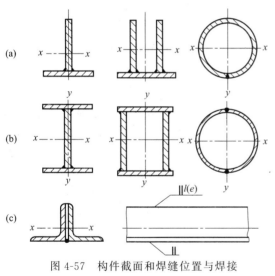

图 4-57 构件截面和焊缝位置与焊接
变形的关系图中

（3）尽量减小焊缝截面尺寸

在不影响结构的强度与刚度的前提下，尽可能地减小焊缝、截面尺寸或把连续角焊缝设计成断续角焊缝，减小了焊缝截面尺寸和长度，能减小塑性变形区的范围，使焊接应力与变形减小。

（4）采用合理的装配焊接顺序

对复杂的结构应采用分部件装配法，尽量减少总装焊缝数量并使之分布合理，这样能大大减小结构的变形。为此，在设计结构时就要合理地划分部件，使部件的装配焊接易于进行，并且焊后经矫正能达到要求，这样就便于总装。由于总装时焊缝少，结构的刚性大，因此焊后的变形就很小。

（5）尽量避免焊缝相交

如图 4-58 所示为三条角焊缝在空间相交。图 4-58（a）所示形式在交点处会产生三轴应力，使材料塑性降低，同时可焊到性也差，并造成严重的应力集中。若改成图 4-58（b）所示的形式，则能克服以上缺点。

4.4.3 焊接结构生产工艺规程的内容

一份完整的焊接工艺规程，应当列出完成

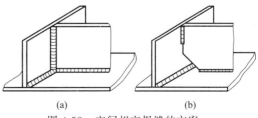

图 4-58 空间相交焊缝的方案

符合质量要求的焊缝所需的全部焊接工艺参数，除了规定直接影响焊缝力学性能的重要工艺参数以外，也应规定可能影响焊缝质量和外形的次要工艺参数。具体项目包括：焊接方法、母材金属类别及钢号、厚度范围、焊接材料的种类、牌号、规格、预热和后热温度、热处理方法和制度、焊接工艺参数、接头及坡口形式、操作技术和焊后检查方法及要求。对于厚壁焊件或形状复杂的易变形的焊件还应规定焊接顺序，如焊接工艺规程编制者认为有必要，则也可列入对按法规焊制焊件有用的其他工艺参数，如加可熔衬垫或其他焊接衬垫等。

（1）焊前准备

产品制造中的放样、下料应按有关的工艺要求进行，坡口形式、尺寸、公差及表面质量应符合技术条件要求的规定。当产品技术条件中要求对母材进行焊前处理时，应按确定的工艺规程进行。

（2）组装与焊接

产品的组装必须严格遵循焊接工艺规程。参加组装点固的焊工应是按有关标准考试合格并取得相应资格的焊工。在生产现场，要有必要的技术资料。在不利的气候条件下，要采取特殊的措施。要仔细地焊接或拆除装配定位板。工艺规程中应包括焊接方法、焊接填充材料、辅助材料、重要的工艺参数及施焊措施。根据工艺要求，可以进行适当的焊后修整。

（3）焊后热处理

当产品技术条件中要求进行焊后热处理时，如消除应力热处理、消氢处理等，应按产品的热处理工艺进行。

（4）焊接修复

对有缺陷的部位进行焊接修复时，要根据有关标准、法规，认真制订修复程序及修复工艺，并严格遵照执行。

（5）产品检验与验收

检验应按有关的标准、规则进行。检验结果不合格，应按有关规定进行复验，复验不合格，则产品不合格。检验与产品的制造密切相连，检验应贯穿于整个制造过程，焊接检验的有关内容包括材料证书与材料的核对、材料复验、焊接工艺文件的确认、焊工资格审查、焊接时的检查（如坡口、焊接材料、管理、设备、环境、规范等）、焊接施工记录检查、焊后热处理记录检查、外观检验、尺寸检验、耐压和密封等试验、钢印、探伤检验、质量证书的检查、制造厂结果报告的检查、出厂许可等。产品的验收规则应按产品的技术条件及合同要求制订，产品的验收要严格按验收规则进行。

4.4.4 焊接工艺规程的编制程序

对于一般的焊接结构和非法规产品，焊接工艺规程可直接按产品技术条件、产品图样、工厂有关焊接标准、焊接材料和焊接工艺试验报告以及已积累的生产经验数据编制焊接工艺规程，经过一定的审批程序即可投入使用，无需事先经过焊接工艺评定。

对于受监督的重要焊接结构和法规产品，每一份焊接工艺规程必须有相应的焊接工艺评定报告作为支持，即应根据已评定合格的工艺评定报告来编制焊接工艺规程。

焊接工艺规程原则上是以产品接头形式为单位进行编制的。如压力容器壳体纵缝、环缝、筒体接管焊缝、封头人孔加强板焊缝都应分别编制一份焊接工艺规程。如容器壳体纵、环缝采用相同的焊接方法、相同的重要工艺参数，则可以用一份焊接工艺评定报告作为支持纵、环缝的两份焊接工艺规程。如某一焊接接头需采用两种或两种以上焊接方法焊成,则这种焊接接头的焊接工艺规程应以相对应的两份或两份以上的焊接工艺评定报告为依据。

焊接工艺规程的格式系列见表 4-8～表 4-10。这种格式仅作为推荐格式,每一个企业可根据自己的经验设计符合本企业实际需要的格式。但任何格式都必须便于焊工使用和保管。

表 4-8　接头编号表

接头编号示意图					
	接头编号	焊接工艺卡编号	焊接工艺评定报告编号	焊工持证项目	无损检测要求

表 4-9　焊接材料汇总表

母材	焊条电弧焊 SMAW		埋弧焊			气体保护焊 MIG/TIG		
	焊条牌号/规格	烘干温度/时间	焊丝牌号/规格	焊剂	烘干温度/时间	焊丝牌号/规格	保护气体	混合比

压力容器技术特性						
部位	设计压力/MPa	设计温度/℃	试验压力/MPa	焊接接头系数	容器类别	备注

表 4-10　接头焊接工艺卡

接头简图:	焊接工艺程序		焊接工艺卡编号		
			图号		
			接头名称		
			接头编号		
			焊接工艺评定报告编号		
			焊工持证项目		
			检验序号	本厂	监检单位	第三方或用户
	母材	厚度/mm			
	焊缝金属	厚度/mm			

焊接位置		层-道	焊接方法	填充材料	焊接电流		电弧电压/V	焊接速度/(cm/min)	线能量/(kJ/cm)
施焊技术				极性	电流/A				
预热温度/℃									
道间温度/℃									
焊后热处理									
后热									
钨极直径									
喷嘴直径									
脉冲频率									
脉宽比/%									
气体成分	气体流量	正面							
		背面							

4.4.5 焊缝标注

在焊接结构的设计图样上，通常采用标准规定的各种代号和符号，简单明了地说明焊接结构的类型、形状、尺寸、位置、表面状况、焊接方法以及各项与焊接有关的技术要求。

设计人员对于焊接接头应采用 GB/T 324《焊缝符号表示法》和 GB/T 5185《焊接及相关工艺方法代号》的规定表示焊缝符号和焊接方法代号。

4.4.5.1 焊缝符号与焊接方法代号

GB/T 324《焊缝符号表示法》规定的焊缝符号适用于焊接接头的标注。国家标准规定的完整的焊缝符号包括基本符号、指引线、补充符号、焊缝尺寸符号和数据等。焊缝符号一般由基本符号与指引线组成，必要时还可以加上补充符号和焊缝尺寸符号等。图形符号的比例、尺寸和在图样上的标注方法，按技术制图有关规定。基本符号是表示焊缝截面形状的符号，见表 4-11。标注双面焊缝或接头时，基本符号可组合使用，见表 4-12。

表 4-11 焊缝基本符号

序号	名称	示意图	符号
1	卷边焊缝(卷边完全熔化)		
2	I 形焊缝		
3	V 形焊缝		
4	单边 V 形焊缝		
5	带钝边 V 形焊缝		
6	带钝边单边 V 形焊缝		
7	带钝边 U 形焊缝		
8	带钝边 J 形焊缝		
9	封底焊缝		
10	角焊缝	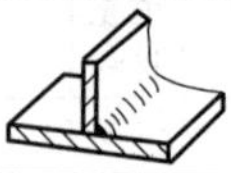	
11	塞焊缝或槽焊缝		
12	点焊缝	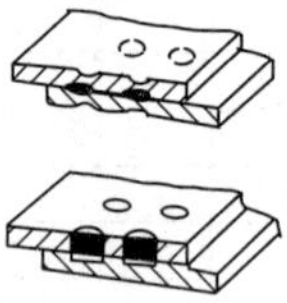	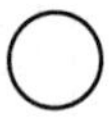

续表

序　号	名　　称	示　意　图	符　号
13	缝焊缝	 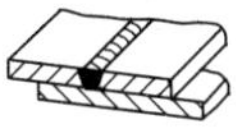	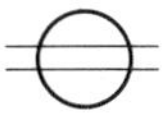 ⊖
14	陡边 V 形焊缝		
15	陡边单 V 形焊缝	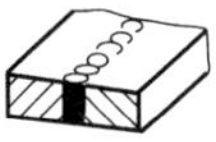	
16	端焊缝		|||
17	堆焊缝		 ∩
18	平面连接(钎焊)	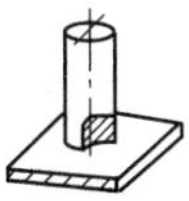 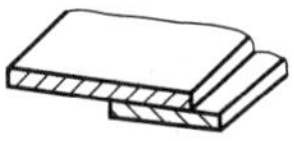	 =
19	斜面连接(钎焊)	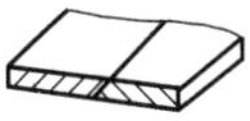	∥
20	折叠连接(钎焊)		

表 4-12　基本符号可组合使用

序　号	名　　称	示　意　图	符　号
1	双面 V 形焊缝(X 形焊缝)	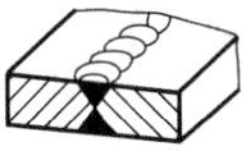	 X
2	双面单 V 形焊缝(K 形焊缝)	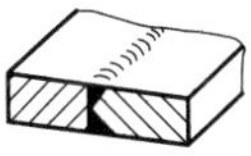	 K
3	带钝边的双面 V 形焊缝	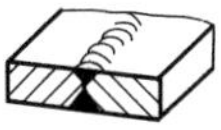	
4	带钝边的双面单 V 形焊缝	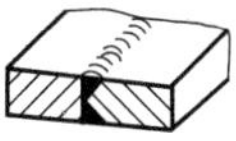	
5	双面 U 形焊缝		

补充符号是为了补充说明焊缝某些特征（诸如表面形状、衬垫、焊缝分布、施焊地点等）而采用的符号，见表 4-13；焊缝尺寸符号是表示坡口和焊缝各特征尺寸的符号，见表 4-14。

表 4-13　焊缝补充符号

序　　号	名　　称	示　意　图	符　　号
1	平面	 ——	焊缝表面通常经过加工后平整
2	凹面	 ⌣	焊缝表面凹陷
3	凸面	 ⌢	焊缝表面凸起
4	圆滑过渡	 ⎩⎰	焊趾处过渡圆滑
5	永久衬垫	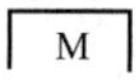 M	衬垫永久保留
6	临时衬垫	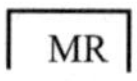 MR	衬垫在焊接完成后拆除
7	三面焊缝	⊏	三面带有焊缝
8	周围焊缝	○	沿着工件周边施焊的焊缝标注位置为基准线与箭头线的交点处
9	现场焊缝	 ⚑	在现场焊接的焊缝
10	尾部	 <	可以表示所需的信息

表 4-14　焊缝尺寸符号

符号	名称	示意图	符号	名称	示意图
δ	工件厚度	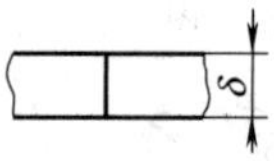	c	焊缝宽度	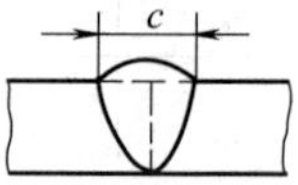
α	坡口角度	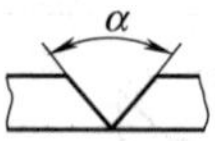	K	焊脚尺寸	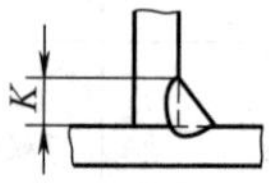
β	坡口面角度	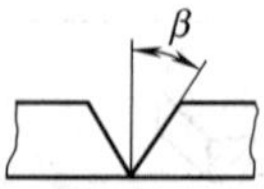	d	点焊:熔核直径 塞焊:孔径	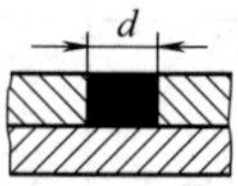
b	根部间隙	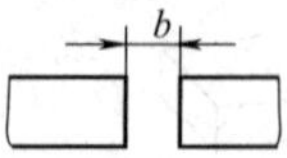	n	焊缝段数	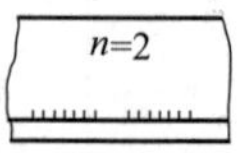 $n=2$
p	钝边	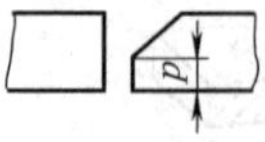	l	焊缝长度	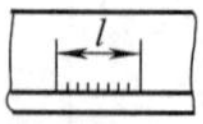

续表

符号	名称	示意图	符号	名称	示意图
R	根部半径	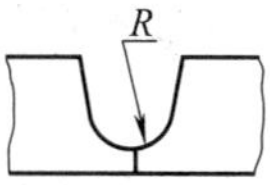	e	焊缝间距	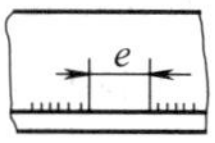
H	坡口深度	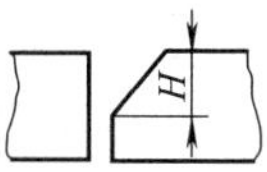	N	相同焊缝数量	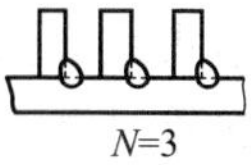 N=3
S	焊缝有效厚度	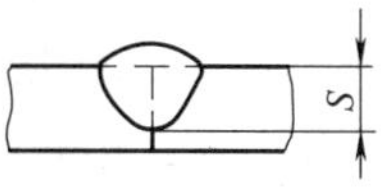	h	余高	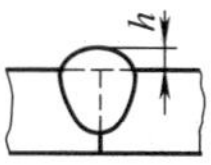

4.4.5.2 焊接方法在图样上的表示代号

在图样上需指明焊缝的焊接方法时，可以在该焊缝的指引线尾部用表示该焊接方法的代号来标注。GB/T 5185 规定了金属焊接及钎焊方法在图样上的表示代号，见表 4-15。

表 4-15 金属焊接及钎焊方法在图样上的表示代号

代号	焊 接 方 法	代号	焊 接 方 法
1	电弧焊	13	熔化极气体保护电弧焊
111	焊条电弧焊	135	熔化极惰性气体保护电弧焊（MIG）
12	埋弧焊	136	非惰性气体保护的药芯焊丝电弧焊
121	单丝埋弧焊	14	非熔化极气体保护电弧焊
21	点焊	141	钨极惰性气体保护电弧焊（TIG）
22	缝焊	15	等离子弧焊
3	气焊	151	等离子弧焊
311	氧乙炔焊	4	压力焊
41	超声波焊	788	摩擦螺柱焊
42	摩擦焊	8	切割和气刨

4.4.5.3 焊缝符号的标注方法

焊缝符号必须通过指引线及有关规定才能准确无误地表示焊缝。指引线一般由箭头线和两条基准线两部分组成，如图 4-59 所示。按照标准的规定，箭头线相对焊缝的位置一般没有特殊要求，但是标注 V 形、单边 V 形、J 形等焊缝时，箭头线应指向带有坡口一侧的工件，必要时允许箭头线弯折一次。基准线的虚线可以画在基准线的实线上侧或下侧，基准线一般应与图样的底边相平行，但在特殊情况下亦可与底边相垂直。如果焊缝和箭头线在接头的同一侧，则将焊缝基本符号标注在基准线的实线侧；相反，则标注在基准线的虚线侧。实线和虚线的位置根据需要可以互换。对称焊缝或明确焊缝位置的双面焊缝可省略虚线。此外，标准还规定，必要时焊缝基本符号可附带有尺寸符号及数据，其标注原则如图 4-60 所示，这些原则如下：

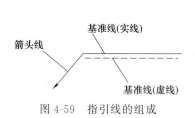

图 4-59 指引线的组成

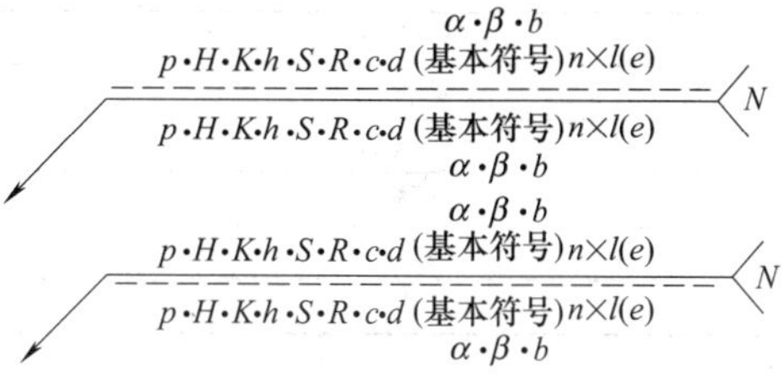

图 4-60 焊缝尺寸符号及数据的标注原则

① 焊缝横截面上的尺寸标注在基本符号的左侧;

② 焊缝长度方向上的尺寸标注在基本符号的右侧;

③ 坡口角度、坡口面角度、根部间隙等尺寸标注在基本符号的上侧或下侧;

④ 相同焊缝数量符号标注在尾部;

⑤ 当需要标注的尺寸数据较多又不易分辨时,可在数据前面增加相应的尺寸符号。

当箭头线方向发生变化时,上述原则不变。

焊接符号和焊接方法代号的标注原则列举如图 4-61 所示,焊接方法代号标注举例见表 4-16。图 4-61(a)所示为 T 形接头交错断续角焊缝,焊脚尺寸为 5mm,相邻焊缝的间距为 30mm,焊缝段数为 35,每段焊缝长度为 50mm。图 4-61(b)所示为对接接头周围焊缝,由埋弧焊焊成的 V 形焊缝在箭头一侧,要求焊缝表面平齐;由焊条电弧焊焊成的封底焊缝在非箭头一侧,也要求焊缝表面平齐。

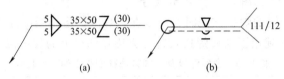

(a)　　　　　　　(b)

图 4-61　焊缝符号和焊接方法代号的标注举例

表 4-16　焊接方法代号应用举例

标 注 例	含 义
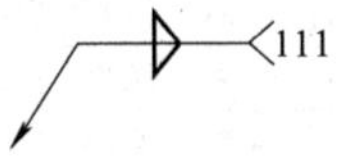 ▷<111	表示两面对称角焊缝,采用焊条电弧焊
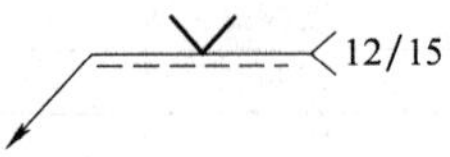 ▽<12/15	表示 V 形焊缝,先用等离子弧焊打底,后用埋弧焊盖面

4.4.5.4　焊缝无损检测符号

无损检测符号由以下要素组成:基准线、箭头、检测方法字母标识代码、检测范围和抽检数目、辅助符号、基准线的尾部(技术条件、规范或标准)。

无损检测符号的图样画法应符合 GB/T 4457.2 的规定,尺寸标注应符合 GB/T 4458.4 和 GB/T 16675.2 的规定。无损检测区域、位置、方向、角度等的标识应符合 GB 3100~3102 的相关规定,采用国际单位制。

(1)无损检测方法的字母标识代码

无损检测方法的字母标识代码见表 4-17。

表 4-17　无损检测方法的字母标识代码

无损检测方法	字母标识代码
磁粉	MT
耐压试验	PRT
渗透	PT
射线	RT
超声	UT

(2)**焊缝无损检测辅助符号**

焊缝无损检测辅助符号见表 4-18。

表 4-18　用于无损检测符号的辅助符号

全周检测	现场检测	射线方向
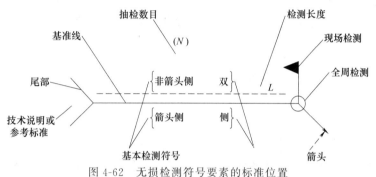 全周检测符号	现场检测符号	射线方向符号

（3）无损检测符号要素的标准位置

无损检测符号要素的标准位置如图 4-62 所示。

图 4-62　无损检测符号要素的标准位置

（4）检测方法字母标识代码位置的含义

① 箭头侧的检测。当需要对箭头侧进行检测时，所选择的检测方法字母标识代码应置于基准线下方，如图 4-63 所示。

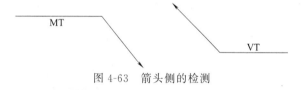

图 4-63　箭头侧的检测

② 非箭头侧的检测。当需要对非箭头侧进行检测时，所选择的检测方法字母标识代码应置于基准线上方，如图 4-64 所示。

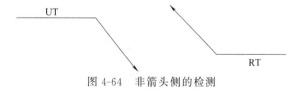

图 4-64　非箭头侧的检测

③ 箭头侧和非箭头侧的检测。当箭头侧和非箭头侧均需进行检测时，所选择的检测方法字母标识代码应同时置于基准线两侧，如图 4-65 所示。

图 4-65　箭头侧和非箭头侧的检测

④ 箭头侧或非箭头侧的检测。当可在箭头侧或非箭头侧中任选一侧进行检测时，所选择的检测方法字母标识代码应置于基准线中间，如图 4-66 所示。

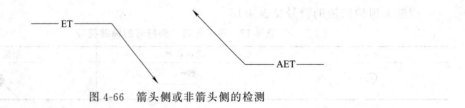

图 4-66　箭头侧或非箭头侧的检测

⑤ 组合检测。当对同一部分使用两种或两种以上检测时，应该把所选择的几种检测方法字母标识代码置于相对于基准线的正确位置。当把两种或两种以上的检测方法字母标识代码置于基准线同侧或基准线中间时，应用加号分开，如图 4-67 所示。

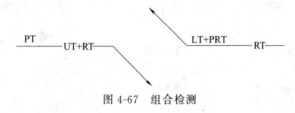

图 4-67　组合检测

⑥ 无损检测符号和焊接符号组合使用。无损检测符号和焊接符号可以组合使用，如图 4-68 所示。焊接符号应符合 GB/T 324 和 GB/T 12212 等相关标准的规定。

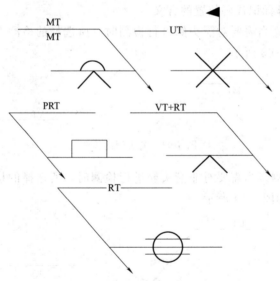

图 4-68　无损检测符号和焊接符号组合使用

（5）辅助符号

① 全周检测。当需要对焊缝、接头或零件进行全周检测时，应该把全周检测符号置于箭头和基准线的连接处，如图 4-69 所示。

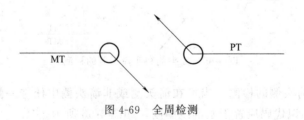

图 4-69　全周检测

② 现场检测。当需要在现场（不是车间或初始制造地）检测时，应该把现场检测符号置于箭头和基准线的连接处，如图 4-70 所示。

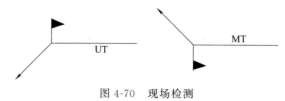

图 4-70　现场检测

③ 射线方向。射线穿透的方向可以用射线方向符号以所需的角度在图上标出，并应标明该角度的度数以保证无误解，如图 4-71 所示。

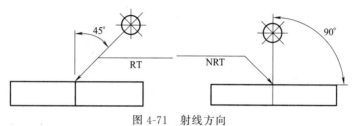

图 4-71　射线方向

（6）技术条件、规范和引用标准

如果没有用其他方式提供指定检测的信息（技术条件、规范和引用标准），则可以把这些信息置于无损检测符号的尾部，如图 4-72 所示。

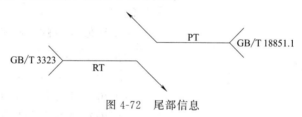

图 4-72　尾部信息

（7）无损检测的区域、位置和方向

① 被检区域长度标示。当只需考虑被检工件的长度时，应标出长度尺寸并置于检测方法字母标识代码的右侧，如图 4-73 所示。

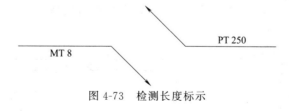

图 4-73　检测长度标示

当需标识被检区域的确切位置及其长度时，应使用长度标定线，如图 4-74 所示。

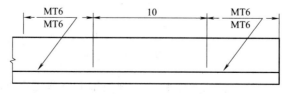

图 4-74　检测位置表示

当被检工件全长都需要检测时，无损检测符号中不必包含长度。当被检工件不需做全长检测时，检测长度可以按百分比标注在检测方法字母标识代码右侧，如图 4-75 所示。

图 4-75　局部检测

② 抽检数目。当需要在被检工件的任意位置上进行抽检时，应将抽检数目标在检测方法字母标识代码之上或之下的圆括号内，并且不与基准线相邻，如图 4-76 所示。

图 4-76　抽检数目

③ 检测区域。当在图上表示无损检测的区域为平面时，应该用直虚线封闭该区域，并

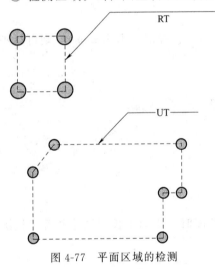

图 4-77　平面区域的检测

在封闭线的每个拐角处标一圆，所选择的检测方法字母标识代码应按如图 4-77 所示方式与这些线相连接。必要时，用坐标和标尺给这些封闭线定位。

对于环形区域的无损检测，应用全周检测符号和恰当的尺寸表明检测区域，如图 4-78（a）和图 4-78（b）所示。如图 4-78（a）中所示，右上角符号表示距右端面 2mm 范围内的法兰孔应用磁粉进行全周检测，左下角符号表示用射线检测图中未标尺寸的环形区域。图 4-78（b）中所示的符号表示环形区域的内表面需要耐压检测，外表面需要电磁检测，图中没标尺寸，全长均需检测。

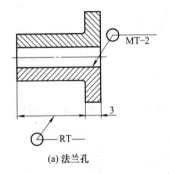
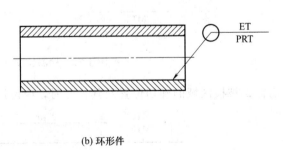

(a) 法兰孔　　　　　(b) 环形件

图 4-78　环形区域的检测

声发射一般用于构件的全部或大部分检测，例如压力容器或管道的检测。图 4-79 中所示的符号表示该图中的构件用声发射方法检测，符号中没有特别说明探头的位置。

4.4.5.5　焊接结构件标注实例

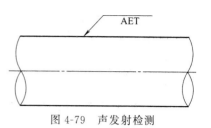

图 4-79　声发射检测

压力容器部分焊缝与无损检测符号标注如图 4-80 所示。图 4-80（a）所示为压力容器接管与筒体和封头径向连接焊缝，属于封闭角焊缝，焊脚高为 8mm，采用焊条电弧焊焊接，焊缝表面下凹，焊后无需检测。图 4-80（b）所示为接管与筒体斜插连接焊缝，也是采用焊条电弧焊方法，焊脚高为 8mm，焊后 100％PT 检测。

图 4-80（c）所示为筒体与封头连接焊缝，采用埋弧焊和背面清根焊条电弧焊方法施焊的封闭焊缝，带钝边的 V 形坡口，钝边高 2mm，装配间隙为 2mm，焊缝凸起峰值小于 3mm。

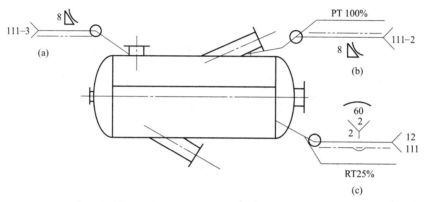

图 4-80　压力容器部分焊缝与检测标注

 思考题

1. 什么是工作焊缝？什么是联系焊缝？设计焊接结构时要选择哪种焊缝的强度校核？为什么？

2. 焊接接头设计原则及其注意事项有哪些？其焊缝尺寸设计考虑哪些因素？

3. 焊接接头设计原则是什么？开坡口的目的有哪些？

4. 焊缝标注符号的标注原则是什么？熟悉常用焊接方法标注代号。

5. 焊缝无损检测方法及其代码字母标识有哪些？以压力容器为例说明焊缝无损检测标识方法。

6. 图 4-81 所示是两个焊缝标注实例，请说明标注含义。

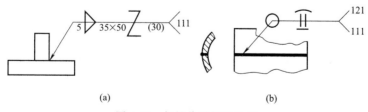

（a）　　　　　　　　　　　　　　　　（b）

图 4-81　焊缝代号标注实例

7. 图 4-82 所示为压力容器结构，要求 A1 焊缝射线局部探伤 20％，B1、和 B2 焊缝 20％射线局部探伤，D2 焊缝要求 100％磁粉探伤。请根据要求标注探伤符号。

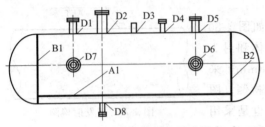

图 4-82 压力容器结构示意图

8. 搭接接头为什么要采取联合角焊缝结构形式？用应力图表示。

9. 焊接接头强度计算应注意哪些事项？当材料板厚不同时应该选择哪种材料的强度计算？强度计算的目的和意义是什么？

10. 焊接工艺评定的目的和方法有哪些？如何进行焊接工艺评定？分析图 4-82 所示结构需要进行哪些焊接接头工艺评定。

11. 分析图 4-83 所示起重机主梁钢结构，材料为 Q235B，外形尺寸为 30000mm×1000mm×800mm，哪些焊接接头需要进行焊接工艺评定？

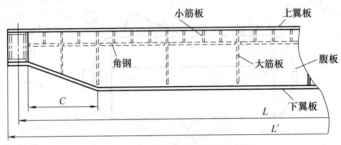

图 4-83 起重机主梁结构示意图

12. 焊接工艺评定应如何进行？分析材料为 Q345、厚度为 30mm 的板-板对接焊缝，采用焊条电弧焊和埋弧焊两种方法施焊，请设计焊接接头坡口形式，并编写其焊接进行工艺评定指导书。

13. 焊接工艺性审查的内容和目的是什么？举例说明工艺审查的重要性。

14. 焊接工艺规程制订的内容有哪些？制订的原则是什么？

15. 为图 4-82 所示焊缝 A1、B1、D1 设计接头形式及坡口类型和尺寸，选择合理的焊接工艺参数，并填写焊接工艺卡。材料为 Q345，筒体、封头板厚为 30mm，其余尺寸自定义。

第 **5** 章

焊接结构生产工艺

▶▶

Chapter **05**

5.1 焊接结构生产组织

焊接结构通常是指将各种经过轧制的金属材料或铸、锻等的坯件通过焊接的方法，制成的能承受一定载荷的金属结构。焊接结构通常分为梁以及梁系结构、格架结构、柱类结构、壳体结构、骨架结构、机器和仪器的焊接零件等。

焊接结构生产过程组织管理包括生产的空间组织和时间组织，是对焊接车间进行合理的科学组织的重要环节。好的焊接结构生产组织可以保证焊接生产的连续性，提高生产效率、提高设备利用率，并且可以缩短生产周期。

5.1.1 生产过程的空间组织

生产过程的空间组织是将焊接结构生产的各工序及其生产设备按一定的原则布置在不同空间，保证各工序高质高效地完成焊接生产任务。其形式分为工艺专业化形式和对象专业化形式。

工艺专业化形式就是按工艺工序或工艺设备相同性的原则来建立生产工段。按这种原则组成的生产工段称为工艺专业化生产工段，如材料准备工段、机械加工工段、装配焊接工段、热处理工段等，如图 5-1 所示。

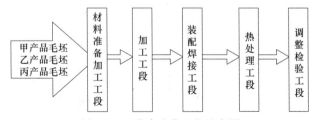

图 5-1 工艺专业化工段示意图

其内部集中着同类型的工艺设备和相同工种的工人，可以对企业的多种不同的产品进行同样的工艺加工，比如预处理工段、冲压工段、装配焊接工段、热处理工段等。其优点是：适应性强，可以进行多种产品的加工，从而能够充分地利用机器设备和劳动力，同时可以实现对工艺进行的专业化管理。其缺点是：工艺专业化生产形式不能独立地完成产品的全部或大部分加工工序，每种产品的全部或大部分工序都要逐次通过许多生产单位才能完成，所以加工路线较长，运输量较大；由于生产过程中的停放时间较长，因此生产周期也比较长，导致流动资金占有量增加；工段之间的生产管理比较复杂，管理工作内容增加。

工艺专业化工段的优点如下：

① 对产品变动有较强的应变能力。当产品发生变动时，生产单位的生产结构、设备布置、工艺流程不需要重新调整，就可适应新产品生产过程的加工要求。

② 能够充分利用设备。同类或同工种的设备集中在一个工段，便于互相调节使用，提高了设备的负荷率，保证了设备的有效使用。

③ 便于提高工人的技术水平。工段内工种具有工艺上的相同性，有利于工人之间交流操作经验和相互学习工艺技巧。

工艺专业化生产工段的缺点如下：

① 由于一台焊接制品要经过几个工段才能实现全部生产过程，因此加工路线较长，必然造成运输量的增加。

② 生产周期长，在制品增多，导致流动资金占有量的增加。

③ 工段之间相互联系比较复杂，增加了管理工作的协调内容。

工艺专业化形式适用于小单件、小批量产品的生产。

以加工对象相同性原则建立的生产工段，称为对象专业化工段，如图 5-2 所示。加工对象可以是整个产品，也可以是一个部件的焊接，如梁柱焊接工段、管道焊接工段、储罐焊接工段等。

其优点是：减少了运输距离，缩短了运输路线；加工对象固定，可使用专用高效设备和工艺设备；在制品减少，使得加工对象生产周期缩短，加速了流动资金的周转。

对象专业化的缺点如下：

① 由于对象专业化工段的设备封闭在本工段内，为专门的加工对象使用，不与其他工段调配使用，因此不利于设备的充分利用。

图 5-2　对象专业化工段示意图

② 对象专业化工段使用的专用设备及工、夹、量具是按一定的加工对象进行选择和布置的，因此很难适应品种的变化。

车间工艺平面布置内容如下：

车间工艺平面布置，就是将各个生产工段、作业线、辅助生产用房及生活间等按照它们的作用和相互关系进行配置。平面布置应保证生产流程顺畅、简捷、紧凑，并且要做到运输距离的最短化，同时要考虑到设备的安装维护与使用。车间工艺平面布置的主要原则包括以下几点：

① 配合总体设计，合理布置封闭车间内各工段和设备的位置，尽量缩短运输线路。

② 注意厂房位置的气象、地质等因素对车间工艺布置的特殊要求。对散发有害物质，产生噪声的工段、作业区、应布置在靠外墙的一边并尽可能隔离，以保证安全卫生、环境保护以及生态文明。

③ 生产线的流向应该与工厂总平面图基本流水方向相同。

④ 尽可能地满足工艺生产、设备维修的要求，根据生产方式划分成专业化的部门

及工段，经济合理地选用占地面积和建筑参数，并且应该为车间将来的发展与扩建留有余地。

⑤ 辅助部门理论上要布置在总生产线的一边。

目前金属结构车间布置方式的基本形式大致可分为纵向布置、纵横向混合布置、波浪式方向布置、迂回布置等方案。

纵向布置这种方式是通用的，即车间内生产线的方向与工厂总平面图上所规定的方向一致，或者是产品生产流动方向与车间长度同向。这种车间主要用于各种加工路线短、不太复杂的焊接产品的生产，包括规格及质量不大的建筑金属结构的生产。

纵横向混合布置这种方式是备料设备既集中又分散布置，调配灵活，各装焊跨间可依据多种产品的不同要求分别组织生产。路线顺而短并且经济灵活，但厂房结构较复杂，建筑费用较贵。这种布置方案适用于多种产品、单件小批量生产车间。

波浪式生产线布置，适用于较复杂产品的单件和成批生产。

迂回布置这种方式是当成批和大量生产同一型号的简单产品并采用水平封闭的输送装置时，采用迂回布置方式是比较有利的。这种布置方案的车间适用于产品零件加工路线较长的单件小批、成批生产的产品。图 5-3 为生产车间不同形式的布置图。

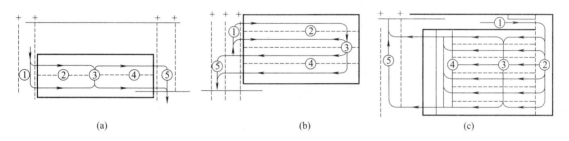

图 5-3　生产车间布置图
①—原材料库；②—备料工段；③—中间仓库；④—装焊工段；⑤—成品仓库

5.1.2　生产过程的时间组织

生产过程在时间上的衔接，主要反映在加工对象在生产过程中各工序之间移动方式这一特点上。在生产中，生产对象的移动方式包括三种：顺序移动方式、平行移动方式和平行顺序移动方式。

顺序移动方式，就是每批制品只有在上一道工序全部加工完毕后，才能整批地移送到下道工序，即下道工序在上道工序整批零件加工结束后才开始进行加工。

平行移动方式是指每个零件在此道工序完工后，立即传送到下一道工序继续加工的移动方式。

平行顺序移动方式是结合顺序移动方式与平行移动方式两种方式的优点产生的移动方式；是指一批零件在上一道工序未全部加工完毕，就将已加工好的一部分零件转入下道工序加工的加工方式。这种移动方式既能与其他工序保持连续，又可以与其他工序平行地进行。

生产过程的时间组织，主要反映加工对象在生产过程中各工序之间的移动方式。生产对象的移动方式见表 5-1。

表 5-1 焊接生产的对象移动方式

移动方式	图 例	移动方式计算式
顺序移动方式		$T_顺 = n\sum_{i=1}^{m} t_i$ $T_顺$——生产周期 n——加工批量 m——工序数 t_i——第 i 工序单件工时
平行移动方式		$T_平 = \sum_{i=1}^{m} t_i + (n-1)t_长$ $T_平$——生产周期 $t_长$——各工序中最长的工序单件工时
平行顺序移动方式		$T_{平顺} = n\sum_{i=1}^{m} t_i - (n-1)\sum_{i=1}^{m-1} t_{i短}$ $T_{平顺}$——生产周期 $t_{i短}$——每一相邻两工序时间较短的单件工时

5.2 焊接结构生产工艺过程

焊接工艺过程是产品怎样加工、按什么步骤做、每步做到什么要求等的过程，也就是将逐步改变原材料、毛坯或半成品的几何形状、尺寸、相对位置和物理力学性能，使其成为成品或半成品的过程。它包括根据生产任务的性质、产品的图纸、技术要求和工厂条件，运用现代焊接技术及相应的金属材料加工和保护技术、无损检测技术等来完成焊接结构产品的全部生产过程中的一系列工艺过程。

焊接结构的制造，除了焊接外，还需经过许多工序，才能把各种类型的钢材制成符合设计要求的结构，达到使用性能的要求。尽管焊接结构形式各种各样，但生产工艺的一般步骤基本上是相似的。

焊接结构生产的工艺过程主要包括：材料预处理、备料（材料矫正、放样、下料、开坡口等）、装配、焊接、矫正变形及质量检验等工序。

5.2.1 钢材的变形矫正

使用的钢材经常会在加工前或者加工中甚至加工后发生变形，钢材变形的原因主要包括以下几方面：

① 钢材在储存和运输过程中产生的变形；

② 钢材在下料过程中产生的变形；

③ 钢材在轧制过程中产生的变形。

5.2.1.1 钢材在轧制过程中产生的变形

在轧制过程中钢材可能由于残余应力而引起变形。例如，在轧制钢板时，由于轧辊沿长度方向受热不均匀、轧辊弯曲、高速设备失衡等原因，造成轧辊间隙不一致，而使板料在宽度方向的压缩不均匀，延伸较多的部分受延伸较少部分的拘束而产生压缩应力，而延伸较少部分产生拉应力，因此，延伸较多部分在压缩作用下可能产生失稳而导致变形。

热轧厚板时，由于高温金属良好的热塑性和较大的横向刚度，延伸较多部分克服了相邻延伸较少部分对其力的作用，而产生了板材的不均匀伸长。

5.2.1.2 钢材在下料过程中引起的变形

钢材在下料时，一般要经过气割、剪切、冲裁、等离子弧切割等工序。钢材在加工过程中，有可能使其内应力得到释放引起变形，也可能由于受到外力不均匀产生变形。例如，将整张钢板割去一部分后，会使钢材在轧制过程中造成的应力得到释放引起变形。又如气割、等离子弧切割过程是对钢材局部进行加热而使其分离，这种不均匀的加热必然会产生残余应力，导致钢材不同程度变形，尤其是气割窄而长的钢板时边缘部位的钢板弯曲现象最明显。在进行剪切、冲裁等工序时，由于工件受到剪切，在剪切边缘必然产生很大的塑性变形。

5.2.1.3 钢材的矫正原理

钢材在厚度方向上可以假设成由多层纤维组成的。钢材处于平直状态时，各层纤维长度都相等，即 $ab=cd$，如图 5-4（a）所示。钢材弯曲后，各层纤维长度不一致，即 $a'b'\neq c'd'$。钢材的变形就是其中一部分纤维与另一部分纤维长度不一致造成的。矫正就是通过采用加热或加压的方式进行的，其过程就是把已伸长的纤维变短，把已缩短的纤维拉长。最终使钢板厚度方向的纤维长度一致。

5.2.1.4 钢材的矫正方法

钢材由于各方面的原因会产生变形，因此在使用钢材时应对钢材进行矫正，钢材的矫正方法主要有手工矫正、机械矫正、火焰矫正、高频热点矫正。

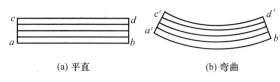

(a) 平直　　　　　　　(b) 弯曲

图 5-4　钢材平直和弯曲时纤维长度的变化

（1）手工矫正

手工矫正是采用手工工具，对已变形的钢材施加外力，以达到矫正变形的目的。手工矫正由于矫正力小、劳动强度大、效率低，因此常用于矫正尺寸较小薄板钢材。手工矫正时，根据刚性大小和变形情况不同，有反向变形法和锤击伸长法。

手工矫正主要矫正薄钢板的变形。薄钢板常见的变形有中间凸起、边缘成波浪形、对角翘起等，如图 5-5 所示。

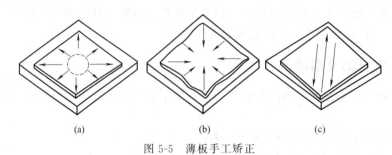

(a)   (b)   (c)

图 5-5 薄板手工矫正

图 5-5（a）所示中间凸起的矫正：薄钢板中间凸起，则说明中间纤维比四周纤维长，即通常所说的四周紧、中间松；矫正时，可由凸起的周围开始逐渐向四周锤击。

图 5-5（b）所示四周呈波浪变形的矫正：如果薄钢板四周呈波浪形，说明薄板中间部分纤维比四周短，即板的四周松而中间紧；矫正时，应从四周向中间逐步锤击。

图 5-5（c）所示对角翘起的矫正：薄钢板对角翘起则说明翘起部分纤维长，没翘起部分纤维短；矫正时，应沿没有翘起的对角线进行锤击，使其延伸而得到矫平。

（2）机械矫正

机械矫正是利用三点弯曲使构件产生一个与变形方向相反的变形，使结构件恢复平直。机械矫正使用的设备有专用设备和通用设备。专用设备有钢板矫正机、圆钢与钢管矫正机、型钢矫正机、型钢撑直机等；通用设备指一般的压力机、卷板机等。机械矫正通过机械动力或液压力对材料的不平直处给予拉伸、压缩或弯曲作用，使材料恢复平直状态，机械矫正的分类及适用范围见表 5-2。

钢板的矫正在矫正机上进行，其矫正原理为：矫正时钢板受轴辊的摩擦力所带动，当钢板通过上、下轴辊时，被强行反复弯曲，其弯曲应力超过材料的屈服极限，使其纤维产生塑性伸长，最后趋于平直。上、下轴辊呈交叉排列，下排轴辊为主动辊，由电动机驱动，它的位置不可调整。上排轴辊中，辊 2 为被动辊，它可作上、下调整。上排轴辊两边的轴辊为导向辊，它在钢板矫正时，不对钢板起弯曲作用，而是引导钢板进入矫正辊中或将钢板引出矫正辊，由于导向辊受力不大，其直径也相应较小。导向辊可上、下调整，也可单独驱动，如图 5-6 所示。

表 5-2 机械矫正分类及适用范围

矫正方法	适用范围
拉伸机矫正	薄板、型钢扭曲的矫正，管子、扁钢和线材弯曲的矫正
压力机矫正	中厚板弯曲矫正，中厚板扭曲矫正，型钢的扭曲矫正，工字钢、箱形梁等的上拱矫正，工字钢、箱形梁等的旁弯矫正，较大直径圆钢、钢管的弯曲矫正
撑直机矫正	较长面窄的钢板、弯曲及旁弯的矫正，槽钢、工字钢等上拱及旁弯的矫正，圆钢等较大尺寸、圆弧的弯曲矫正

上排辊倾斜的矫正机上排辊除可作上、下调整外，还可作倾斜调整，即将上排辊中心线

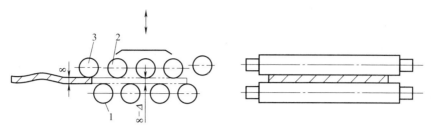

图 5-6　上、下排轴辊平行的矫正机工作示意图

1—下轧辊；2,3—上轧辊

与下排辊中心线调整成一个夹角 φ，因而上、下轴辊间的距离向出口端渐增，使钢板在矫正时轴辊间弯曲的曲率逐渐减小，以至于在最后一个轴辊前钢板的弯曲已接近于弹性弯曲。在钢板矫正时，头几对轴辊使钢板产生弯曲，其余各辊则产生附加拉力，因而可大大提高薄钢板的矫正质量，如图 5-7 所示。

　　具有成对导向辊的矫正机用于矫正薄钢板，这种矫正机所不同的是两端设有成对导向轴辊 1，导向辊的一端或两端做成可驱动的，板材被压在导向辊间，并使进料导向辊的圆周速度比中间工作辊低，钢板在导向辊与工作辊 2 间被拉紧。同

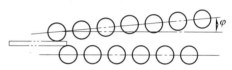

图 5-7　上排辊倾斜的矫正机工作示意图

样，使出料导向辊的圆周速度等于或稍大于工作辊的圆周速度，所以钢板在矫正过程中，除发生弯曲外，还有附加的拉力，这种矫正机矫正薄钢板，效果较好，如图 5-8 所示。

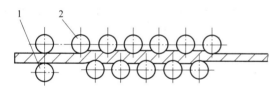

图 5-8　具有成对导向辊的矫平机工作示意图

1—导向轴辊；2—工作辊

型钢矫正原理和钢板矫正原理基本相同，当型钢通过上、下辊轮之间使其反复弯曲时，型钢纤维被拉长而矫正。在矫正时，型钢进入辊轮后要来回滚动几次便能矫直，这种矫正机不但能使弯曲型钢矫直，还能矫正型钢断面的几何形状。下图为型钢矫正机工作辊示意图。其上、下两列辊交错排列，上列辊的位置可以上、下调整，辊的形状与被矫正型钢的断面形状相同。当矫正断面形状不同的型钢时，辊轮可按型钢断面形状调换，如图 5-9 所示。

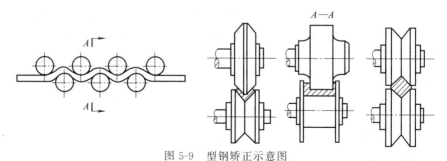

图 5-9　型钢矫正示意图

　　（3）火焰矫正

　　火焰矫正法是利用火焰对钢材的伸长部位进行局部加热，使其在较高温度下发生塑性变形，冷却后收缩而变短，这样使构件变形得到矫正。火焰矫正操作方便灵活，所以应用比较

广泛。

火焰矫正是采用火焰对钢材变形部位进行局部加热，利用钢材热胀冷缩的特性，使加热部分的纤维在四周较低温度部分的阻碍下膨胀，产生压缩塑性变形，冷却后纤维缩短，使纤维长度趋于一致，从而使变形得以矫正。

矫正效果与加热方式、加热位置、加热范围和加热温度有关。

加热方式有点状加热（主要用于薄板波浪变形）、线状加热（主要用于角变形）、面状加热（主要用于弯曲变形），如图5-10所示。

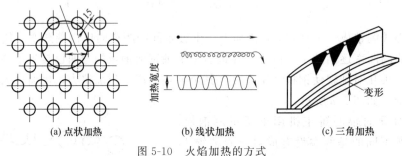

(a) 点状加热   (b) 线状加热   (c) 三角加热

图 5-10　火焰加热的方式

火焰矫正的效果主要取决于火焰加热的位置，不同的加热位置可以矫正不同形式的变形。加热位置应选择在金属纤维较长的部位，即材料弯曲部分外侧。

加热范围取决于变形量的大小。生产中常采用氧-乙炔火焰加热，应采用中性焰。一般钢材的加热温度应在 $600\sim800℃$，低碳钢不大于 $850℃$；对于厚钢板和变形较大的工件，加热温度取 $700\sim850℃$，加热速度要缓慢；对于薄钢板和变形较小的工件，加热温度取 $600\sim700℃$，加热速度要快；严禁在 $300\sim500℃$ 温度时进行矫正，以防钢材脆裂。

为了提高矫正质量和矫正效果，还可施加外力作用或在加热区域用水急冷，提高矫正效率。但对厚板和具有淬硬倾向的钢材（如高强度低合金钢、合金钢等），不能用水急冷，以防止产生裂纹和淬硬。

（4）高频热点矫正

高频热点矫正是在火焰矫正的基础上发展起来的一种新工艺，它可以矫正任何钢材的变形，尤其对尺寸较大、形状复杂的工件，效果更显著。其原理是：通入高频交流电的感应圈产生交变磁场，当感应圈靠近钢材时，钢材内部产生感应电流（即涡流），使钢材局部的温度立即升高，从而进行加热矫正。加热的位置与火焰矫正时相同，加热区域的大小取决于感应圈的形状和尺寸。感应圈一般不宜过大，否则加热慢；加热区域大，也会影响加热矫正的效果。一般加热时间为 $4\sim5s$，温度约为 $800℃$。

感应圈采用纯铜管制成宽 $5\sim20mm$、长 $20\sim40mm$ 的矩形，铜管内通水冷却。高频热点矫正与火焰矫正相比，不但效果显著，生产率高，而且操作简便。

5.2.2　钢材的预处理

钢材的预处理有机械除锈法、化学除锈法、火焰除锈法等。

（1）机械除锈法

机械除锈法常用的主要有喷砂（或抛丸）、手动砂轮或钢丝刷、砂布打磨、刮光或抛光等。喷砂（或抛丸）工艺是将干砂（或铁丸）从专门压缩空气装置中急速喷出，轰击到金属表面，将其表面的氧化物、污物打落，这种方法清理较彻底，效率也较高。但喷砂（或喷丸）工艺粉尘大，需要在专用车间或封闭条件下进行，同时经喷砂（或抛丸）处理的材料会产生一定的表面硬化，对零件的弯曲加工有不良影响。另外，喷砂（或抛丸）也常用在结构焊后涂装前的清理上。图 5-11 所示为钢材预处理生产线。

钢材经喷砂或抛丸除锈后，随即进行防护处理，其步骤为：

① 用经净化过的压缩空气将原材料表面吹净。

② 涂刷防护底漆或浸入钝化处理槽中，做钝化处理，钝化剂可用 10% 磷酸锰铁水溶液处理 10min，或用 2% 亚硝酸溶液处理 1min。

③ 将涂刷防护底漆后的钢材送入烘干炉中，用加热到 70℃ 的空气进行干燥处理。

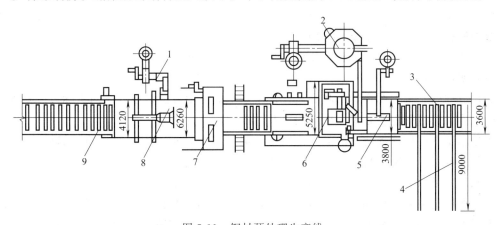

图 5-11　钢材预处理生产线

1—滤气器；2—除尘器；3—进料辊道；4—横向上料机构；5—预热室；6—抛丸机；7—喷漆机；
8—烘干室；9—出料辊道

（2）化学除锈法

化学除锈法就是利用具有腐蚀性的化学溶液对钢材表面进行腐蚀清洗。这种方法的优点是效率高、质量均匀而稳定，但是其缺点是成本比较高，而且会污染环境。化学除锈法一般分为酸洗法和碱洗法。酸洗法主要用于除去钢材表面的氧化皮、锈蚀物等污物；碱洗法主要用于去除钢材表面的油污。其工艺过程比较简单，一般是将配制好的酸、碱溶液装入槽内，将工件放入浸泡一定时间，然后取出用水冲洗干净，以防止余剂的腐蚀。

（3）火焰除锈法

火焰除锈为除锈工艺之一，火焰除锈代号为 Ft，主要工艺是先将基体表面锈层铲掉，再用火焰烘烤或加热，并配合使用动力钢丝刷清理加热表面。

火焰除锈的原理：利用火焰产生的高温将基体表面的污物（油污、碳化物、有机物）燃烧去除；同时在高温下，铁锈及氧化皮与基体热膨胀系数不同，产生凸起、开裂，从而与基体剥离，达到最终除锈（同时也除油）的目的。

火焰除锈适用于除掉旧的防腐层（漆膜）或带有油浸过的金属表面工程，不适用于薄壁的金属设备、管道，也不能使用在退火钢和可淬硬钢除锈工程上。目前火焰除锈法在国内外的大多数矿厂的使用都比较少。

火焰除锈的优点是方法非常简单，但是其缺点是会对部件产生不利的影响，尤其对于较薄的钢板，会产生局部过热。变形、产生热应力等，从而影响到产品的质量。

5.2.3 焊接结构零件备料工艺

在焊接生产过程中,装配时所需要零件的一切准备统称为备料。备料需要经过对原材料的矫正、划线、放样及号料、下料、开坡口、成形等过程。焊接结构的种类繁多,往往应用于航空、能源、工程机械、建筑、桥梁、船舶等多种领域,应用十分广泛。

5.2.3.1 放样

所谓放样就是在产品图样基础上,根据产品的结构特点、制造工艺要求等条件,按一定比例,准确绘制结构的全部或部分投影图,并进行结构的工艺处理和必要的计算及展开,最后获得产品制造过程所需要的数据、样杆、样板和草图等。一般包括结构处理、划基本线型以及展开三个部分。放样是制造金属结构的第一道工序,它对保证产品质量、缩短生产周期、节约原材料等都有着重要的作用。

金属结构的放样一般包括实尺放样、光学放样、展开放样等。

(1) 实尺放样

实尺放样就是根据图样的形状和尺寸,用基本的作图方法,以产品的实际大小划到放样台上的工作,其过程主要是识读施工图以及结构放样。

识读施工图要做到弄清产品的用途以及一般的技术要求,了解产品的外部尺寸、质量、材质、加工数量等概况并与本厂加工能力相比较,确定或熟悉产品制造工艺,弄清各部分投影关系和尺寸要求并确定可变动和不可变动的部位以及尺寸。

实尺放样是采用 1:1 的比例放样,根据图样的形状和尺寸,用基本的作图方法,以产品的实际大小,画到试样台上的工作。由于实尺放样是手工操作,因此要求工作细致、认真,有高度责任心。

(2) 展开放样

展开放样就是把各种立体的零件表面摊平的几何作图过程。展开放样是在结构放样的基础上,对不反映实形或需要展开的部件进行展开,以求取实形的过程。其过程包括:

① 板厚处理。根据加工过程中的各种因素,合理考虑板厚对构件形状、尺寸的影响,画出欲展开构件的单线图,以便根据其单线图展开。

② 展开作图。即利用画出的构建单线图,运用正投影理论和钣金展开的基本方法,做出构件的展开图。

③ 根据做出的展开图,制作号料样板或绘制号料草图。

在实际生产中,钢板厚度大于 1.5mm 时,将直接影响工件表面展开的长度、高度以及相关构件的接口尺寸。钢板厚度越大,对这些尺寸造成的影响也就越大。因此,考虑钢板厚度而改变展开作图的图形处理称为板厚处理。

图 5-12 (a) 所示是将一厚钢板卷弯成圆筒实例。由图可以看出纤维沿厚度方向的变形是不同的,弯曲后内缘的纤维受压缩而缩短,而外缘的纤维受拉伸而伸长。在内缘与外缘之间必然存在弯曲时既不伸长也不缩短的一层纤维,该层称为中性层,只有中性层的长度在弯曲过程中保持不变,因此,可作为展开尺寸的依据,见图 5-12 (b)。

一般情况下,中性层位于板厚中间与中心层重合,展开长度等于中心层长度。如果钢板较厚而弯曲半径较小时,弯曲部位中心层也被拉长,造成下料尺寸变小,原因是中性层已偏离了中心层所致(图 5-13),因此要引用移动系数 k。当钢板弯曲内半径 r 与板厚 δ 之比 $(r/\delta) \geqslant 5$ 时,$k=0.5$,即中性层与中心层重合;当 $r/\delta < 5$ 时,中性层向弯曲中心内侧偏

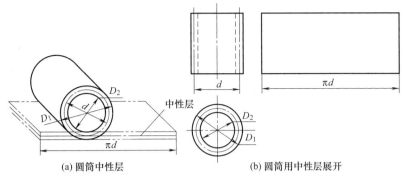

(a) 圆筒中性层　　　　　　(b) 圆筒用中性层展开

图 5-12　圆筒卷弯的中性层

离，偏离后的位置由下式计算：

$$R = r + k\delta \qquad (5-1)$$

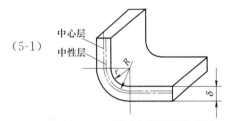

图 5-13　圆弧弯曲板的中性层

式中　　R——中性层半径，mm；

　　　　r——弯板内弧半径，mm；

　　　　δ——钢板厚度，mm；

　　　　k——中性层移动系数，其值查表 5-3。

表 5-3　中性层移动系数（经验数据）　　　　　　　　　　　mm

r/δ	0.5	0.6	0.7	0.8	1.0	1.2	1.5	2	3	4	5	>5
k	0.37	0.38	0.39	0.40	0.41	0.42	0.44	0.45	0.46	0.47	0.48	0.5

可展表面的展开放样方法有：平行线展开法、放射线展开法和三角形展开法。

平行线展开法是由相互平行直素线组成的表面且在投影图上都表现为实长时（如圆管、矩形管各种柱体等所组成的构件）都可用此法展开。平行线展开法的基本原理是将构件表面看作由无数条相互平行的素线组成，取两相邻素线及其两端线所围成的微小面积作为平面，只要将每一小平面的真实大小依次顺序地画在平面上就得到构件表面的展开图。

图 5-14 是用平行线展开法求等径三岔管座的展开图。

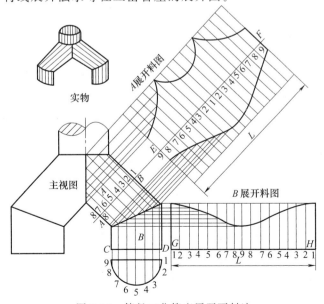

图 5-14　等径三岔管座展开下料法

　　首先按已知尺寸画出主视图（立面图）和平面图（断面图），并将平面图半圆周 8 等分（可任意等分平面图）。由各等分点向主视图引垂线及平行线交于 A、B 管接合线。其次作 A 管 AB 线和 B 管 CD 线的延长线，在延长线上截取长度 $L = \pi d$（d 为管径），在截取长度线上作 16 等分，由这些等分点分别作垂线。最后由接合线各交点向 A、B 展开图引垂线与其上相应的等分线相交于各点，把这些交点连成圆滑的曲线，即得到所求的展开图。

　　（3）光学放样

　　光学放样是一种新工艺。方法是将构件图样按 1∶5 或 1∶10 的比例画在平台上，然后缩小 5～10 倍进行摄影。使用时，通过光学系统将底片放大 10～100 倍在钢板上划线。这种方法具有减轻劳动强度、提高生产率、图样便于保存等优点，但是要求作图的精度高，放样工作者必须具有熟练的画图技术。图 5-15 为激光放样划线设备工作示意图。

图 5-15　激光放样划线设备及投影示意图

　　放样过程中因受到放样量具及工具精度和操作水平的影响，造成一定的尺寸偏差，称为放样误差。

　　5.2.3.2　划线

　　划线是根据设计图样及工艺要求（例如需要留取的加工余量或焊缝收缩量等），按照 1∶1 的比例，将待加工工件的形状尺寸以及各种加工符号划在钢板或经过初加工的胚料上的加工工序。

　　划线按照使用的工具可以分为手工划线和机械自动划线，手工划线又分为直接划线和样板划线。划线的方法分为立体划线法（在工件表面上划线）以及平面划线法（与几何作图相似）。划线时应该注意：熟悉图纸、检查钢板表面、材料垫平、注意合理安排用料。如果钢板两边不垂直，则需要去边，划线后应注明基准线、中心线及检验控制点。做记号时不得使用凿子一类的工具，少量的样冲标记其深度应不大于 0.5mm，钢板上不应留下任何永久性的划线痕迹。

　　5.2.3.3　号料

　　利用样板、样杆、号料草图放样得出的数据，在板料或型钢上画出零件真实的轮廓和孔口的真实形状，以及与之连接构件的位置线、加工线等，并注出加工符号，这一工作过程称为号料。

　　号料的重要作用就是提高材料的利用率，在实际的生产制造中比较常用的合理用料的方法有余料利用、集中套排以及分块排料法。为了表示材料的利用程度，将零件的总面积与板料总面积之比称为材料的利用率。用百分数表示，即：

$$\eta = \frac{\sum A_i}{A} \times 100\% \tag{5-2}$$

　　式中　η——材料的利用率；

　　　　　A_i——板料上某个零件的面积；

　　　　　A——板料的面积。

　　集中号料法就是把不同尺寸的零件集中在一起，用小件填充大件的间隙，可以提高材料的利用率。

余料利用是号料以后每一张钢板或者每一根型钢号料后，经常会出现一些形状以及长度大小不同的余料，企业将这些余料按照原材料的规格牌号等集中在一起，用于小型零件的号料，这样能够尽可能地提高对材料的使用效率。

在实际的生产中，分块排料法应用十分广泛，它就是在工艺允许的情况下，利用以小拼整的方法，提高材料的利用率。比如，在钢板上割制圆环零件时，可将圆环分成 2 个半圆环或者 4 个四分之一圆环，再拼焊而成，这比整体结构材料利用率高，以四分之一圆环为单元比以二分之一圆环为单元的材料利用率更高，分割情况如图 5-16 所示。

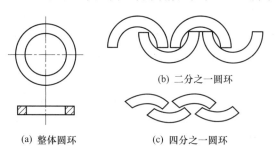

(a) 整体圆环　　(b) 二分之一圆环　　(c) 四分之一圆环

图 5-16　分块排料

5.2.3.4　下料

下料是指确定制作某个设备或产品所需的材料形状、数量或质量后，从整个或整批材料中取下一定形状、数量或质量的材料的操作过程。下料分为手工下料和机械下料。

（1）手工下料

手工下料主要有克切、锯割、砂轮切割以及气割等。

① 克切。冷作工的克切是利用上下克子刃口的切削运动对工件进行加工，原理与斜口剪床类似，不受工作位置和零件形状的限制，如图 5-17 所示。

② 锯割。锯割是指利用锯条锯断金属材料（或工件）或在工件上进行切槽的操作，分为手工锯割和机械锯割。手锯由锯弓和锯条两部分组成，经常用来切断规格比较小的型钢或者锯成切口；机械锯割需要在锯床上进行，主要用于比较粗的圆钢、钢管等，在焊接结构生产中应用不多，主要应用于机械加工车间以及锻造车间。

③ 砂轮切割。砂轮切割采用高速旋转的砂轮片切割钢材，利用薄片砂轮与钢材摩擦产生的热量将切割处的钢材熔

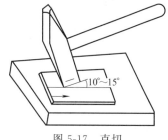

图 5-17　克切

化成"钢花"喷出，形成割缝。砂轮片是用纤维、树脂或橡胶将磨料粘合制成的。在熟练的手工操作中，砂轮可进行快速、准确地切割，而且切割得整齐、无毛刺。利用砂轮仅能进行直线切割，可以作为绝大多数用途。图 5-18 所示为砂轮切割机。

④ 气割。气割就是用氧-乙炔（或其他可燃气体，如丙烷、天然气等）火焰产生的热能对金属的切割。气割所用的可燃气体主要是乙炔、液化石油气和氢气。可燃气体与氧气的混合及切割氧的喷射是利用割炬来完成的，割炬的结构如图 5-19 所示。割炬是产生气体火焰、传递和调节切割热能的工具，其结构影响气割速度和质量。采用快速割嘴可提高切割速度，使切口平直，表面光洁。手工操作的气割割炬，用氧气和可燃气体的气瓶或发生器作为气源。

图 5-18 砂轮切割机

气割时，火焰在起割点将材料预热到燃点，然后喷射氧气流，使金属材料剧烈氧化燃烧，生成的氧化物熔渣被气流吹除，形成切口。气割用的氧纯度应大于99%，可燃气体一般用乙炔气，也可用石油气、天然气或煤气。用乙炔气的切割效率最高、质量较好，但是成本较高。

被气割的金属材料应具备下列条件：在纯氧中能剧烈燃烧，其燃点和熔渣的熔点必须低于材料本身的熔点；熔渣具有良好的流动性，易被气流吹除；导热性小，在切割过程中氧化反应能产生足够的热量，使切割部位的预热速度超过材料的导热速度，以保持切口前方的温度始终高于燃点，切割才不致中断。因此，气割一般只用于低碳钢、低合金钢和钛及钛合金。气割是各个工业部门常用的金属热切割方法，特别是手工气割使用灵活方便，是工厂零星下料、废品废料解体、安装和拆除工作中不可缺少的工艺方法。

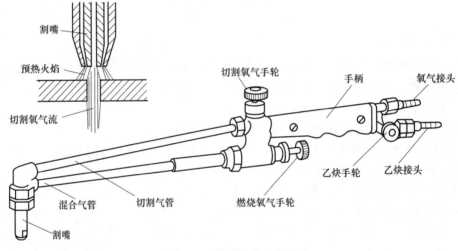

图 5-19 割炬结构示意图

气割的优点是：切割钢铁的速度比刀片移动式机械切割工艺快；气割可以很好地切割出难以切割的形状和厚度；设备费用比机械切割工具低；切割灵活，通过移动切割器在切割现场切割比较大的金属板。其缺点是：切割的金属范围基本上只限于碳钢和低合金钢的切割；切割时产生的红热熔渣会对操作者产生极大的烧伤危害；气割不适用于大范围的远距离切割。

影响气割质量的因素如下：

① 切割氧气如果纯度低于98%的话，氧气中的氮气等在切割时就会吸收热量，并在切口表面形成其他化合物薄膜，阻碍金属燃烧，使气割速度降低，氧气消耗量增加。

② 切割氧气的压力过低会引起金属燃烧不完全，降低了切割速度，且割缝间有粘渣现象。过高的压力反而使过剩的氧气起冷却作用，使切口表面不平，一般为0.45～0.5MPa。

③ 切割氧气最佳的射流长度可达500mm左右且有明晰的轮廓，此时吹渣流畅，切口光洁，棱角分明，否则粘渣严重，切口上下宽窄不一。

（2）机械下料

机械下料包括剪切、冲裁。剪切设备分为斜口剪床、平口剪床、圆盘剪床、龙门剪床等。冲裁是利用模具使板料分离的冲压工序。冲裁可分为落料和冲孔两种。冲裁时沿封闭曲线以内被分离的板料是零件时称为落料；封闭曲线以外的板料作为零件时称为冲孔。

① 斜口剪床。斜口剪床的剪切部分分为上下两个剪刀刃，下刀片固定在剪床的工作台部分，材料的剪切主要依靠两刀片的上下运动完成，见图 5-20（a）。在大块钢板上剪切窄而长的材料时，变形非常明显，见图 5-20（b）。这是由于上刀刃的下降会拨开已剪部分的板料，使其向下弯而产生弯扭变形，上刀刃倾斜角度越大，弯扭现象越严重。

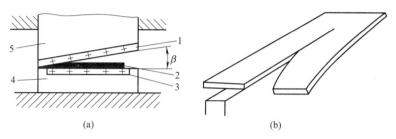

图 5-20　斜口剪床剪切示意图及弯扭现象
1—上刀片；2—板料；3—下刀片；4—工作台；5—滑块

② 平口剪床。如图 5-21 所示平口剪床同样具有上下两个刀刃，下刀刃固定在剪床的工作台前沿，上刀刃固定在剪床的滑块上，通过上下刀刃运动对板料进行剪切，由于上下刃互相平行，因此称为平口剪切。

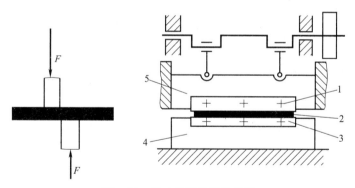

图 5-21　平口剪床剪切示意图
1—上刃口；2—板料；3—下刀刃；4—工作台；5—滑块

③ 龙门剪床。龙门剪床主要用于对直线的剪切，其刀刃比其他的剪切机的刀刃长，可以剪切较宽的板料，所以说龙门剪床是加工中应用最广的一种剪切设备。如 Q11-13×2500 剪板机型号含义为：Q 表示剪板机；11 表示剪板机形式；13 表示可剪板厚为 13mm；2500 表示可剪板宽为 2500mm。

④ 圆盘剪床。圆盘剪床的上下剪刀为圆盘状，剪切时上下圆盘刀以相同的速度旋转，被剪切的板料靠本身与刀片之间的摩擦力而进入刀片中完成剪切工作，见图 5-22。圆盘剪床剪切是连续的，生产率较高，能剪切各种曲线轮廓，但所剪切板料的弯曲现象严重，边缘有毛刺，一般适合于剪切较薄钢板的直线或曲线轮廓。

⑤ 振动剪床。振动剪床的工作原理与斜口剪床相同，但上下剪刀窄而尖，上剪刀 1 通

过连杆与曲柄连接，偏心轴直接由电动机带动，使上剪刀紧靠固定的下剪刀 2 作快速的往复运动，类似振动，其频率可达每分钟 1200～2000 次。其工作部分见图 5-23。

振动剪床能剪厚度在 3mm 以下钢板的各种曲线。振动剪床剪刀的刃口容易磨损，剪断面有毛刺，生产率很低，仅适于单件或小批生产。

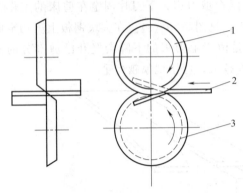

图 5-22　圆盘剪床工作简图
1—上圆盘刀刃；2—板料；3—下圆盘刀刃

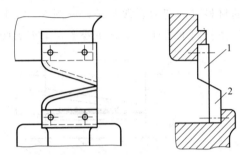

图 5-23　振动剪床工作部分
1—上剪刀；2—下剪刀

⑥ 冲裁。冲裁属于冲压工序，它是利用冲模使部分材料或工件与另一部分材料、工序或废料分离的工序。冲裁是剪切、落料、冲孔、剖切、凿切、切边、整修等分离工序的总称。

冲裁用的主要设备主要是不同的压力机，比如曲柄压力机和摩擦压力机。

冲裁时，板料分离的变形过程分为三个阶段，即弹性变形、塑性变形和断裂。在冲裁的断面会出现 4 个明显的特征区，有塌角、光亮带、断裂带以及毛刺，见图 5-24。

塌角区是由于塑性变形、收缩导致的；光亮区是由于凹凸模挤压切入导致的；断裂区是由挤压产生的应力集中产生小裂纹增大，最后发生断裂导致的；毛刺区是最后断裂时拉断形成的不规则的凸出。冲裁件四个特征区随着材料的力学性能、冲裁间隙等条件的不同而变化。

冲裁间隙指冲裁模的凸模与凹模刃口之间的间隙，如图 5-25 所示，单边间隙用 C 表示，双边间隙用 Z 表示。它的大小对冲裁件质量、模具寿命、冲裁力的影响很大，它是冲裁工艺与模具设计中的一个重要的工艺参数。

间隙合适，可使上下裂纹与最大切应力方向重合，此时产生的冲裁断面比较平直、光

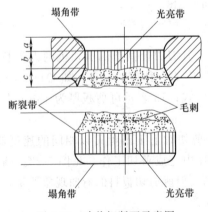

图 5-24　冲裁切断面示意图

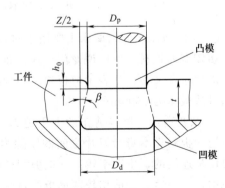

图 5-25　冲裁间隙

洁、毛刺较小，制件的断面质量较好，见图 5-26（b）。间隙过小或过大将导致上、下裂纹不重合。当间隙过小时，上下裂纹中间部分被第二次剪切，在断面上产生撕裂面，并形成第二个光亮带，见图 5-26（a），在端面出现挤长毛刺。当间隙过大时，板料所受弯曲与拉伸均变大，断面容易撕裂，使光亮带所占比例减小，产生较大塌角，粗糙的断裂带斜度增大，毛刺大而厚，难以除去，使冲裁断面质量下降，见图 5-26（c）。

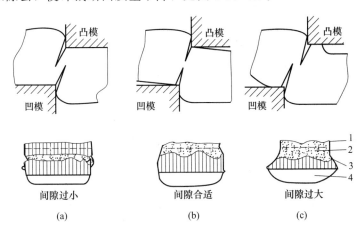

图 5-26　间隙对工件断面质量的影响
1—毛刺；2—断裂带；3—光亮带；4—圆角带

（3）数控切割

数控气割机的工作原理和程序如下：

首先对切割零件的图样进行分析，看零件图线是由哪几种线型组成，并分段编出指令；再将这些指令连接起来并确定出它的切割顺序，将顺序排成一个程序，并在纸带上穿孔；再通过光电输入机输入给计算机。切割时，计算机将这些纸带孔的含义翻译并显示出编码，同时发出加工信息，由执行系统去完成，即按程序控制气割机进行切割，就可得到预定要求的切割零件。图 5-27 为数控气割机的原理方框图。第Ⅰ部分是输入部分，根据所切割零件的图样和按计算机的要求，将图形划分成若干个线段——程序，然后用计算机所能阅读的语言——数字来表达这些图线，将这些程序及数字打成穿孔纸带，通过光电输入机输送给计算机；第Ⅱ部分是一台小型专用计算机，根据输入的程序和数字进行插补运算；从而控制第Ⅲ部分（气割机），使割炬按所需要的轨迹移动。

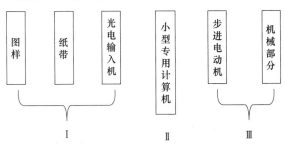

图 5-27　数控切割原理方框示意图

图 5-28 所示为常见的数控切割设备。工人通过计算机输入数据，调整割炬位置，启动设备，即可实现割炬沿横梁水平行走，支座带着横梁沿导轨做纵向移动，割炬按照指令即可

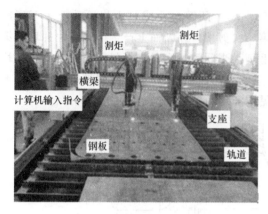

图 5-28　作业中的数控切割机

在钢板上完成零件的切割。

（4）等离子弧切割

等离子弧切割是利用等离子弧热能实现金属熔化的切割方法。根据切割气流种类不同，分为氮等离子弧切割、空气等离子弧切割和氧等离子弧切割等。

切割用等离子弧温度一般超过所有金属以及非金属的熔点。切割时等离子弧的高温能将被割材料迅速熔化，并随即用高速的离子气流将熔化的材料排开形成割口。与氧-乙炔焰切割相比，等离子弧的切割过程不是依靠氧化反应而是靠熔化来切割材料，因而比氧-乙炔切割的适用范围大得多，能够切割绝大部分金属和非金属材料。等离子弧除了可以切割碳钢及低合金钢外，还可以切割氧-乙炔焰不能切割的材料如铝合金、不锈钢等。

数控等离子切割机按类型来分可分为：台式数控等离子切割机，龙门式数控等离子切割机，便携式数控等离子切割机。数控等离子切割机以工作方式来分，有干式等离子、半干式等离子、水下等离子之分。等离子弧割嘴因工作温度高易损坏，而等离子在水下切割能消除切割时产生的噪声、粉尘、有害气体和弧光的污染，有效地改善工作场合的环境。采用精细等离子切割已使切割质量接近激光切割水平，目前随着大功率等离子切割技术的成熟，切割厚度已超过 150mm，也使得数控等离子切割机切割范围得到了拓宽。图 5-29 所示为水下等离子弧切割，切割时割嘴沉没在水下，加快割嘴冷却，同时减少粉尘和噪声。

图 5-29　数控水下等离子弧切割机

（5）激光切割

激光切割是利用高能量密度的激光束作为切割刀具，对材料进行热切割的切割方法。随着切割工艺的不断发展，激光切割技术可以实现各种金属、非金属、复合材料等许多复杂的零件的切割，广泛应用于航空航天、汽车以及工程机械等领域。

激光切割的原理是利用经过聚焦的高功率密度激光束扫描工件表面，在极短的时间内将材料局部加热到几千甚至上万摄氏度，图 5-30 所示是激光器利用原子或分子受激辐射的原理，使工作物质产生激光光束，激光光束再经聚焦系统在工件上聚焦后；几毫秒内光能转变为热能，产生一万摄氏度以上的高温，使被照射的材料迅速达到熔点、熔化、气化，同时借助与光束同轴的高速气流吹除熔融物质，实现将工件割开，达到切割材料的目的。

激光切割的切割质量影响因素较多，比如，材料本身、焦点位置、切割喷嘴、切割速度、切割辅助气体、激光功率、外界温度等。在切割不同材料时，应选合适的切割因素，获得较好的切割质量。

（6）水切割

水射流切割技术又称超高压水刀。当水被加压至很高的压力并且从特制的喷嘴小开孔（其直径为 $0.1\sim0.5$mm）通过时，可产生一道速度达每秒近千米（约音速的三倍）的水箭，此高速水可切割各种软质材料包括食品、纸张、纸尿片、橡胶及泡棉，此种切割被称为纯水切割。而当少量的砂如石榴砂（石榴砂是一种用途广泛的工业磨料，在水刀加工玻璃、石材、金属、不锈钢等的切割、拼花、异形加工、打孔等方面都有它的身影，而在喷砂扫砂行业也离不开它）被加入水射流中与其混合时，所产生的加砂水射流，实际上可切割任何硬质材料，包括金属、复合材料、石材及玻璃。图 5-31 为高压水切割原理示意图。

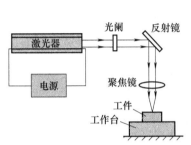

图 5-30　激光切割器工作原理示意图

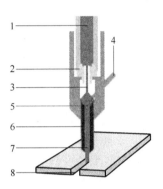

图 5-31　水切割原理示意图

1—高压水；2—喷嘴；3—高压水射流；4—磨料供给；
5—混砂腔；6—磨料喷嘴；7—高压
水磨料射流；8—刀口

5.2.4　零件的成形加工工艺

（1）弯曲成形

弯曲是用机械设备将金属板料弯曲成形的加工方法，有机械压弯和滚弯两种方法。

为了说明板料弯曲时产生的变形情况，弯曲前在板料弯曲部分划出弯曲始线、弯曲中线和弯曲终线，然后弯曲成形，见图 5-32。

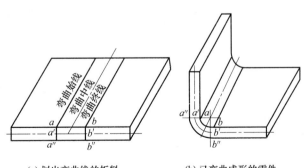

(a) 划出弯曲线的板料　　　(b) 已弯曲成形的零件

图 5-32　板料弯曲时的变形

弯曲前，板料断面上三条线相等，见图 5-32（a），即 $ab=a'b'=a''b''$；弯曲后内层缩短，外层伸长，见图 5-32（b），即 $ab<a'b'<a''b''$。这说明板料在弯曲时，内层的材料因受压而缩短，外层的材料因受拉而伸长。在拉伸与压缩之间，有一层材料长度不发生变化，这一层称为中性层。

在弯曲时，对窄的板料（宽度小于板厚的 3 倍时），在弯曲区的外层，因受拉伸宽度要缩小，内层因压缩要增加，见图 5-33；对宽的板料（宽度大于板厚的 3 倍时），由于横向变形受到宽度方向大量材料的阻碍，因此宽度基本不变。

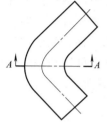

图 5-33 窄板料弯曲时宽度变化对弯曲半径的影响

板料弯曲后，在弯曲区内厚度一般要变薄，并产生冷作硬化，因此刚度增加，弯曲区内的材料显得又硬又脆。所以如果反复弯曲，或弯曲圆角太小时，由于拉压及冷作硬化很容易断裂，因此弯曲时，对弯曲次数和圆角半径要加以限制。

① 最小弯曲半径。最小弯曲半径，一般是指用压弯方法可以得到的零件内边半径的最小值。弯曲时，最小弯曲受到板料外层最大许可拉伸变形程度的限制，超过这个变形程度，板料将产生裂纹。因此，材料的最小弯曲半径是设计弯曲件、制订工艺规程所必须考虑的一个重要问题。

影响材料最小弯曲半径的因素有：弯曲角 α、材料的方向性、材料表面质量及剪断面质量。在相对于弯曲半径 r/δ 相同的条件下，弯曲角 α 越小，材料外层受拉伸的程度越小而不易弯裂，最小弯曲半径可以取较小值。反之，弯曲角 α 越大，最小弯曲半径也应增大；轧制的钢材形成各向异性的纤维组织，钢材平行于纤维方向的塑性指标大于垂直于纤维方向的塑性指标。因此，当弯曲线与纤维方向垂直时，材料不易断裂，弯曲半径可以小些；当材料剪断面质量和表面质量较差时，弯曲时易造成应力集中使材料过早破坏，这种情况下应采用较大的弯曲半径；材料的厚度和宽度等因素也对最小弯曲半径有影响。如薄板可以取较小的弯曲半径，窄板料也可取较小的弯曲半径。

② 材料的纤维方向。经轧制的板材各方向的性能不一样。所以当弯曲线与材料纤维方向垂直时，可用较小的弯曲半径，见图 5-34（a）；如果弯曲线与纤维方向平行时，弯曲半径应增大，否则容易破裂，见图 5-34（b）；沿几个方向弯曲时，应使弯曲线与纤维方向成一定角度，一般为 30°，见图 5-34（c）。

③ 板料边缘的毛刺，毛刺会引起应力集中。如果毛刺在弯角的外侧，则往往引起过大

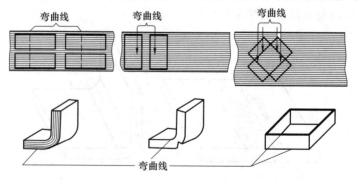

(a) 弯曲线与纤维方向垂直　(b) 弯曲线与纤维方向平行　(c) 弯曲线与纤维方向成一定角度

图 5-34　纤维方向对弯曲半径的影响

的拉应力，而将工件拉裂，因此必须增大弯曲半径。反之，若毛刺处于内侧，则由于内层是压应力，不致引起开裂，因此，相应的最小弯曲半径就可减小一些。为了防止开裂，弯曲前应清除边缘毛刺，在弯边的交接处钻止裂孔，见图 5-35。

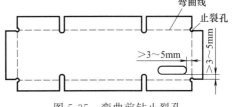

图 5-35　弯曲前钻止裂孔

④ 弯曲回弹。材料的弯曲和其他变形方式一样，在塑性变形的同时，存在有弹性变形。由于弯曲时，板料外表面受拉，内表面受压，因此当外力去掉后，弯曲件要产生角度和半径的回弹（又称回跳）。回弹的角度称回弹角（或回跳角）。影响回弹角的因素很多，如零件形状、模具结构等，到目前为止，还无法用公式计算出适合于各种具体条件的回弹值来，因而在制造模具时，一般都需进行试压，反复修正模具的工作部分，以消除回弹。

（2）折弯成形

在折弯机上使用弯曲模具进行弯曲成形的加工方法称为机械折弯。压弯成形时，材料的弯曲变形可以有自由弯曲、接触弯曲和校正弯曲三种方式，如图 5-36 所示。材料弯曲时，板料仅与凸、凹模三条线接触，弯曲圆角半径 r_1 是自然形成的，这种弯曲方式称作自由弯曲，如图 5-36（a）所示；若板料弯曲到直边与凹模表面平行，而且在长度方向上互相靠紧时停止弯曲，则弯曲件的角度等于模具的角度，而弯曲圆角半径 r_2 仍靠自然形成的，这种弯曲方式称作接触弯曲，如图 5-36（b）所示；若将板料弯曲到与凸凹模完全紧靠，则弯曲圆角半径 r_1 等于模具圆角半径 $r_凸$ 时，才结束弯曲，这种弯曲方式称作校正弯曲，如图 5-36（c）所示。

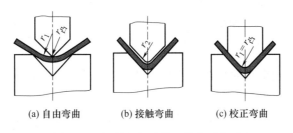

(a) 自由弯曲　　　(b) 接触弯曲　　　(c) 校正弯曲

图 5-36　板料弯曲时的三种变形方式

采用自由弯曲，所需弯力小，但工作时靠调整凹模槽口的宽度和凸模的下死点位置来保证零件的形状，批量生产时弯曲件质量不稳定，所以它多用于小批生产中大型零件的压弯。

采用接触弯曲或校正弯曲时，由模具保证弯曲件精度，弯曲件质量较高而且稳定，但所需弯曲力较大，并且模具制造周期长、费用高。所以它多用于大批量生产中的中、小型零件的压弯。

折弯机上用的弯曲模具可分为通用和专用模具两类。图 5-37 和图 5-38 分别是 V 形件和 Z 形件的弯曲模具图。

通用模具上模一般是 V 形的，有直臂式和曲臂式两种，下端的圆角半径是做成几种固定尺寸组成一套，圆角较小的上模夹角制成 15°。下模一般是在四个面上分别加工出适应机床弯制零件的几种固定槽口，槽口的形状一般是 V 形，也有矩形，都能弯制钝角和锐角零件。

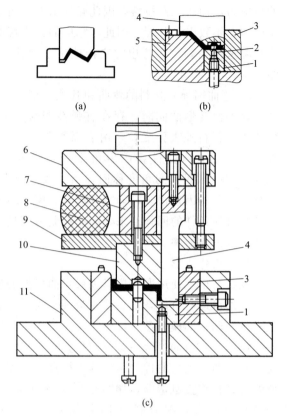

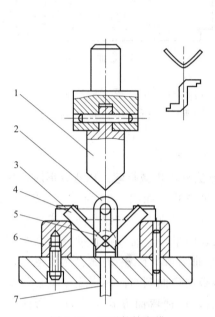

图 5-37　V 形件精弯模

1—凸模；2—支架；3—定位板；4—活动凹模；

5—转轴；6—支承板；7—顶杆

图 5-38　Z 形件弯曲模

1—顶板；2—定位销；3—侧压块；4—凸模；

5—凹模；6—上模座；7—压块；8—橡皮；

9—凸模固定板；10—活动凸模；11—下模座

　　采用通用弯曲模弯制多角的复杂零件时，根据弯角的数目、弯曲半径和零件的形状，须经多次调整挡板和更换上模及下模。

　　若弯曲的零件［图 5-39（a）］的弯曲半径相同而各部分尺寸不相等，弯曲时须多次调整挡板位置；下模可用同一槽口，在前三次弯曲时，可采用直臂式上模［图 5-39（b）］；最后一次采用曲臂式上模［图 5-39（c）］。

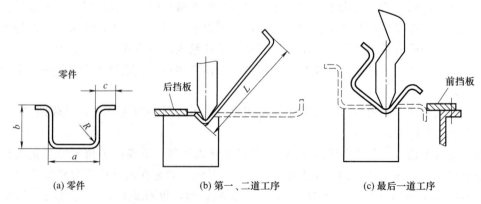

(a) 零件　　　　　　　　(b) 第一、二道工序　　　　　　　(c) 最后一道工序

图 5-39　槽形零件弯曲工序

（3）滚弯成形

通过旋转的辊轴，使坯料弯曲的方法叫卷弯。滚弯的基本原理见图 5-40，若坯料静止地放在下辊轴上，下表面与下辊轴的最高点 b、c 相接触，上表面恰好与上辊轴的最低点 a 相接触，这时上下辊轴间的垂直距离正好等于料厚。当下辊轴不动上辊轴下降，或上辊轴不动下辊轴上升时，间距便小于板料厚，若把辊轴看成是不发生变形的刚性轴，则板料便产生弯曲。如果连续不断地滚压，坯料在全部所滚到的范围内便形成圆滑的曲面，坯料的两端由于滚不到，仍是直的，在成形零件时，必须设法消除。所以滚弯的实质就是连续不断地压弯，即

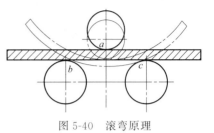

图 5-40 滚弯原理

通过旋转的辊轴 [图 5-41（a）]，使坯料在辊轴的作用力和摩擦力的作用下 [图 5-41（b）] 自动向前推进并产生弯曲 [图 5-41（c）]。

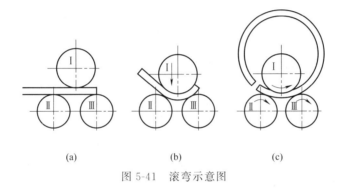

(a)　　　　　　(b)　　　　　　(c)

图 5-41 滚弯示意图

滚弯的最大优点是通用性大，板料的滚弯不需制造任何特种工艺装备，而型材的滚弯只需制作适合于不同剖面形状、尺寸的各种滚轮，因此，生产准备周期短，所用机床的结构简单。滚弯的缺点是生产率较低，板料零件一般须经过反复试卷才能获得所需的曲度。

滚弯卷板工艺包括预弯、对中和滚弯三个过程。

① 预弯（压头）。板料在卷板机上弯曲时，两端边缘总会有剩余直边，一般对称弯曲时剩余直边约为板厚的 6～20 倍，不对称弯曲时为对称弯曲时的 1/10～1/6。为了消除剩余直边应先对板料进行预弯，使剩余直边弯曲到所需曲率半径后再卷弯。对于圆度要求很高的圆筒，即使采用四辊卷板机卷制，也应事先进行模压预弯。

预弯的方法有两种：一种方法是在三辊或四辊卷板机上预弯，适用于较薄的板材；另一种方法是在压力机上预弯，适用于各种厚度的板材。

卷板机上预弯过程如图 5-42 所示。事先准备一块较厚的钢板弯成一定的曲率作为预弯模，其厚度 δ_0 应大于需弯工件厚度 δ 的两倍，宽度也应比预弯的工件宽。预弯时，先把预弯模放入卷板机，再将板料置于预弯模上，压下上辊并使预弯模来回滚动，使板料边缘达到所需要的弯曲半径。有时板料和预弯模的总厚度很大，为避免压下量过大而过载损坏设备，板料弯的曲率应小于预弯模的曲率，如果要求预弯的曲率较大，则可以采用在预弯模上加垫板的办法解决。图 5-43 所示为在水压机或油压机上用模具预弯。批量较大的零件可以采用专用模具，对于批量较小或半径变化较大的零件，可以采用调节上模压下量的方法来获得不同曲率。

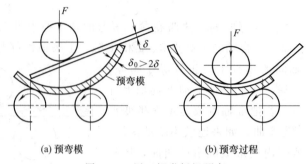

(a) 预弯模　　　　　　　　　　(b) 预弯过程

图 5-42　用三辊卷板机预弯

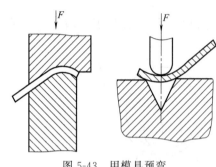

图 5-43　用模具预弯

卷弯时只有钢板与上辊轴接触的部分才能得到弯曲，所以钢板的两端各有一段长度不能发生弯曲，这段长度称为剩余直边。剩余直边的大小与设备的弯曲形式有关，钢板弯曲时的理论剩余值见表 5-4。

② 对中。在卷弯时如果板料放不正，卷弯后就会发生歪扭；如果在卷弯前将辊的中心线与钢板的中心线平行，即所谓对中。对中的目的是使工件的素线与辊轴轴线平行，防止产生扭斜，保证滚弯后工件几何形状准确。对中的方法有侧辊对中、专用挡板对中、倾斜进料对中、侧辊开槽对中等，如图 5-44 所示。

表 5-4　钢板弯曲时的理论剩余直边值

设备类型		卷 板 机			压力机
弯曲形式		对称弯曲	不 对 称 弯 曲		模具压弯
			三 辊	四 辊	
剩余直边	冷弯	$L/2$	$(1.5\sim2)\delta$	$(1\sim2)/\delta$	1.0δ
	热弯	$L/2$	$(1.3\sim1.5)\delta$	$(0.75\sim1)\delta$	0.5δ

注：式中，L 为卷板机侧辊中心距；δ 为钢板厚度。

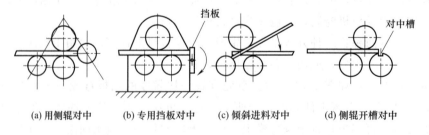

(a) 用侧辊对中　　(b) 专用挡板对中　　(c) 倾斜进料对中　　(d) 侧辊开槽对中

图 5-44　几种对中方法

常用低碳钢、普低钢的热卷加热温度为 $900\sim1050℃$，终止温度不低于 $700℃$。热卷能防止板料的加工硬化现象，但热卷时操作困难，氧化皮危害较大，板料变薄也较严重。因此，也可以试用温卷，即把钢板加热到 $500\sim600℃$ 时进行卷弯。

冷卷时，上辊的压下量取决于来回滚动的次数、要求的曲率以及材料的回弹。因此，实际工作中常采用逐渐分几次压下上辊并随时用卡样板检查的办法卷弯。对于薄板件来说，可以卷得曲率比要求大一些，用锤在外面轻敲就可矫正，而曲率不足时则不易矫正。在卷弯较厚钢板时，一定要常检查，仔细调节压下量，一旦曲率过大就很难矫正。

③ 矫正棱角的方法。由于压头曲率不正确或卷弯时曲率不均匀，可能出现接口外凸或内凹的缺陷，可以在定位焊或焊接后进行局部压制卷弯，见图 5-45。对于壁厚较厚的圆筒，焊后经适当加热再放入卷板机内经长时间加压滚动，可以把圆筒矫得很圆。

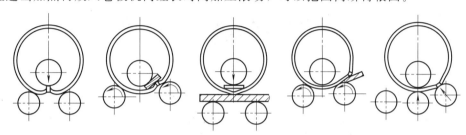

图 5-45　矫正棱角的几种方法

圆锥面的素线不是平行的，所以不能用三个辊互相平行的卷板机卷制出来，但是，可采取调整上轴辊使其倾斜适当角度，然后在很小的区域内压制并稍作滚动。这样每次压卷一个小区域后，必须转动钢板后再压卷下一个区域，也可卷制出质量较好的圆锥面。图 5-46 为在三辊卷板机上调整上轴辊滚弯锥形示意图。

还有分段滚制法，如图 5-47 所示，利用锥面素线，将板料划分若干小段。滚弯时，将上轴辊与小段的中线对正压下，在小段范围内来回滚压。滚完一段后随即移动板料，依然按上述方法滚制。这样通过分段移动板料，形成锥面两口的进给速度差。分段越多，锥面成形越好。

图 5-46　滚弯锥形

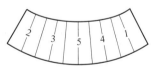

(a) 板料分段滚制顺序

(b) 分段滚制

图 5-47　锥面分段滚制示意图

型材滚弯与板材滚弯的不同点在于：型材滚弯时，需要按型材的断面形状设计制造滚轮，将滚轮装在辊轴上，通过滚轮进行滚弯。所以每滚弯一种零件，就需更换一次滚轮。图 5-48 所示为槽钢型材滚弯过程。

（4）管子弯曲成形

管子弯曲时的应力分布见图 5-49（a）。管子在受外力矩的作用下产生弯曲，使管子外侧受到拉应力作用，管壁减薄。内侧受到压应力作用，使管壁增厚或折皱。因外侧拉应力的合力 F_1 向下，内侧压应力的合力 F_2 向上，使管子的横截面受压而变形，出现椭圆形。管子

图 5-48　槽钢滚弯

受外力的作用，产生椭圆形的变形。这种变形在不同弯曲条件下，具体的变形是不相同的，图 5-49（b）所示是管子在自由状态弯曲时，断面变成的椭圆形；管子壁较厚用带半圆形槽的模具弯曲时，其变形情况如图 5-49（c）所示；管壁较薄时的变形情况见图 5-49（d）。

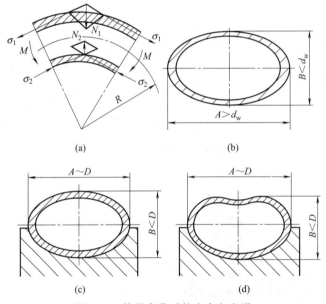

图 5-49　管子弯曲时的应力和变形

　　管子弯曲时的变形程度，取决于相对弯曲半径和相对壁厚的大小。所谓相对弯曲半径，就是指管子中心线的弯曲半径与管子外径之比；相对壁厚，是指管子壁厚与管子外径之比。如果相对弯曲半径和相对壁厚值较小，管子的截面变形严重时会引起管子外壁破裂，内壁起皱成波浪形。因此，为防止管子在弯曲过程产生破裂、起皱等缺陷，在弯曲前，必须考虑管子最小弯曲半径和最小弯曲半径允许值。

5.2.5　零件的拉深成形

5.2.5.1　拉深原理

　　拉深也称拉延、拉伸、压延等，是指利用模具，将冲裁后得到的一定形状平板毛坯冲压成各种开口空心零件或将开口空心毛坯减小直径，增大高度的一种机械加工工艺。用拉深工艺可以制造成筒形、阶梯形、锥形、球形、盒形和其他不规则形状的薄壁零件。与翻边、胀形、扩口、缩口等其他冲压成形工艺配合，还能制造形状极为复杂的零件。因此在汽车、飞机、拖拉机、电器、仪表、电子等工业部门的生产过程中应用。

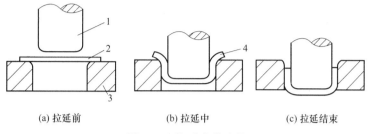

(a) 拉延前   (b) 拉延中   (c) 拉延结束

图 5-50　拉延成形过程

1—凸模；2—坯料；3—凹模；4—凸缘

图 5-50 所示为拉延成形过程。凸模往下压时先与坯料接触，然后强行把坯料压入凹模，迫使坯料分别转变为筒底、筒壁和凸缘，随着上模的下压、凸缘的径向逐渐缩小，筒壁部分逐渐增长，最后凸缘部分全部转变为筒壁。在圆筒形件拉延过程中，凸缘部分的材料受切向压应力的作用。当切向压应力达到一定值时，凸缘部分材料失去稳定而在整个周边方向出现连续的波浪形弯曲，这种现象称为起皱。拉深时产生破裂的原因，是筒壁总拉应力增大，超过了筒壁最薄弱处（即筒壁的底部转角处）的材料强度。起皱和破裂的拉延废品如图 5-51 所示。

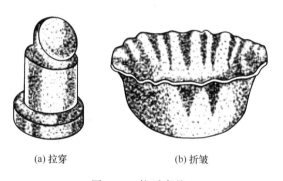

(a) 拉穿   (b) 折皱

图 5-51　拉延废品

5.2.5.2　封头拉深

封头是容器生产常用零件，封头拉延过程中拉延件各部位的壁厚变化如图 5-52 所示，是椭圆形封头和球形封头拉延后测得的壁厚变化情况。图 5-52（a）中所示椭圆形封头在曲

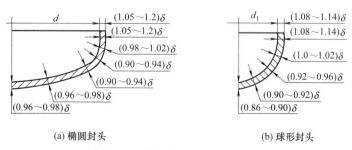

(a) 椭圆封头   (b) 球形封头

图 5-52　碳钢封头壁厚变化情况

率半径最小处变薄，一般壁厚减薄率为：碳钢封头可达 $8\%\sim10\%$；铝封头达 $12\%\sim15\%$。球形封头在底部变薄最严重，可达 $12\%\sim14\%$，如图 5-52（b）所示。

为了弥补封头壁厚的变薄，可以适当加大封头毛坯料的板厚，以使封头变薄处的厚度接近容器的壁厚。

5.2.5.3 封头的拉延方法

封头可按其毛坯料直径与封头内径之差的大小，划分为薄壁形封头、中壁封头和厚壁封头三种。其中薄壁封头的拉延方法见表 5-5。

表 5-5 薄壁封头压制方法

压制方法	简 图	说 明	适用范围
多次拉延法	I—第一次预成形 II—最后预成形	第一次：用比凸模直径小 200mm 左右的凹模压成碟形，可 2~3 块坯料叠压 第二次：用配套的凹模压成所需要的封头。必要时可分 2~3 次拉延	$D_n\geqslant2000mm$ $48\delta<D_p-D_n<60\delta$
用锥面压边圈拉延法		将压边圈及凹模工作面做成锥面，可改善拉延变形情况，一般 $\alpha=20°\sim30°$	$45\delta\leqslant D_p-D_n\leqslant60\delta$
反拉延法		坯料在成形过程中应力与正拉延基本相同 优点：可减少工序数目，提高工件质量	$60\delta<D_p-D_n<120\delta$
用槛形拉延筋拉延法		用槛形拉延筋来增大毛坯法兰边的变形阻力和摩擦力，以增加径向拉应力，提高压边效果	$45\delta\leqslant D_p-D_n\leqslant160\delta$
夹板拉延法	夹板 薄板	将坯料夹在两块厚钢板中间，或将坯料粘贴在一块厚钢板之上，周边焊成一整体，然后加热压制	$\delta<4mm$ 的贵重金属或不宜直接与火焰接触的材料
加大坯料拉延法		常与多次拉延法一起使用，最后将凸缘及直边折皱部分分割去，最后一次拉延通常采用冷压，坯料应比计算值大 $10\%\sim15\%$ 左右，但不大于 300mm	$45\delta\leqslant D_p-D_n\leqslant160\delta$

5.2.6 其他零件成形方法

5.2.6.1 旋压工艺

旋压是将平板或空心坯料固定在旋压机模具上，在坯料随机床主轴转动的同时，用旋轮或赶棒加压于坯料，使之产生局部的塑性变形。旋压是一种特殊的成形方法。用旋压方法可以完成各种形状旋转体的拉深、翻边、缩口、胀形和卷边等工艺。

旋压加工的优点是设备和模具都比较简单，除可成形如圆筒形、锥形、抛物面形或其他各种曲线构成的旋转体外，还可加工相当复杂形状的旋转体零件；缺点是生产率较低、劳动强度较大，比较适用于试制和小批量生产。

图 5-53 为旋压工作简图。毛坯 3 用尾顶针 4 上的压块 5 紧紧压在模胎 2 上，当主轴 1 旋转时，毛坯和模胎一起旋转，操作旋棒 6 对毛坯施加压力，同时旋棒又做纵向运动，开始旋棒与毛坯是一点接触，由于主轴旋转和旋棒向前运动，毛坯在旋棒的压力作用下产生由点到线及由线到面的变形，逐渐地被赶向模胎，直到最后与模胎贴合为止，完成旋压成形。

5.2.6.2　爆炸压制成形

爆炸压制成形是利用爆炸物质在爆炸瞬间释放出巨大的化学能对金属坯料进行加工的高效率成形方法。爆炸是能量在极短时间内的快速释放。爆炸包括物理爆炸、化学爆炸和核爆炸。利用可控爆炸从事的某些加工作业叫爆炸成形。这里所谓"爆炸成形"是指利用化学爆炸所进行的加工。

爆炸压制成形的原理是成形时爆炸物质的化学能在极短时间内转化为周围介质（空气或水）中的高压冲击波，并以脉冲波的形式作用于坯料，使其产生塑性变形并以一定速度贴模，完成成形过程。装置如图 5-54 所示。

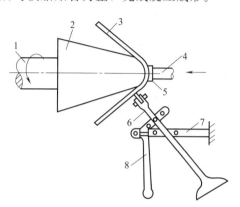

图 5-53　旋压工作简图

1—主轴；2—模胎；3—毛坯；4—尾顶针；
5—压块；6—旋棒；7—支架；8—助力臂

爆炸成形具有模具结构简单，可加工形状复杂、难以用钢性模加工的空心工件，不需专用设备，周期短，成本低等优点。但是对于大型厚壁封头，由于爆炸用药量多，不易控制。

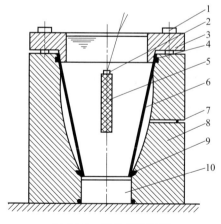

图 5-54　爆炸成形装置

1—纤维板；2—炸药；3—绳；4—坯料；
5—密封袋；6—压边圈；7—密封圈；
8—定位圈；9—凹板；10—抽气孔

5.2.7　焊接结构的装配

5.2.7.1　装配基准选择

装配基准是指某些作为依据的、用来确定另外一些点、线、面位置的点、线、面。按不同的用途，基准一般分为设计基准和工艺基准两大类。

（1）设计基准

设计基准是按照产品的不同特点和产品在使用中的具体要求所选定的点、线、面，而其他的点、线、面是根据它来确定的。

（2）工艺基准

工艺基准也叫生产基准，它是指工件在加工制造过程中应用的基准。它仅在制造零件和装配等过程中才起作用，它与设计基准可以重合，也可以不重合。装配常用的工艺基准有：原始基准、测量基准、定位基准、检查基准和辅助基准等。

① 原始基准。加工或划线等最初度量尺寸的依据，称原始基准。如零件的毛边不太平直时，仅用毛边作为划线的原始基准。当划线使基准被确定后，原始基准就不作为主要基准了。

② 测量基准。测量工件尺寸的起点称测量基准。

③ 定位基准。工件在夹具或平台上定位时，用来确定工件位置的点、线、面，叫作定位基准。

④ 检查基准。检查工件几何形状或尺寸时所用到的点、线、面，叫作检查基准。

⑤ 辅助基准。当工件上点、线、面不能直接测量、检查时，需要另设起过渡作用的点、线、面为基准，这些基准称辅助基准。

（3）装配基准面的选择

工件和装配平台（或夹具）相接触的面称为装配基准面，装配基准面常按下列几点进行选择：①工件的外形有平面也有曲面时，应以平面作为装配基准面；②在工件上有若干个平面的情况下，应选择较大的平面作为装配基准面；③根据工件的用途，选择最重要的面（如经过机械加工的面）作为装配基准面；④选择的装配基准面要使装配过程中便于工件定位和夹紧。

5.2.7.2 零件的装配方法

焊接结构生产中应用的装配方法很多，根据结构的形状尺寸、复杂程度以及生产性质等进行选择。装配方法按定位方式不同可分为划线定位装配、工装定位装配；按装配地点不同可分为工件固定式装配、工件移动式装配。

（1）划线定位装配法

划线定位装配法是利用在零件表面或装配台表面划出工件的中心线、接合线、轮廓线等作为定位线，来确定零件间的相互位置，以定位焊固定进行装配。

图 5-55（a）所示是以划在工件底板上的中心线和接合线作定位基准线，以确定槽钢、立板和三角形加强肋的位置；图 5-55（b）所示是利用大圆筒盖板上的中心线和小圆筒上的等分线（也常称其为中心线）来确定两者的相对位置。

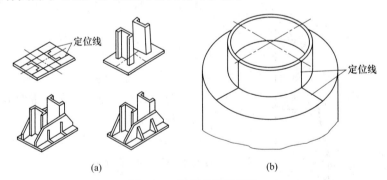

(a)　　　　　　　　　　　　　　(b)

图 5-55　划线定位装配法

（2）工装定位装配法

主要有下列几种方法：

① 样板定位装配法。它是利用样板来确定零件的位置、角度等的定位，然后夹紧并经定位焊完成装配的装配方法，常用于钢板与钢板之间的角度装配和容器上各种管口的安装。

图 5-56 所示为斜 T 形结构的样板定位装配，根据斜 T 形结构立板的斜度，预先制作样

板，装配时在立板与平板接合线位置确定后，即以样板去确定立板的倾斜度、使其得到准确定位后施定位焊。

② 定位元件定位装配法。用一些特定的定位元件（如板块、角钢、销轴等）构成空间定位点，来确定零件位置，并用装配夹具夹紧装配。它不需要划线，装配效率高，质量好，适用于批量生产。

图 5-57 所示为挡铁定位装配法示例。在大圆筒外部加装钢带圈时，在大圆筒外表面焊上若干挡铁作为定位元件，确定钢带圈在圆筒上的高度位置，并用弓形螺旋夹紧器把钢带圈

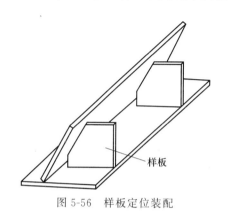

图 5-56　样板定位装配

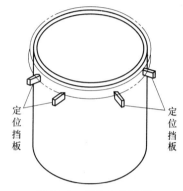

图 5-57　挡铁定位装配

与筒体壁夹紧密贴，定位焊牢，完成钢带圈装配。

③ 胎夹具（又称胎架）装配法。对于批量生产的焊接结构，当需装配的零件数量较多，内部结构又不很复杂时，可将工件装配所用的各定位元件、夹紧元件和装配胎架三者组合为一个整体，构成装配胎架。

利用装配胎架进行装配和焊接，可以显著地提高装配工作效率，保证装配质量，减轻劳动强度，同时也易于实现装配工作的机械化和自动化。

（3）工件固定式装配法

工件固定式装配方法是装配工作在一处固定的工作位置上装配完全部零、部件，这种装配方法一般用在重型焊接结构产品和产量不大的情况下。

（4）工件移动式装配法

工件移动式装配方法是工件顺着一定的工作地点按工序流程进行装配。在工作地点上设有装配胎位和相应的工人。这种方式不完全限于轻小型产品上，有时为了使用某些固定的专用设备也常采用这种方式，在较大批量或流水线生产中通常也采用这种方式。

5.2.7.3　装配中的定位焊

定位焊也称点固焊，是用来固定各焊接零件之间的相互位置，以保证整个结构件得到正确的几何形状和尺寸。定位焊缝一般比较短小，而且该焊缝作为正式焊缝留在焊接结构之中，故对所使用的焊条或焊丝应与正式焊缝所使用的焊条或焊丝牌号相同，而且必须按正式焊缝的工艺条件施焊。

经装配各焊件的位置确定之后，可以用夹具或定位焊缝把它们固定起来，然后进行正式焊接。定位焊的质量直接影响焊缝的质量，它是正式焊缝的组成部分。又因它焊道短，冷却快，比较容易产生焊接缺陷，若缺陷被正式焊缝所掩盖而未被发现，则将造成隐患。对定位焊有如下要求：

① 焊条。定位焊用的焊条应和正式焊接用的相同，焊前同样进行再烘干，焊条直径可略细一些，常用 $\phi 3.2$mm 和 $\phi 4$mm 的焊条。不许使用废焊条或不知型号的焊条。

② 定位焊的位置。双面焊且背面须清根的焊缝，定位焊缝最好布置在背面；形状对称的构件，定位焊缝也应对称布置；有交叉焊缝的地方不设定位焊缝，至少离开交叉点 50mm。

③ 焊接工艺。施焊条件应和正式焊缝的焊接相同，由于焊道短、冷却快，焊接电流应比正常焊接的电流大 15%～20%。对于刚度大或有淬火倾向的焊件，应适当预热，以防止定位焊缝开裂；收弧时注意填满弧坑，防止该处开裂。在允许的条件下，可选用塑性和抗裂性较好而强度略低的焊条进行定位焊。

④ 焊缝尺寸。定位焊缝的尺寸视结构的刚性大小而定，掌握的原则是：在满足装配强度要求的前提下，尽可能小些。从减小变形和填充金属考虑，可缩小定位焊的间距，以减小定位焊缝的尺寸，其尺寸见表5-6。

表 5-6　焊缝的尺寸　　　　　　　　　　　　　　　　　　　mm

焊件厚度	点固焊缝高度	点固焊缝宽度	间　距
<4	<4	5～10	50～100
4～12	3～6	10～20	100～200
>12	～6	15～20	100～300

5.2.7.4　典型焊接结构的装配过程

焊接结构装配方法的选择应根据产品的结构特点和生产类型进行。同类的焊接结构可以采用不同的装配方法，即使是同一个焊接结构也可以按装配的前后顺序采用几种装配方法。

（1）钢板的拼接

钢板拼接是最基本的部件装配，多数的钢板结构或钢板混合结构都要先进行这道工序。钢板拼接分为厚板拼接和薄板拼接。在钢板拼接时，焊缝应错开，防止十字交叉焊缝，焊缝与焊缝之间最小距离应大于 3 倍板厚，而且大于 100mm，容器结构焊缝之间通常错开 500mm 以上。

图 5-58 所示为厚板拼接的一般方法。先按拼接位置将各板排列在平台上，然后将各板靠紧，或按要求留出一定的间隙。如板缝高低不平，可用压马调平，然后定位焊固定。若板缝对接采用埋弧焊，应根据焊接规程的要求，开或不开坡口。如不开坡口，应先在定位焊处铲出沟槽，使定位焊缝的余高与未定位焊的接缝基本相平，不影响埋弧焊的质量。对于采用埋弧焊的对接缝，则在电磁平台焊剂垫上进行更好。

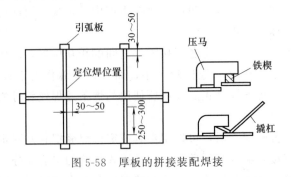

图 5-58　厚板的拼接装配焊接

（2）T 形梁的装配

T 形梁是由翼板和腹板组合而成的焊接结构，根据生产类型不同，可采用下列两种装配方法：

① 划线定位装配法。在小批量或单件生产时采用，先将腹板和翼板矫直、矫平，然后在翼板上划出腹板的位置线，并打上样冲眼。将腹板按位置线立在翼板上，并用 90° 角尺校对两板的相对垂直度，然后进行定位焊。定位焊后再经检验校正，才能焊接。

② 胎夹具装配法。成批量装配 T 形梁时，采用图 5-59 所示的简单胎夹具。装配时，不用划线，将腹板立在翼板上，端面对齐，以压紧螺栓的支座为定位元件来确定腹板在翼板上的位置，并由水平压紧螺栓和垂直压紧螺栓分别从两个方向将腹板与翼板夹紧，然后在接缝处定位焊。

（3）圆筒节对接装配

圆筒节对接装配的要点，在于保证对接环缝和两节圆筒的同轴度误差符合技术要求。为使两节圆筒易于获得同轴度和便于装配中翻转，装配前两圆筒节应分别进行矫正，使其圆度符合技术要求。对于大直径薄壁圆筒体的装配，为防止筒体椭圆变形可以在筒体内使用径向推撑器撑圆，如图 5-60 所示。

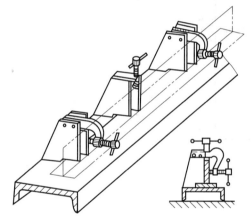

图 5-59　T 形梁的胎具装配

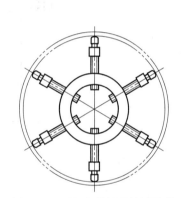

图 5-60　用径向推撑器撑圆筒体

筒体装配可分卧装和立装两类：

① 筒体的卧装。筒体的卧装主要用于直径较小长度较长的筒体装配，装配时需要借助于装配胎架，图 5-61（a）、（b）所示为筒体在滚轮架和辊筒架上装配。筒体直径很小时，

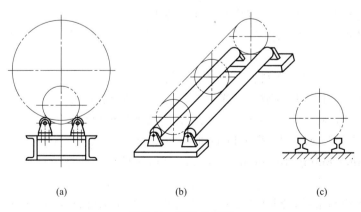

　　　　(a)　　　　　　　　　　(b)　　　　　　　　　　(c)

图 5-61　筒体的卧装

169

也可以在槽钢或型钢架上进行，如图 5-61（c）所示。对接装配时，将两圆筒置于胎架上靠紧或按要求留出间隙，然后采用本章所述的测量圆筒同轴度的方法，校正两节圆筒的同轴度，校正合格后施行定位焊。

② 筒体的立装。为防止筒体因自重而产生椭圆变形，直径较大和长度较短的筒节拼装多数采用立装，即竖装。从而可以克服由于自重而引起的变形。立装时可采用图 5-62 所示的方法：先将一节圆筒放在平台（或水平基础）上，并找好水平，在靠近上口处焊上若干个螺旋压马；然后将另一节圆筒吊上，用螺旋压马和焊在两节圆筒上的若干个螺旋拉紧器拉紧进行初步定位；最后检验两节圆筒的同轴度并校正，检查环缝接口情况，并对其调整合格后进行定位焊。

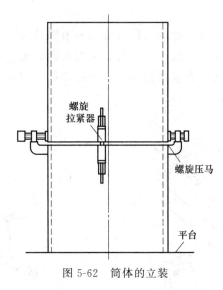

图 5-62　筒体的立装

 思考题

1. 什么是焊接生产的空间组织和时间组织？各有何特点？

2. 试比较焊接结构生产对象的顺序移动、平行移动、顺序平行移动的优缺点。其生产周期如何计算？

3. 钢材产生弯曲变形的原因有哪些？如何矫正？

4. 钢材预处理的目的是什么？常用钢材预处理方法有哪些？预处理流水线流程如何进行？

5. 什么是放样、号料、下料？三者之间有何联系？

6. 什么是实尺放样、展开放样、光学放样？还有其他放样方法吗？

7. 自定义尺寸，将图 5-14 所示等径三岔管用硬纸做出模型。

8. 将图 5-63 中所示 T 形零件和 U 形零件放样，并在 Q235B 板材中按规格分别为 1200mm×800mm×8mm、1000mm×500mm×8mm 排样，计算其材料利用率（割缝损失忽略不计）。

9. 如果考虑切割余量，割缝宽 2mm，上述图 5-63 所示材料放样时材料利用率为多少？

10. 火焰切割原理是什么？材料火焰切割时应满足哪些条件才能顺利进行？以低碳钢为

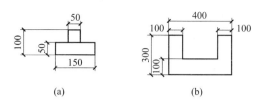

图 5-63　零件图

例拟订火焰切割工艺，如选择割嘴、气体压力、火焰性质等。

11. 上网查机械切割常用设备剪板机、折弯机、冲裁机等型号及其设备主要参数。

12. 试述冲裁过程、冲裁间隙对冲裁零件质量的影响。

13. 试述等离子弧切割原理与火焰切割原理的区别。

14. 为下列材料选择最佳的切割方法。

材料	碳钢	合金钢	不锈钢	铝合金	铜合金	钛合金	铸铁
切割方法							

15. 试述三辊卷板机的滚弯工艺过程。

16. 三辊卷板机滚弯时存在什么现象？如何预防？试述三辊卷板机滚弯工艺特点。

17. 什么是拉深工艺？拉深件易产生哪些缺陷？如何防止？

18. 什么是名义厚度？图 5-64 所示为薄壁椭圆形封头，$D_n = 600mm$，$h = 25mm$，$b = 150mm$，$\delta = 3mm$，试对其展开放样，并编制其压制成形工艺卡。

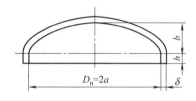

图 5-64　椭圆形封头

图 5-65　自行车架装配图

19. 焊接结构装配方法有哪些？各有何特点？

20. 装配基准如何选择？图 5-65 为自行车架结构装配图，指出结构的装配基准，并制订合理的装配顺序。

21. 什么是定位焊？定位焊时应注意的事项有哪些？

22. 图 5-66 为工字梁装配示意图，工字梁长 25m，材料为 Q235B，腹板厚度为 20mm，上下翼板厚度为 10mm，请拟订工字梁定位焊工艺卡。

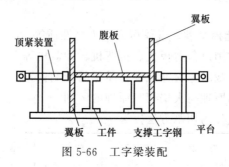

图 5-66　工字梁装配

23. 为图 5-66 所示工字梁拟订焊接生产工艺路线，并根据焊接生产工艺路线设计焊接生产车间生产工艺平面布局，列出生产设备清单。

第6章

焊接夹具设计与焊接机械装备

6.1 焊接与装配夹具设计

6.1.1 夹具概述

焊接与装配夹具是在焊接结构生产的装配与焊接过程中将焊件准确定位并夹紧的工艺装备。在焊接结构生产中，装配和焊接是两道重要的生产工序，根据工艺通常以两种方式完成这两道工序：一种是先装配后焊接；另一种是边装配边焊接。我们把用来装配以进行定位焊的夹具称为装配夹具；把专门用来焊接焊件的夹具称为焊接夹具；把既用来装配又用来焊接的夹具称为装焊夹具。把这些统称为焊接与装配夹具，也称为焊接工装夹具。

焊接与装配夹具的特点，是由装配焊接工艺和焊接结构决定的。与机床夹具比较其特点是：

① 在焊接工艺装备中进行装配和焊接的零件有多个，它们的装配和焊接按一定的顺序逐步进行，其定位和夹紧也都是单独进行的，其动作次序和功能要与制造工艺过程相符合。而机床夹具是对一个机械加工的整体毛坯进行一次定位和夹紧。

② 在焊接过程中，零件会因焊接加热而伸长或因冷却而缩短，为了减小或消除焊接变形，要求焊接与装配夹具能对某些零件给予反变形或者做刚性的夹固。

③ 对机床夹具而言，加工后的工件，尺寸减小，重量减轻，更便于从夹具上取下。对焊接与装配夹具而言，装焊完的结构，尺寸增大，重量增加，形状变得复杂，增加了从夹具上卸下的难度。

④ 对用于熔焊的夹具，工作时主要承受焊件的重力、焊接应力和夹紧力，有的还要承受装配时的锤击力；用于压焊的夹具还要承受顶锻力。而机床夹具主要承受工件的部分重力和切削力。

⑤ 与机床夹具不同，焊接与装配夹具往往是焊接电源二次回路的一个组成部分，因此绝缘和导电是设计中必须注意的一个问题。例如，在设计电阻焊用的夹具时，如果绝缘处理不当，将引起分流，使接头强度降低。但对机床夹具而言，除电加工所用夹具外，不存在导电和绝缘的问题。

⑥ 焊接与装配夹具一般比机床夹具大。装配夹具和装焊夹具上的夹紧点、定位点比机

床夹具上的多几倍甚至十几倍，因此设计难度较大，特别是定位点、夹紧点的数量、选位和两者的对应关系，都会影响夹具的功能和质量。

⑦ 焊接与装配夹具主要用来保证焊接结构连接件的相对位置精度和整体结构的形状精度，而机床夹具主要用来保证零件的加工精度。

⑧ 除精密焊件所用的夹具外，一般焊接工装夹具本身的制造精度以及对焊件的定位精度均低于机床夹具的相应指标。

6.1.2　装配夹具的分类和组成

根据动力源不同可以将焊接装配夹具分为七类，如图 6-1 所示。

一个完整的夹具，是由定位元件、夹紧机构、夹具体三部分组成的。在装焊作业中，使用在夹具体上装有多个不同夹紧机构和定位器的复杂夹具（又称为胎具或专用夹具）。其中，除了夹具体是根据焊件结构形式进行专门设计之外，夹紧机构和定位器多是通用的结构形式。

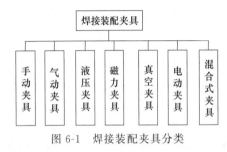

图 6-1　焊接装配夹具分类

定位元件大多数是固定式的，也有一些为了便于焊件装卸，做成伸缩式或转动式的，并采用手动、气动、液压等驱动方式。夹紧机构是夹具的主要组成部分，其结构形式很多，且相对复杂，驱动方式也多种多样。在一些大型复杂的夹具上，夹紧机构的结构形式有多种，而且还使用多种动力源，有手动加气动的、气动加电磁的等。这种多动力源夹具，称作混合式夹具。

6.1.3　装配夹具的设计要求

6.1.3.1　装配夹具的设计要求

① 焊接与装配夹具应动作迅速、操作方便，操作位置应处在工人容易接近、最宜操作的部位。特别是手动夹具，其操作力不能过大，操作频率不能过高，操作高度应设在工人最易用力的部位，当夹具处于夹紧状态时，应能自锁。

② 焊接与装配夹具应有足够的装配、焊接空间，不能影响焊接操作和焊工观察，不妨碍焊件的装卸。所有的定位元件和夹紧机构应与焊道保持适当的距离，或者布置在焊件的下方或侧面。夹紧机构的执行元件应能够伸缩或转位。

③ 夹紧可靠，刚性适当。夹紧时不破坏焊件的定位位置和几何形状，夹紧后既不使焊件松动滑移，又不使焊件的拘束度过大而产生较大的应力。

④ 为了保证使用安全，应设置必要的安全连锁保护装置。

⑤ 夹紧时不应损坏焊件的表面质量，夹紧薄件和软质材料的焊件时，应限制夹紧力，或采取压头行程限位，加大压头接触面积，加添铜、铝衬垫等措施。

⑥ 接近焊接部位的夹具，应考虑操作手把的隔热和防止焊接飞溅物对夹紧机构和定位器表面的损伤。

⑦ 夹具的施力点应位于焊件的支承处或者布置在靠近支承的地方，要防止支反力与夹紧力、支反力与重力形成力偶。

⑧ 注意各种焊接方法在导热、导电、隔磁、绝缘等方面对夹具提出的特殊要求。例如，凸焊和闪光焊时，夹具兼做导电体；钎焊时夹具兼做散热体，因此要求夹具本身具有良好的

导电、导热性能。

⑨ 用于大型板焊结构的夹具，要有足够的强度和刚度，特别是夹具体的刚度，对结构的形状精度、尺寸精度影响较大，设计时要留有较大的裕度。

⑩ 在同一个夹具上，定位器和夹紧机构的结构形式不宜过多，并且尽量只选用一种动力源。

⑪ 工装夹具本身应具有较好的制造工艺性和较高的机械效率。

⑫ 尽量选用已经通用化、标准化的夹紧机构以及标准的零部件来制作焊接与装配夹具。

6.1.3.2　焊接装配夹具的设计步骤

① 明确设计任务，收集设计资料。工装设计的第一步是在已知生产纲领的前提下，认真研究设计任务书中提出的设计要求，明确设计任务并收集下列资料：

a. 产品的图样、焊接组件图及技术要求。

b. 该产品的装配和焊接工艺文件。

c. 工装设计任务书。

d. 了解本厂制造、使用工装情况和车间生产条件，如起重运输能力、作业面积和技术水平等。

e. 收集有关夹具零部件标准（国家标准、行业标准、企业标准）、典型结构图册和夹具设计手册等。

② 拟订工装方案、绘制结构草图。根据上述设计资料和工艺分析，结合现场生产实际，即可着手拟订工装的设计方案。此时可用草图的形式多绘几种不同的结构类型，然后在听取各方面意见的基础上，进行分析比较，完成结构草图设计。工装结构草图的绘制过程可按以下步骤进行：

a. 布置图面，画出工件位置，选择适当的比例，尽量用 1∶1 比例，使图形的直观性好，工件过大时可用 1∶2 或 1∶5 比例，工件过小时用 2∶1 比例，在图纸上用双点划线绘出工件的外形轮廓线，视工件为透明体，不影响各夹具元件的绘制。主视图一般选取面对操作者的工作位置。

b. 设计定位元件。根据选定的定位方案和定位元件类型尺寸及具体结构绘在相应的视图上，与工件的定位基准形状和精度相适应。

c. 设计夹紧装置。将夹紧装置的具体结构绘在相应的视图上，表示出工件处于夹紧状态。

d. 进行传动装置、夹具体和连接件等的绘制，形成一张完整的工装结构草图。

③ 进行必要的分析计算。在结构草图设计过程中，要进行必要的分析计算，如几何关系计算、定位误差分析、夹紧力的估算、传动计算、受力元件的强度与刚度计算等。

④ 绘制夹具的总装图。草图绘制后，须经审查修改后才绘制正式总装配图。总图的绘制过程与上述草图绘制过程基本相同。只是要求图面大小、比例、视图布置、各类线条粗细等均要严格符合国家制图标准的要求。总装配图中除应将结构表示清楚外，还应反映以下两方面内容：

a. 标注有关尺寸、公差及配合。

b. 标注零件编号及编制零件明细表。在标注零件编号时，标准件可直接标出国家标准号。明细表要注明工装名称、编号、序号、零件名称和材料、数量等。

⑤ 绘制工装零件图。主要绘制工装中非标准零件的工作图。每个零件必须单独绘制在

一张标准图纸上，尽量用 1:1 比例，按国家制图标准绘制。零件图的名称和编号要与总装图一致，零件图中的尺寸、公差及技术要求应符合总装图的要求。

⑥ 编写设计说明书和使用说明书。

6.1.3.3 夹具制造的精度要求

根据夹具元件的功用及装配要求不同可将夹具元件分为四类：

① 第一类是直接与工件接触，并严格确定工件的位置和形状的夹具元件，主要包括接头定位件、V 形铁、定位销等定位元件。

② 第二类是各种导向件。此类元件虽不与工件直接接触，但它确定第一类元件的位置。

以上两类夹具元件的精度，不仅与定位工件的精度要求有关，还受到工件定位表面选择、加工方法及工件几何形状等因素的影响。在确定夹具公差时，一般取所装配工件的相应部分尺寸公差的 0.5～0.75 倍，即保证工件被定位表面与定位件的定位表面之间留有最小间隙，保证间隙配合。表 6-1 所列公差关系仅供参考。

表 6-1 夹具直线尺寸公差与产品公差的关系　　　　　　　　　　mm

产品公差	夹具公差	产品公差	夹具公差
0.25	0.14	0.65	0.28
0.28	0.16	0.70	0.32
0.30	0.18	0.75	0.32
0.32	0.18	0.85	0.35
0.36	0.20	0.91	0.42
0.38	0.20	0.95	0.42
0.40	0.21	1.00	0.50
0.42	0.21	1.50	0.65
0.50	0.23	2.00	0.90
0.55	0.23	2.50	1.10
0.60	0.28	3.00	1.35

③ 第三类属于夹具内部结构零件相互配合的夹具元件，如夹紧装置各组成零件之间的配合尺寸公差。

④ 第四类是不影响工件位置，也不与其他元件相配合的夹具元件，如夹具的主体骨架等。

第三、四类夹具元件的尺寸公差无法从相应的加工尺寸的公差中计算求得，应按其在夹具中的功用和装配要求选用。

具体确定夹具公差时，还需注意以下几个问题：

① 以焊件的平均尺寸作为夹具相应尺寸的基本尺寸。标注公差时，一律采用双向对称分布公差制。

② 定位元件与工件定位基准间的配合，一般都按基孔制间隙配合来选用；若工件的定位孔或定位外圆不是基准孔或基准轴，则在确定定位销或定位孔的尺寸公差时，应注意保持其间隙配合的性质。

③ 采用焊件上相应工序的中间尺寸作为夹具基本尺寸。中间尺寸应考虑到焊后产生的收缩变形量、重要孔洞的加工余量等因素，与图样上标注的尺寸有所不同。

④ 夹具上起导向作用并有相对运动的元件间的配合及没有相对运动的元件间的配合，一般的选用范围见表 6-2，详细内容设计时可参阅有关夹具零部件标准等设计资料。

表 6-2　夹具常用配合的选择

工 作 形 式	精 度 选 择	示 　 例
定位元件与工件定位基准间	H7/h6,H7/g6,H8/h7,H8/f7,H9/h9	定位销与工件基准孔
有导向作用并有相对运动的元件间	H7/h6,H7/h7,H8/g6,H9/f9,H9/d9	滑动定位件与导套
没有相对运动的元件间	H7/n6(无紧固件) H7/k6,H7/js6(有紧固件)	支承钉、定位销及其衬套固定

6.1.3.4　夹具结构工艺性

夹具结构工艺性指制造、检验、装配、调试、维修的方便性。为了保证良好工艺性，应做到：尽量选用标准件、通用件；各种专用件要易于制造。

（1）对夹具良好工艺性的基本要求

① 整体夹具结构的组成，应尽量采用各种标准件和通用件，制造专用件的比例应尽量少，减少制造劳动量和降低费用。

② 各种专用零件和部件结构形状应容易制造和测量，使装配和调试方便。

③ 便于夹具的维护和修理。

（2）合理选择装配基准

正确选择夹具装配基准的原则有两点：

① 装配基准应该是夹具上一个独立的基准表面或线，其他元件的位置只对此表面或线进行装配和修配。

② 装配基准一经加工完毕，其位置和尺寸就不应再变动。因此，在装配过程中自身的位置和尺寸尚需调整或修配的表面或线不能作为装配基准。

（3）结构的可调性

夹具中的定位元件和夹紧机构一般不宜焊接在夹具体上，否则会造成结构不便于加工和调整。经常采用的是依靠螺栓紧固、销钉定位的方式，调整和装配夹具时，可对某一元件尺寸较方便地修磨。还可采用在元件与部件之间设置调整垫圈、调整垫片或调整套来控制装配尺寸，补偿其他元件的误差，提高夹具精度。

（4）维修工艺性

夹具使用后的维修，可延长夹具的使用寿命。进行夹具设计时，应考虑到维修方便的问题。如图 6-2 所示是便于维修的三种定位销钉的结构形式。图 6-2（a）所示是销钉孔做成贯穿的通孔，拆卸时可从底部将销钉打出；图 6-2（b）、（c）所示是因受结构位置限制，无法采用贯穿孔时，可加工一个用来敲击销钉的横孔或选用头部带螺纹孔的销钉。

（5）制造焊接与装配夹具的材料

夹具材料的选择首先取决于夹具元件的工作条件。骨架、承重结构以刚度为主时，可选用低碳钢；载荷大并考虑强度时，可选用低合金结构钢。在定位元件中，各种支承和 V 形铁一般选用 20 钢制造，其热处理是表面渗碳 0.8～1.2mm，淬火硬度为 60～64HRC。定位销直径大于 14mm 时，可

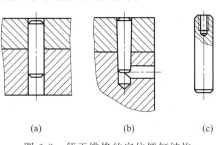

(a)　　　　(b)　　　　(c)

图 6-2　便于维修的定位销钉结构

选 20 钢表面渗碳；直径小于 14mm 时，常选择 T7A 或 T8A 钢材，淬火硬度均为 53～58HRC。在夹紧元件中，偏心轮常用 T7、T8 钢，热处理硬度为 60～64HRC。弹簧件选用 65Mn 弹簧钢制造；对于材质较软的铝、铜等工件，在保证定位准确的前提下，定位元件、夹紧机构材料也应相应选择较软的材料，以防止损伤工件。对于机械装置中传动系统各零件的材料，应根据机械设计中的有关规定进行选用。

6.1.4 定位元件设计

6.1.4.1 定位原理

在装配过程中把待装零、部件的相互位置确定下来的过程称为定位。通常的做法是先根据焊接结构特点和工艺要求选择定位基准，然后考虑它的定位方法。

划线定位是定位的原始方法，费时费力且精度低，只在单件生产、精度要求不高的情况下采用。在夹具上装配时，常使用定位元件进行定位，既快速又准确。定位元件是夹具上用以限定工件位置的器件，如支承钉、挡铁、插销等。它们必须事先按定位原理、工件的定位基准和工艺要求在夹具上精确布置好，然后每个被装零、部件按一定顺序"对号入座"地安放在定位元件所规定的位置上（彼此必须发生接触），即完成定位。

（1）定位原理

自由物体在空间直角坐标系中有六个自由度，即沿 Ox、Oy、Oz 三个轴向的相对移动和三个绕轴的相对转动。要使工件在夹具中具有准确和固定不变的位置，则必须限制这六个自由度。每限制一个自由度，工件就需要与夹具上的一个定位点相接触，这种以六点限制工件六个自由度的方法称为"六点定则"。如图 6-3 (a) 所示，在 xOz 面上设置了三个定位点，可以限制工件沿 Oy 轴方向的移动和绕 Ox 轴、Oz 轴的转动三个自由度；在 yOz 面上有两个定位点，可以限制工件沿 Ox 轴方向的移动和绕 Oy 轴的转动两个自由度；在 xOy 面上设置了一个定位点，用以限制工件沿 Oz 轴方向的移动一个自由度。

若将坐标平面看做是夹具平面，将支承点 [图 6-3 (b) 中的小圆块] 视为定位点，依靠夹紧力 F_1、F_2、F_3 来保证零件与夹具上支承点件的紧密接触，则可得到零件在夹具中完全定位的典型方式。利用零件上具体表面与夹具定位元件表面接触，达到消除零件自由度的目的，从而确定了零件在夹具上的位置。零件上这些具体表面在装配过程中叫作定位基准。根据图 6-3 可做如下分析：

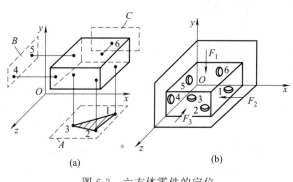

图 6-3　六方体零件的定位

① 表面 A 上的三个支承点限制了零件的三个自由度，这个表面叫作主要定位基准。连接三个支承点所得到的三角形面积越大，零件的定位越稳定，也越能保持零件间的位置精度，所以通常是选择零件上最大表面作为主要定位基准。

② 表面 B 上的两个支承点限制了零件的两个自由度，这个表面叫作导向定位基准。表面 B 越长，这两个支承点间的距离越远，而零件对准坐标平面的位置就越准确可靠。所以通常选取零件上最长的表面作为导向定位基准。

③ 表面 C 上有一个支承点，可以限制零件最后一个自由度，这个表面叫作止推定位基

准或定程定位基准。通常是选择零件上最短、最窄的表面作为止推定位基准。

定位方式主要有：

① 完全定位。工件定位时，将六个自由度全部限制的方式称为完全定位。

② 不完全定位。工件被限制的自由度少于六个，但是仍能保证加工要求，称为不完全定位，采用这种定位方式可以简化定位装置。

③ 欠定位。工件在加工时，若定位支承点实际限制的自由度数目少于加工时所必须限制的自由度数目，则定位不足，称为欠定位。欠定位无法保证装夹精度，因此欠定位在实际生产中是不允许的。

④ 过定位。两个或两个以上的定位元件重复限制同一个自由度的现象，称为过定位。

（2）定位基准的选择

确定位置或尺寸的依据叫基准，基准可以是点、线或面。按用途分为设计基准和工艺基准。工艺基准又分为定位基准、装配基准和测量基准等。而定位基准按定位原理分为主要定位基准、导向定位基准和止推定位基准。选择定位基准时需着重考虑以下几点：

① 定位基准应尽可能与焊件设计基准重合，以便消除由于基准不重合而产生的误差，当零件上的某些尺寸具有配合要求时，如孔中心距、支承点间距等，通常可选取这些地方作为定位基准，以保证配合尺寸的尺寸公差。

② 应选用零件上平整、光洁的表面作为定位基准。当定位基准面上有焊接飞溅物、焊渣等不平整时，不宜采用大基准平面或整面与零件相接触的定位方式，而应采取一些突出的定位块以较小的点、线、面与零件接触的定位方式，有利于对基准点的调整和修配，减小定位误差。

③ 定位基准夹紧力的作用点应尽量靠近焊缝区。其目的是使零件在加工过程中受夹紧力或焊接热应力等作用所产生的变形最小。

④ 可根据焊接结构的布置、装配顺序等综合因素来考虑。当焊件由多个零件组成时，某些零件可以利用已装配好的零件进行定位。

⑤ 常以产品图样上或工艺规程上已经规定好的定位孔或定位面作为定位基准；若图样上没有规定出，则尽量选择图样上用以标注各零、部件位置尺寸的基准作为定位基准，如边线、中心线等；当零件或部件的表面上既有平面又有曲面时，优先选择平面作为主要定位基准。

⑥ 应尽可能使夹具的定位基准统一，这样便于组织生产和有利于夹具的设计与制造。尤其是产品的批量大，所应用的工装夹具较多时，更应注意定位基准的统一性。

6.1.4.2 定位方法及定位元件分类

定位元件是保证焊件在夹具中获得正确装配位置的零件或部件，又称定位器或定位机构。

焊件在夹具中要得到准确的位置，必须遵循物体定位的"六点定则"。但对焊接金属结构件来说，被装焊的零件多是些成形的板材和型材，未组焊前刚度小、易变形，所以常以工作平台的台面作为焊件的安装基面进行装焊作业。此时，工作平台不仅具有夹具体的作用，而且具有定位元件的作用。另外，对焊接金属结构的每个零件，不必都设六个定位支承点来确定其位置，因为各零件之间都有确定的位置关系，可利用先装好的零件作为后装配零件某一基面上的定位支承点，这样，就可以简化夹具结构，减少定位元件的数量。

为了保证装配精度，应将焊件几何形状比较规则的边和面与定位元件的定位面接触，并得到完全的覆盖。在夹具体上布置定位元件时，应注意不妨碍焊接和装卸作业的进行，同时要考虑焊接变形的影响。如果定位元件对焊接变形有限制作用，则多做成拆卸式或退让式的。操作式定位元件应设置在便于操作的位置上。

（1）平面定位用定位元件

工件以平面定位时常采用挡铁、支承钉（板）等进行定位。

① 挡铁是一种应用较广且结构简单的定位元件，除平面定位外，也常利用挡铁对板焊结构或型钢结构的端部进行边缘定位，图 6-4 所示为各种形式的挡铁。

a. 固定式挡铁。如图 6-4（a）所示，固定式挡铁可使工件在水平面或垂直面内固定，其高度不低于被定位件界面重心线。固定式挡铁一般可采用一段型钢或一块钢板按夹具的定位尺寸直接焊接在夹具或装配平台上使用，适用于单一产品且批量较大的焊接生产中。

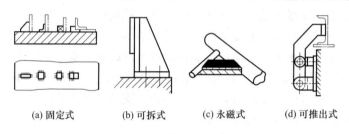

(a) 固定式　　(b) 可拆式　　(c) 永磁式　　(d) 可推出式

图 6-4　挡铁的结构形式

b. 可拆式挡铁。如图 6-4（b）所示，可拆式挡铁是当固定挡铁对焊件的安装和拆卸都非常不便利时使用的。在定位平面上一般加工出孔或沟槽，挡铁直接插入夹具或装配平台的锥孔上，不用时可以拔除，也可用螺栓固定在平台上定位焊件。为了提高挡铁的强度，在挡铁两平面间可设置加强肋。可拆式挡铁适用于单件或多品种焊件的装配。

c. 永磁式挡铁。如图 6-4（c）所示的永磁式挡铁采用永磁性材料制成，使用非常方便，一般可定位 30°、45°、70°、90°夹角的铁磁性金属材料。其适用于中小型板材或管材焊接件的装配。在不受冲击振动的场合利用永磁铁的吸力直接夹紧工件，可起到定位和夹紧的组合作用。

d. 可推出式挡铁。可推出式挡铁如图 6-4（d）所示，为了适应焊接结构形式的多样性，保证复杂的结构件，经定位焊或焊接后，能从夹具中顺利取出。通过铰链结构使挡铁用后能迅速推出，提高工作效率。

挡铁的定位方法虽简便，但定位精度不太高，所用挡铁的数量和位置，主要取决于结构形式、选取的基准以及夹紧装置的位置。对于受力（重力、热应力、夹紧力等）较大的挡铁，必须保证挡铁具有足够的强度，使用时受力挡铁与零件接触线的长度一般不小于零件接触边缘厚度的一倍。

② 支承钉和支承板主要用于平面定位。支承钉（板）的形式如图 6-5 所示。

a. 固定式支承钉。如图 6-5（a）所示，一般固定安装在夹具上，其配合尺寸为 H7/r6 或 H7/n6。根据功能不同又分为三种类型：平头支承钉用来支承已加工过的平面定位；球头支承钉用来支承未经加工、粗糙不平毛坯表面或焊件窄小表面的定位，此种支承钉的缺点是表面容易磨损；带齿纹头的支承钉多用在工件侧面，增大摩擦系数，防止工件滑动，使定位更加稳定。固定式支承钉可采用通过衬套与夹具骨架配合的结构形式，当支承钉磨损时，可更换衬套，避免因更换支承钉而损坏夹具。支承钉多用于刚性较大的焊件定位。

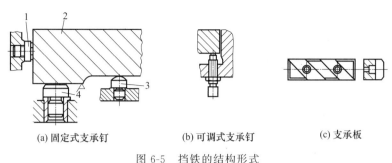

图 6-5　挡铁的结构形式

1—带尺纹头支承钉；2—工件；3—球头支承钉；4—平头支承钉

b. 可调式支承钉。如图 6-5（b）所示，这是对于零件表面未经加工的表面精度相差较大，而又需要以此平面做定位基准时选用的形式。可调支承钉采用与螺母旋合的方式按需要调整高度，适当补偿零件的尺寸误差，调好后即锁死，防止使用时发生松动。其多用于装配形状相同而规格不同的焊件。

c. 支承板定位。如图 6-5（c）所示，支承板结构简单，一般用螺钉紧固在夹具上，可进行侧面、顶面和底面定位，适用于工件经切削加工平面或较大平面作基准平面。

（2）圆孔定位用定位元件

利用零件上的装配孔、螺钉或螺栓孔及专用定位孔等作为定位基准时多采用定位销定位。销钉定位限制零件自由度的情况，视销钉与工件接触面积的大小而异。一般销钉直径大于销钉高度的短定位销起到两个支承点的作用，限制工件沿 x 轴、y 轴的移动两个自由度；销钉直径小于销钉高度的长定位销可起到四个支承点的作用，限制工件沿 x 轴、y 轴的移动和绕 x 轴、y 轴的转动四个自由度。

① 固定式定位销［图 6-6（a）］装在夹具上，配合为 H7/r6 或 H7/n6。工作部分的直径按 g5、g6、f6、f7 制造，头部有 15°倒角，以符合工艺要求且方便安装。

② 去除可换式定位销［图 6-6（b）］通过螺纹与夹具相连接。大批量生产时，定位销磨损较快，为保证精度须定期维修和更换。

③ 可拆式定位销［图 6-6（c）］又称插销，零件之间依靠孔用定位销定位，一般情况是定位焊后拆除该定位销才能进行焊接。

④ 可退出式定位销［图 6-6（d）］采用铰链形式使圆锥定位销应用后可及时退出，便于工件的装上或卸下。

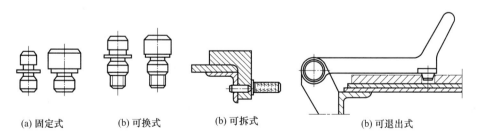

(a) 固定式　　(b) 可换式　　(b) 可拆式　　(b) 可退出式

图 6-6　定位销的结构形式

利用圆锥定位销对孔进行定位，可以消除因定位基准（孔）的偏差所引起的径向定位误差，如图 6-7（a）所示。零件定位基准的直径从最小极限直径 D_{-a}^{0} 到最大极限直径 D_{0}^{+a} 始终保持与定位销的紧密接触，而且零件的孔中心线与圆锥形定位销重合，即径向定位误差为零（应注意孔在轴线方向的位移）。使用圆锥形定位销时应尽量减小圆锥角，使插入圆锥定位销的零件孔壁发生弹性变形，保持零件与定位销之间的面接触［图 6-7（b）］，从而消除由于线接触而产生的零件偏斜误差［图 6-7（c）］。

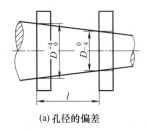 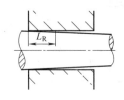 

(a) 孔径的偏差　　　　　(b) 接触面变形定位　　　　(c) 零件偏斜

图 6-7　圆锥定位销定位圆锥孔

定位销一般按过渡配合或过盈配合压入夹具体内，其工作部分应根据零件上的孔径按间隙配合制造。

（3）外圆表面定位用定位元件

生产中，圆柱表面的定位多用 V 形铁。V 形铁的优点较多，应用广泛。表 6-3 所示是 V 形铁的结构尺寸。V 形铁上两斜面的夹角，一般选用 60°、90°、120°三种。焊接夹具中 V 形铁两斜面夹角多为 90°。

V 形铁的定位作用与零件外圆的接触线长度有关。一般短 V 形铁起两个支承点的作用，长 V 形铁起四个支承点的作用。常用 V 形铁的结构有以下几种：

① 固定式 V 形铁［图 6-8（a）］对中性好，能使工件的定位基准轴线在 V 形铁两斜面的对称平面上，而不受定位基准直径误差的影响。V 形铁安装方便，粗、精基准都可使用。

表 6-3　V 形铁结构尺寸

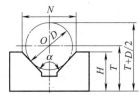

两斜面夹角	α	60°	90°	120°
标准定位高度	T	$T=H+D-0.866N$	$T=H+0.707D-0.5N$	$T=H+0.577D-0.289N$
开口尺寸	N	$N=1.15D-1.15a$	$N=1.41D-2a$	$N=2D-3.46a$
参数	a	$a=(0.146\sim0.16)D$		

(a) 固定式　　　(b) 调整式　　　(c) 活动式

图 6-8　V 形铁的结构形式

② 调整式 V 形铁［图 6-8（b）］用于同一类型但尺寸有变化的工件，或用于可调整夹具中。

③ 活动式 V 形铁［图 6-8（c）］一般用于定位夹紧机构中，起消除一个自由度的作用，常与固定式 V 形铁配合使用。

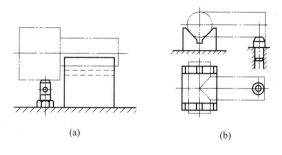

图 6-9　Ｖ 形铁的应用举例

对于阶梯外圆柱表面和轴线交叉圆柱表面的定位，可采用 Ｖ 形铁和其他定位元件组合应用的方式解决，如图 6-9 所示。图 6-9（a）所示是带阶梯的零件，需要沿两个不同轴径定位，采用了 Ｖ 形铁和可调支承钉的综合支承定位。图 6-9（b）所示是轴线交叉零件表面的定位方式，通过固定 Ｖ 形铁和支承钉作用，消除了除沿 Ｖ 形铁轴线方向的移动未定位外的五个自由度。

6.1.4.3　定位方案设计

设计一个合适的定位方案是夹具设计的第一步，也是关键的一步。对定位方案问题必须慎重考虑，通常按以下步骤设计定位方案。

（1）确定定位基准

首先应根据工件的技术要求和所需限制的自由度数目，确定好工件的定位基准。一个零件的定位基准或待装部件用的组装基准，可以按下列原则去选择。

① 当在零部件的表面上既有平面又有曲面时，优先选择平面作为主要定位基准面或组装基准面，尽量避免选择曲面，否则夹具制造困难。如果各个面都是平面，则选择其中最大的平面作为主要定位基准面或组装基准面。

② 应当尽量使定位基准与设计基准重合，以保证必要的定位精度。以产品图样上已经规定好的定位孔或定位面作为定位基准。若没有规定时，应尽量选择设计图样上用以标注各零件位置尺寸的基准作为定位基准。

③ 应当选择零部件上窄而长的表面作为导向定位基准，窄而短的表面作为止推定位基准。

④ 尽量利用零件上经过机械加工的表面或孔等作为定位基准，或者以上道工序的定位基准作为本工序的定位基准。备料过程中，冲剪和自动气割的边缘以及原材料本身经过轧制的表面都比较平整光洁，可以作为定位基准。手工气割的边缘和手工成形的表面其精度差，一般不宜作为定位基准。

上述原则要综合考虑，灵活应用。检验定位基准选择的是否合理的标准是：能否保证定位质量、方便装配和焊接，以及是否有利于简化夹具的结构等。

例如，装配工字梁时，有两个面可做组装基准，图 6-10（a）所示是工字梁立装，即以下翼板的地平面做组装基准，这样做的缺点较多，重心高、不稳定，装配上翼板时，定位与夹紧困难，并需要仰面定位焊。因此应像图 6-10（b）中所示那样，以腹板的侧面作为整个工字梁的组装基准，采取放倒装配，这样装配比较稳定，并且施焊方便。但是，两面定位焊时，工件需要翻转。

（2）确定定位元件的结构及其布局

定位基准确定之后，设计定位元件时，应结合基准结构形状、表面状况，限制工件自由度的数目、定位误差的大小以及辅助支承的合理使用等，并在兼顾夹紧方案的同时进行分析比较，以达到定位稳定、安装方便、结构工艺性和刚性好等设计要求。

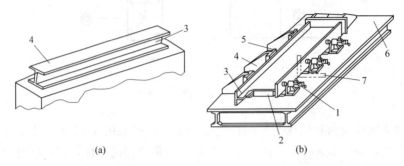

(a) (b)

图 6-10　工字梁组装基准面的选择

1—调节螺杆；2—垫片；3—腹板；4—翼板；5—挡板；6—平台；7—直角

如图 6-11 所示是由 4 块板组成的方框在平台上布置定位挡铁的两种方案。这两种方案尽管都能把各零件的位置确定下来，但是当焊接变形引起尺寸 B 减小时，图 6-11（a）中所示的方框焊好后无法从夹具中取出。如果把里面的挡铁 1 和 2 换个位置，如图 6-11（b）所示，就可避免被卡住的情况。图中小箭头表示夹紧力方向，大箭头表示装配或焊接完成后取出工件的方向。

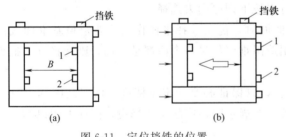

图 6-11　定位挡铁的位置

（3）确定必须限制的自由度

根据工序图中装配顺序和技术要求，正确地确定必须限制的自由度，并用适当的定位元件将这些自由度加以限制。表 6-4 列出了常用定位元件所相当的支点数和所能限制工件自由度的情况，供分析参考。

（4）提出定位元件的材料和技术要求

定位元件本身质量要高，其材料、硬度、尺寸公差及表面粗糙度要符合要求，装入夹具后强度和刚性要好。

表 6-4　常用定位元件所限制的自由度

工件定位基准面	定位元件	相当支点数	限制自由度情况
平面	宽长支承定位板	3	1 个移动,2 个转动
	窄长支承定位板	2	1 个移动,1 个转动
	支承定位钉	1	1 个移动
圆柱孔	长圆柱销	4	2 个移动,2 个转动
	短圆柱销	2	2 个移动
	短削边销	1	1 个移动
	短圆锥销体	3	3 个移动
	前后顶尖联合使用	5	3 个移动,2 个转动

续表

工件定位基准面	定位元件	相当支点数	限制自由度情况
圆柱体	长 V 形块	4	2 个移动,2 个转动
	长圆柱孔	4	2 个移动,2 个转动
	短 V 形块	2	2 个移动
	短圆柱孔	2	2 个移动
	三爪卡盘夹持段工件	2	2 个移动
	三爪卡盘夹持长工件	4	2 个移动,2 个转动
	短圆锥孔	3	3 个移动

焊接组合件的制造精度一般不超过 IT4 级，夹具的精度必须高出制件精度 3 个等级，即夹具精度应不低于 IT11 级。对于定位元件，与工件定位基准面或夹具体接触或配合的表面其精度等级可稍高一些，可取 IT9 或 IT8 级。为了保证支承钉和支承板的等高性以及与夹具安装面的平行度或垂直度等要求，可采用调整法和修配法等以提高装配精度。装焊夹具定位元件的工作表面的粗糙度应比工件定位基准表面的粗糙度要好 1～3 级。定位元件工作表面的粗糙度值一般不应大于 $Ra3.2\mu m$，常选 $Ra1.6\mu m$。

定位元件工作表面应有较高的硬度，才能确保定位精度的持久性。因此，夹具定位元件可选用 45、40Cr 等优质碳素结构钢或合金钢制造，或选用 T8、T10 等碳素工具钢制造，并经淬火处理，以提高耐磨性。对于尺寸较大或需装配时配钻、铰定位销孔的定位元件（如固定 V 形块），可采用 20 钢或 20Cr 钢，其表面渗碳深度为 0.8～1.2mm，淬硬达 54～60HRC。但是，如果 V 形块作为圆柱形等工件的定位元件，且在较大夹紧力等负荷下工作时，即使 V 形块的尺寸较大，也不宜采用低碳钢渗碳淬火，否则可能因为单位面积压力过大，表硬内软而产生凹坑，此时，仍以选用碳素工具钢或合金工具钢制造为宜。

定位方案的设计，不仅要求符合定位原理，而且应有足够的定位精度，不仅要求定位元件的结构简单、定位可靠，而且应使其加工制造和装配容易。因此要对定位误差大小、生产适应性、经济性等多方面尽心分析和论证，才能确定出最佳定位方案。

6.1.5 夹紧机构设计

6.1.5.1 夹紧力的确定

利用某种施力元件或机构使工件达到并保持预定位置的操作称为夹紧。用于夹紧操作的元件或机构就称为夹紧器或夹紧机构。

（1）夹紧的作用

夹紧操作在表现形式上都是对被夹持的工件实施力的作用，但其工艺内涵却不尽相同，其具体作用有以下几方面：

① 用以实现工件的可靠定位。定位元件的合理选择和布置为实现工件的正确定位提供了必要条件，但不是充分条件。只有与气动的夹紧力相配合，将工件表面贴紧在定位面上，才能产生最终的定位效果。

② 用于实现工艺反变形。在解决焊接构件的挠曲变形、角变形等工艺问题时，经常采用装配反变形工艺措施。为了有效控制工件的形状、变形量及位置稳定等，首先必须通过某些夹具使工件整体稳固，然后再运用专门设置在特定部位的夹具对工件施加反变形力。

③ 用于保证工件的可靠变位。在焊接工序中，有时需借助焊接变位机对工件进行倾斜或回转。这时，吊装在变位机工作台或翻转机上的工件也必须采取可靠的夹紧措施，以确保操作过程的安全，防止工件在焊接过程中产生相对窜动。

④ 用于消除工件的形状偏差。目前"冲压-焊接"结构应用较广泛。由于各种工艺因素的影响，经冲压成形的板壳类零件往往产生不同程度的形状偏差。为了消除这些不良影响，有效控制产品的装配质量（如装配间隙控制、工件圆度控制），在装配工序中利用一些专用夹具来弥补工件本身存在的质量偏差，降低废品率。

（2）夹紧力确定

在进行焊接与装配夹具的设计计算时，首先要确定装配、焊接时焊件所需的夹紧力，然后根据夹紧力的大小、焊件的结构形式、夹紧点的布置、安装空间控件的大小、焊接机头的焊接可达性等因素来选择夹具机构的类型和数量，最后对所选夹紧机构和夹具体的强度和刚度进行必要的计算或验算。

装配、焊接所需的夹紧力，按性质可分为四类：第一类是在焊接及随后的冷却过程中，防止焊件发生焊接残余变形所需的夹紧力；第二类是为了减小或消除焊接残余变形，焊前对焊件施以反变形所需的夹紧力；第三类是在焊件装配时，为了保证安装精度，使各相邻焊件相互紧贴，消除它们之间的装配间隙所需的夹紧力，或者，根据图样要求，保证给定间隙和位置所需的夹紧力；第四类是在具有翻转或变位功能的夹具或胎具上，为了防止焊件翻转变位时在重力作用下不致坠落或移位所需的夹紧力。

上述四类夹紧力，除第四类可用理论计算求得与工程实际较接近的计算值外，其他几类则由于计算理论的不完善性、焊件结构的复杂性、装配施焊条件的不稳定性等因素的制约，往往计算结果与实际相差很大，对有些复杂结构的焊件，甚至无法精确计算。

如何确定夹紧力，这是夹具方案设计中一个重要内容。通常是从力的三要素着手，先确定力的作用方向，再选择力的作用点，然后计算所需夹紧力的大小，最后选择或设计能实现该夹紧力的夹紧装置。

① 确定夹紧力的作用方向。夹紧力应指向定位基准，特别是指向主要定位基准面，因该面的面积较大，限制自由度多，定位稳定可靠，还可以减少工件的夹紧变形；夹紧力的指向应有利于减少夹紧力，因夹紧力的大小是根据夹紧时力的静平衡条件来确定的，焊接时，夹具常遇到工件重力、控制焊接变形所需的力、工件移动或转动引起的惯性力和离心力等。

② 确定夹紧力的作用点。夹紧力作用在工件上的位置，视工件的刚性大小和定位支承的情况而定。

当定位元件是以点与工件接触进行定位时：作用点正对定位元件的支承点或在它的附近，以保持工件定位稳定，不致引起工件位移、偏转或发生局部变形。图6-12（a）所示为因力的作用点没有正对定位元件的支承点或在它的附近引起虚线所示的位置变动。正确的布置如图6-12（b）所示。

力的作用点应落在工件刚性较好的部位，以减小夹紧变形（图6-13）。被夹紧工件的背面应避免悬空，最好背面有腹板、隔板或加强筋等支承。遇到背面没有支承的薄壁件，应减小压强，即将夹紧元件与该薄板的接触面积适当加大。

用于控制平板对接角变形时，对于$\delta \leq 2mm$的板件夹紧力作用点应靠近焊缝，且沿焊缝长度方向上多点均布，板越薄点距应越密。对于$\delta > 2mm$的厚板，则因刚性大，力作用点可适当远离焊缝，以减小夹紧力（图6-14）。

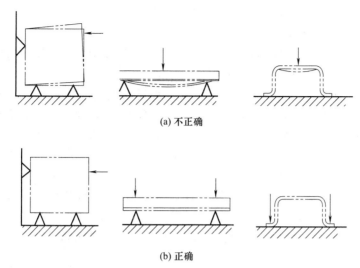

(a) 不正确

(b) 正确

图 6-12　夹紧力作用点的布置

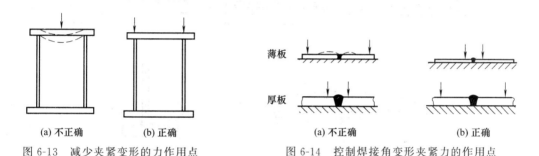

(a) 不正确　　(b) 正确

图 6-13　减少夹紧变形的力作用点

(a) 不正确　　　　(b) 正确

图 6-14　控制焊接角变形夹紧力的作用点

（3）夹紧力大小的估算

计算夹紧力的大小时，常把夹具和工件看成是一个刚性系统，根据工件在装配或焊接过程中产生最为不利的瞬时受力状态，按静力平衡原理计算出理论夹紧力，最后为了保证夹紧安全可靠，再乘一个安全系数作为实际所需夹紧力的数值，见公式（6-1）。

$$F_K = KF \tag{6-1}$$

式中　F_K——实际所需的夹紧力，N；

F——在一定条件下由静力平衡计算出的理论夹紧力，N；

K——安全系数，一般取 $K=1.5\sim3$，夹紧条件比较好，取低值；否则取高值，比如手工夹紧、操作不方便、工件表面毛糙等情况，应取高值。

控制焊接变形的夹紧力计算实际上就是焊接时变形受到限制而引起拘束力的计算。

① 控制焊接角变形的夹紧力计算。两等厚平板对接，开 V 形坡口，焊后会产生角变形 α（图 6-15）。若在焊缝中心线两侧距离均为 L 处用夹紧元件挡住不让工件上翘变形，则两者之间将产生拘束力，该力应由夹紧元件承受，见公式（6-2）。

$$q = \frac{E\delta\tan\alpha}{4L^2} \tag{6-2}$$

式中　q——拘束角变形所需的单位长度（焊缝）夹紧力，N/cm；

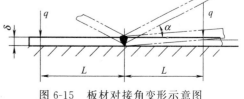

图 6-15　板材对接角变形示意图

E——焊件材料的弹性模量，钢的弹性模量 $E=21\times10^6\,\mathrm{N/cm^2}$；

δ——焊件厚度，cm；

α——在自由条件下焊件引起的角变形，(°)，由焊接变形理论计算或实际测定；

L——夹紧力作用点到焊缝中心线距离，cm。

② 控制焊接弯曲变形的夹紧力计算。梁式结构易出现的焊接变形是纵向弯曲变形、扭曲变形和翼缘因焊缝横向收缩形成的角变形。以 T 形梁为例，如图 6-16 所示，焊后出现纵向弯曲，它是因焊缝纵向收缩产生的弯矩作用而形成的，该弯矩可用式（6-3）表达：

$$M_w=F_w e \tag{6-3}$$

式中　e——梁中性轴至焊缝截面重心的距离，mm，见图 6-16（e）；

F_w——焊缝纵向收缩力，N，单面焊时 $F_w=1.7DK^2$。双面焊时 $F_w=1.15\times1.7DK^2$；

K——焊脚尺寸，mm；

D——工艺折算值，埋弧焊时 $D=3000\mathrm{N/mm^2}$，焊条电弧焊时 $D=4000\mathrm{N/mm^2}$。

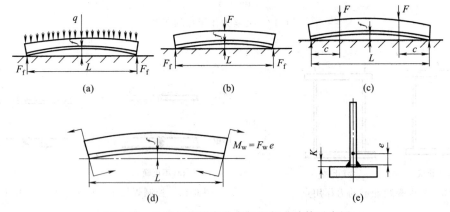

图 6-16　T 形梁焊接弯曲变形夹紧力计算示意图

梁在弯矩 M_w 作用下，呈现圆弧形弯曲，其弯曲半径为：

$$R_w=\frac{EJ}{M_w} \tag{6-4}$$

梁重心所形成的挠度为：

$$f_w=\frac{M_w L^2}{8EJ}=\frac{F_w e L^2}{8EJ} \tag{6-5}$$

为了防止焊缝纵向收缩而形成梁的纵向弯曲变形，在大多数梁用焊接夹具中都装有成列的相同夹紧机构，其夹紧作用如同焊接梁上作用着均布载荷 q [图 6-16（a）]，使梁产生于焊接变形相反的挠度 f 以抵消 f_w，f 的大小可用式（6-6）表示：

$$f=\frac{5qL^4}{384EJ} \tag{6-6}$$

根据式（6-5）和式（6-6）以及考虑到 f 应等于 f_w，则可求出均布载荷 q，也即防止梁焊接弯曲变形所需的夹紧力：

$$q=\frac{384fEJ}{5L^4}=9.6\frac{F_w e}{L^2} \tag{6-7}$$

6.1.5.2　典型夹紧机构原理分析

（1）螺旋夹紧机构

螺旋夹紧机构是以螺旋副扩力直接或间接夹紧焊件的夹紧机构。由于它的扩力比大（60～

140)、自锁可靠、结构简单、制作容易、派生形式多、应用范围广，已成为手动焊接工装夹具中的主要夹紧机构，约占各类夹紧机构综合的 40%，在单件和小批量焊接生产中得到了广泛的应用。

螺旋夹紧时，其受力分析如图 6-17 所示。螺杆可认为是绕在圆柱体上的一个斜面，螺母看成是斜面上的一个滑块 A，因此其夹紧力可根据楔的工作原理来计算。

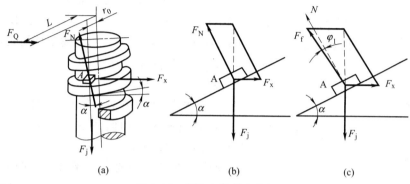

图 6-17 螺旋夹紧受力分析

在手柄的作用下，滑块 A 沿螺旋斜面移动。已知螺杆的螺纹为方牙螺纹，手柄上的外加力为 F_Q，手柄长度为 L，螺纹平均半径为 r_0（螺纹中径 $d_0 = 2r_0$），则可求出作用在滑块 A 上的水平力 F_x，即：

$$F_Q L = F_x r_0 \tag{6-8}$$

$$F_x = F_Q L / r_0 \tag{6-9}$$

当滑块 A 沿着斜面做匀速运动时，可求出水平力 F_x 和夹紧力 F_j 之间的关系。若不考虑摩擦力时，则作用在滑块 A 上的力有三个，即夹紧力 F_j、斜面反作用力 F_N 和水平力 F_x，如图 6-17（b）所示，由于这三个力处于平衡状态，可得：

$$F_x = F_j \tan\alpha \tag{6-10}$$

若滑块 A 与斜面有摩擦力，则反作用力 F_f 与法线 N 偏斜一个摩擦角 φ_1，如图 6-17（c）所示，根据平衡条件，可得：

$$F_x = F_j \tan(\alpha + \varphi_1) \tag{6-11}$$

将式（6-9）代入式（6-11），则可求出夹紧力 F_j，即：

$$F_j = \frac{F_Q L}{r_0 \tan(\alpha + \varphi_1)} \tag{6-12}$$

式中 F_j——夹紧力，N；

F_Q——手柄上的作用力，N；

L——手柄的臂长，mm；

r_0——螺纹平均半径，mm；

α——螺纹升角，(°)；

φ_1——螺母与螺杆间的摩擦角，(°)，实际计算可取 $\varphi_1 = 8°30'$。

对于标准三角螺纹，升角都不大于 $3°30'$，远比摩擦角 φ_1 小，故可保证自锁。

使用力臂 $L = 14d_0$ 的标准扳手，若取 $\alpha = 3°$，$\varphi_1 = 8°30'$，代入式（6-12）得：

$$F_j = 140 F_Q \tag{6-13}$$

可见螺旋夹紧力是很大的，这是其他简单夹紧件所不及的。但当螺杆端部为平端面或用螺母夹紧形式时，还需考虑其旋转接触面间的摩擦力矩损失，此时夹紧力的计算公式为：

$$F_j = \frac{F_Q L}{r_0 \tan(\alpha + \varphi_1) + r' \tan\varphi_2} \tag{6-14}$$

式中　φ_2——螺杆端部与工件（或压块）间的摩擦角，可取 $\tan\varphi_2 = 0.15$；

　　　r'——摩擦力矩的当量半径，mm。

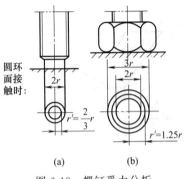

图 6-18　螺钉受力分析

当量半径 r' 与接触处的形状有关，当平面接触时，如图 6-18（a）所示，$r' = 2r/3$；当圆环面接触时，如图 6-18（b）所示，$r' \approx 1.25r$。用上述条件简化，可得平面接触时：$F_j \approx 90 F_Q$；$F_j \approx 70 F_Q$。

（2）圆偏心夹紧机构

偏心夹紧机构是指用偏心件直接或间接夹紧工件的机构。偏心件有圆偏心和曲线偏心（即凸轮）两种。圆偏心外形为圆，制造方便，应用最广。

① 圆偏心夹紧机构的自锁条件。如图 6-19（a）所示，圆偏心轮 1 上有一偏心孔，通过此孔自由地安装在轴 2 上并绕该轴旋转，手柄 3 是用来控制圆偏心轮旋转的。当转动手柄使圆偏心轮的工作表面与焊件或中间机构在 K 点接触后，圆偏心轮应能依靠其自锁性将焊件夹紧。圆偏心轮的几何中心 C 与轴心 O 之间的距离 e 为偏心距。垂直于轴心和接触点连线的直线与接触点切线之间所形成的锐角 λ，称为该接触点的升角。

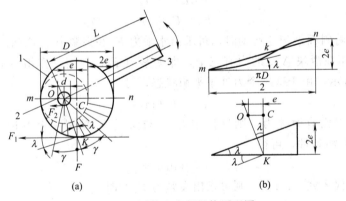

图 6-19　圆偏心夹紧机构原理图
1—圆偏心轮；2—轴；3—手柄

由图 6-19（a）可以看出，在偏心机构上实际起夹紧作用的是图上画有细实线的部分，将它展开后即近似于楔的形状［图 6-19（b）］，也即偏心夹紧相当于楔夹紧。

但偏心轮的升角 λ 是变化的，偏心轮的升角 λ 定义如图 6-20 所示，偏心轮上任意受压点 x 与旋转中心 O 和几何中心 O_1 连线之间的夹角 $\angle OxO_1$ 就是 x 点的升角 λ。由图中 $\triangle Ocx$ 可得：

$$\tan\lambda = \frac{Oc}{cO_1 + O_1 x} \tag{6-15}$$

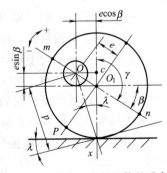

图 6-20　圆偏心夹紧机构的升角

$$Oc = e\cos\beta$$

$$cO_1 = e\sin\beta$$

$$O_1x = D/2$$

β 为偏心轮的回转角，是水平轴线与偏心和圆心连线的夹角，回转角范围为 $\pm 90°$，如图 6-20 所示，β 顺时针旋转为正，逆时针旋转为负。

偏心转角 γ 定义为偏心轮几何中心与回转中心 O 的连线 O_1O 和几何中心 O_1 与夹紧点 x 的连线之间的夹角。偏心转角 γ 和回转角 β 之间的关系为：

$$\gamma = 90° + \beta \tag{6-16}$$

由此可得：

$$\tan\lambda = \frac{e\cos\beta}{0.5D + e\sin\beta} \tag{6-17}$$

由式（6-16）可知，当 $\beta = \pm 90°$ 时，$\tan\lambda = 0$，即 $\lambda = \lambda_{\min} = 0°$，因此 m 点及 n 点的 λ 角最小（几乎等于零）。

而当 $\beta = 0°$ 时，$\tan\lambda = 2\dfrac{e}{D}$，而 λ 值一般都很小，故可取 $\tan\lambda \approx \lambda$，因此，$\lambda_{\max} \approx 2e/D$，即如图 6-19（a）所示位置，$K$ 点升角最大。

偏心轮的夹紧工作面，理论上可取 m 点至 n 点的下半圆周，即相当于 180° 转角的部分，但在实际应用中，常只取 K 点至 n 点之间的一段，即相当于 90° 转角的部分；或 K 点左右夹角 γ 为 35°～45° 之间的一段圆弧。

在圆偏心夹紧中，夹紧力是随升角 λ 值的大小而变化的，λ 角越小，夹紧力越大；λ 角越大，夹紧力越小。当偏心轮的工作部分选择在 K 点附近时，由于在左、右夹角为 35°～45° 之间的一段圆弧内，λ 角的变化不大，所以可以得到较稳定的夹紧力，因此，常以 K 点为准进行夹紧力的计算。由图 6-19（a）可看出，若不计圆偏心轮的自重，为保证夹紧状态时的自锁，必须满足：

$$Fe \leqslant F_1\frac{D}{2} + F_2\frac{d}{2} \tag{6-18}$$

式中　F——夹紧力；

　　　e——偏心距；

　　　F_1——焊件与圆偏心轮之间的摩擦力；

　　　F_2——圆偏心轮轴孔处的摩擦力；

　　　D——圆偏心轮的直径；

　　　d——轴径。

因圆偏心轮轴孔处的摩擦力 F_2 较小，可以忽略，则式（6-18）可写成：

$$Fe \leqslant F_1\frac{D}{2} \tag{6-19}$$

将焊件与圆偏心轮之间的摩擦力 $F_1 = fF$（f 为焊件与圆偏心轮之间的摩擦因数）代入并约去 F 后得：

$$\frac{2e}{D} \leqslant f \tag{6-20}$$

由图 6-19（a）可知，圆偏心夹紧的自锁条件必须是升角小于摩擦角。由于圆偏心轮在夹紧过程中 λ 角是变化的，因此其自锁性能也是变化的。当偏心线段 Oc 处在水平位置时，

λ 角最大，自锁性能最差，影响使用安全；当 Oc 处于垂直位置时，λ 角为零，偏心轮又卡得很紧，使松夹发生困难。

此外，为了保证自锁条件，从 $\tan\lambda = \dfrac{2e}{D}$ 的关系中不难看出，只有当 e 较小、D 较大时才容易做到。可是由于夹紧行程的限制，e 不可能很小，因此只有增大 D 才能保证自锁条件。上述两个问题是圆偏心夹紧机构的缺点。对于钢与钢的摩擦，通常取 $f = 0.1$，代入式（6-20），得出圆偏心夹紧机构的自锁条件为：

$$D \geqslant 20e \tag{6-21}$$

在实际应用中，考虑到圆偏心轮轴孔处仍有摩擦，取 $D \geqslant 14e$ 仍可保证自锁。所以在进行圆偏心夹紧机构设计时，圆偏心轮的外径应等于或大于 14 倍的偏心距。

② 圆偏心夹紧机构夹紧力的计算。由于圆偏心夹紧机构可看成绕在转轴上的单楔，因而在计算其夹紧力时，可按单楔作用在焊件与转轴之间的情况来考虑。

如图 6-21（a）所示，在距离转轴中心 L 处的手柄上，作用一力 F_s，使圆偏心轮绕轴转动，此时，相当于一假想的单楔向左推移。F_s 对转动中心产生的力矩 F_sL，传至离转动中心距离为 ρ 的接触点 K 处，变为力矩 $F_g\rho$，这两个力矩值应相等，即：

$$F_sL = F_g\rho \tag{6-22}$$

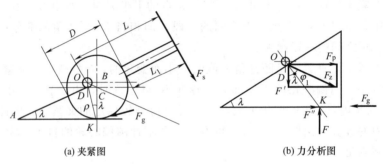

(a) 夹紧图　　　　　　　　　　(b) 力分析图

图 6-21　夹紧力计算

此时，可以认为在升角为 λ 的假想单楔上受到外力 F_g 的作用而对焊件产生夹紧力。如图 6-21（b）所示，假想楔除受外力 F_g 作用外，还受到焊件给予的反作用力 F 和摩擦力 F'' 以及转轴给予的总反力 F_z。F_z 可分解为水平分力 F_p 和垂直分力 F'。由于 λ 角很小，F_g 的方向可看成是水平的，因而当夹紧机构处于平衡状态时，水平和垂直方向的力平衡方程式分别为：

$$F_g = F_p + F'' \tag{6-23}$$

$$F = F' \tag{6-24}$$

由图 6-21（b）可知：

$$F_p = F'\tan(\lambda + \varphi_1) = F\tan(\lambda + \varphi_1) \tag{6-25}$$

$$F' = F\tan\varphi_2 \tag{6-26}$$

代入式（6-23）得：

$$F_g = F\tan(\lambda + \varphi_1) + F\tan\varphi_2 \tag{6-27}$$

将式（6-22）代入式（6-27）得：

$$F = \frac{F_sL}{\rho[\tan(\lambda + \varphi_1) + \tan\varphi_2]} \tag{6-28}$$

式中　F——夹紧力，N；

　　　F_s——作用在手柄上的外力，N；

　　　φ_1——圆偏心轮与转轴之间的摩擦角，通常取 6°；

　　　φ_2——圆偏心轮与焊件之间的摩擦角，通常取 6°；

　　　λ——接触点处的升角，(°)，升角随接触点而变化，若以 K 点为准进行夹紧力计算

时，则 $\lambda=\arctan\dfrac{2e}{D}$，其中 e 为偏心距，D 为圆偏心轮的直径；

　　　L——外力作用点至圆偏心轮转动中心的距离，mm；

　　　ρ——焊件与圆偏心轮的接触点至转动中心的距离，mm。

ρ 也随接触点而变化，若以 K 点为准进行夹紧力计算时，则：

$$\rho=\frac{D}{2\cos\lambda} \tag{6-29}$$

若 $L\approx(4\sim5)\dfrac{D}{2}$，$\varphi_1=\varphi_2=6°$，$\lambda=4°$（圆偏心夹紧机构满足自锁条件的平均升角），将

$\rho=\dfrac{D}{2\cos\lambda}$ 代入式（6-28），可算得：

$$F\approx(14.2\sim17.7)F_s \tag{6-30}$$

由此不难看出，圆偏心夹紧机构的扩力比远远小于螺旋夹紧机构的扩力比。由于圆偏心夹紧机构的扩力比小，且自锁性能随升角的变化而变化，因而夹紧稳定性不够，所以多用在夹紧力不大、振动较小、开合频繁的场合。

③ 圆偏心夹紧机构的夹紧行程。圆偏心轮的夹紧行程 h 可根据偏心距 e 和回转角 β 确定。由图 6-23 可知，夹紧行程 h 为：

$$h=e(1+\sin\beta) \tag{6-31}$$

回转角 β 在 ±90° 范围变化，则 h 相应在 $0\sim2e$ 范围内变化。当偏心轮转角 γ 从 γ_1 转至 γ_2 时，其工作行程 S 为：

$$S=e(\cos\gamma_1-\cos\gamma_2) \tag{6-32}$$

由于焊件的表面大多是非加工面，厚度公差较大，因此要求装焊用的圆偏心夹紧机构，其夹紧行程的包容量要大，以适应夹紧工件的需要。

④ 特点与应用。偏心夹紧机构动作迅速，有一定的自锁作用，结构简单，但行程短，夹紧力不大，怕振动，一般用于小行程、无振动场合。因夹紧快，常在薄板结构批量较大的焊接生产中使用。

（3）斜楔夹紧机构

① 斜楔夹紧机构是利用斜面移动产生的压力夹紧工件的。楔的斜面可以直接或间接压紧工件。在钢结构生产中，特别在现场组装大型金属结构时，广泛使用斜楔直接夹紧工件（图6-22）。楔块除单独使用外，常和杠杆、螺旋、偏心轮、气动或液压装置等其他机构联合使用。

② 夹紧力计算。

不同的斜楔夹紧机构其夹紧力计算公式不同，以图 6-23 所示夹紧机构为例，当斜楔受到锤击力 F 作用时，斜楔可以在以下诸力作用下达到平衡：工件对斜楔的反作用力（夹紧力）F' 和摩擦力 F_1；夹具体对斜楔的反作用力 F'' 和摩擦力 F_2；F_{R1} 是 F' 和 F_1 的合成反力，F_{R2} 是 F'' 和 F_2 的合成反力。

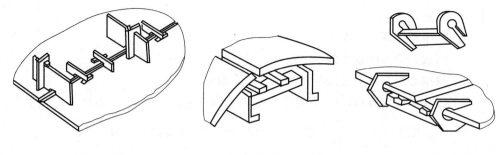

(a) 对齐平板　　　　　　　(b) 对齐曲面板的端面　　　　　(c) 对齐平板端部

图 6-22　斜楔在焊接生产中的应用

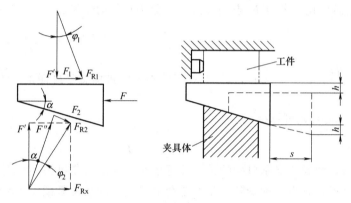

图 6-23　斜楔工作原理

若将 F_{R2} 分解为水平分力 F_{Rx} 和垂直分力 F' 时，根据静力平衡原理得：

$$F_1 + F_{Rx} = F \tag{6-33}$$

因为

$$F_1 = F'\tan\varphi_1,\ F_{Rx} = F'\tan(\alpha+\varphi_2) \tag{6-34}$$

所以

$$F' = \frac{F}{\tan\varphi_1 + \tan(\alpha+\varphi_2)}\ (\text{N}) \tag{6-35}$$

式中　α——斜楔升角（°）；

φ_1，φ_2——摩擦角（°），可根据摩擦系数求出。

当 $\alpha \leqslant 10°$ 时，设 $\varphi_1 = \varphi_2$，式（6-35）可简化成：

$$F' = \frac{F}{\tan(\alpha+2\varphi)} \tag{6-36}$$

锤击力去除后，摩擦力的方向改变，与斜楔企图松脱的方向相反，斜楔在摩擦力作用下仍保持着对工件的夹紧作用。为了保证斜楔稳定的工作状态，应能自锁，其条件是斜楔的升角 α 应小于斜楔与工件、斜楔与夹具体之间的摩擦角之和，即 $\alpha < \varphi_1 + \varphi_2$。一般钢铁件接触摩擦系数 $\mu = 0.1 \sim 0.15$，故：

$\varphi = \arctan\mu = \arctan\ (0.1\sim0.15) = 5°43' \sim 8°30'$，相应斜楔升角 $\alpha = 10° \sim 17°$；设计时，考虑到斜楔与零件或夹具体之间接触不良的因素，手动夹紧时一般取 $\alpha = 6° \sim 8°$；当斜楔的动力由气压或液压提供时，可将斜楔升角扩大，$\alpha = 15° \sim 30°$ 时为非自锁式。斜楔的夹紧行程可按下式确定：

$$h = s\tan\alpha \tag{6-37}$$

式中　h——斜楔夹紧行程，mm；

s——斜楔移动距离，mm。

适当加大斜楔升角和制成双斜面斜楔，可减小夹紧时楔的行程，提高生产效率。

③ 特点与应用。斜楔夹紧器结构简单，易于制造，既可独立使用又能与其他结构如气压或液压等动力源联合使用。手动斜楔夹紧力不很大，效率较低，多用于单件小批生产或现场大型金属结构的装配与焊接。

（4）杠杆-铰链夹紧机构

杠杆-铰链夹紧机构是由杠杆、连接板及支座相互铰接而成的复合夹紧机构。根据两者不同的铰接组合，共有5种基本类型。

第一类结构形式如图6-24所示。两组杠杆（手柄杠杆和夹紧杠杆）通过与连接板的铰接组合在一起。手柄杠杆的施力点 B 与夹紧杠杆的受力点 A 通过连接板的铰链连接在一起，而两组杠杆的支点 O、O_1 都与支座铰接而位置是固定的。

第二类结构形式如图6-25所示。虽然也是两组杠杆与一组连接板的组合，但是手柄杠杆的施力点 B 是与夹紧杠杆的受力点 A 铰接在一起的，而手柄杠杆在支点 O 处是与连接板铰接的。因此，手柄杠杆的支点 O 可以绕 C 点回转。连接板的另一端（C 点）和夹紧杠杆的支点 O_1 均与支座铰接而位置是固定的。同理，也可设计成夹紧杠杆在支点处于连接板铰接，夹紧杠杆的支点转动，连接板的另一端和手柄杠杆的支点均与支座铰接而位置固定。

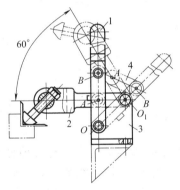

图6-24　第一类杠杆-铰链夹紧机构
1—手柄杠杆；2—夹紧杠杆；3—支座；4—连接板

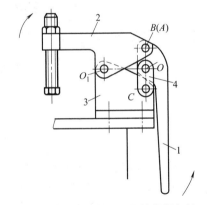

图6-25　第二类杠杆-铰链夹紧机构
1—手柄杠杆；2—夹紧杠杆；3—支座；4—连接板

第三类结构形式如图6-26所示，它是一组杠杆与一组连接板的组合，手柄杠杆的支点 O 与支座铰接而位置固定。

第四类结构形式如图6-27所示。它也是一组杠杆与一组连接板的组合，但是手柄杠杆的支点与连接板铰接。因此，手柄杠杆的支点 O 可以绕连接板的支点 C 回转。

第五类杠杆-铰链夹紧机构如图6-28所示。它是一组杠杆与两组连接板的组合。

以上第二、四类，由于手柄杠杆在支点处于连接板铰接在一起，因此将手柄杠杆扳动一个很小的角度，夹紧杠杆或压头就会有很大的开度，但其自锁性能不如第一、三类可靠。

6.1.5.3　夹紧机构组成与分类

夹紧机构一般是由动力装置、中间传动机构和夹紧元件组成的。其中动力装置是产生原始力的部分，是指机动夹紧时所用的气压、液压或电机等动力装置，手动夹紧装置没有这一部分；中间传动机构即中间传力部分，是用以接受原始力并将它传递或转变为夹紧力的机构；夹紧元件是夹紧装置的最终执行元件，通过它与工件受压面直接基础而完成夹紧。

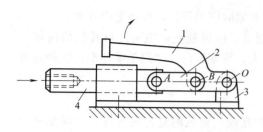

图 6-26　第三类杠杆-铰链夹紧机构

1—手柄杠杆；2—连接板；3—支座；4—夹头；
A—伸缩夹头受力点；B—手柄杠杆施力点；
O—手柄杠杆的支点

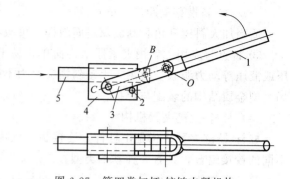

图 6-27　第四类杠杆-铰链夹紧机构

1—手柄杠杆；2—挡销；3—连接板；4—支座；5—伸缩夹头；
O—手柄杠杆的支点；B—手柄杠杆的施力点、伸缩夹头的受力点

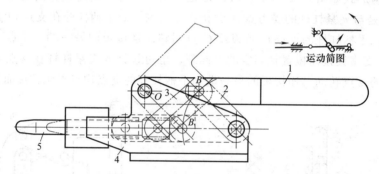

图 6-28　第五类杠杆-铰链夹紧机构

1—手柄杠杆；2—连接板Ⅰ；3—连接板Ⅱ；4—支座；5—伸缩夹头；
B—手柄杠杆的施力点；O—手柄杠杆的支点

　　传动机构与夹紧元件合起来便构成了夹紧机构。夹紧装置种类很多，有各种分类方法，按原始力来源分手动和机动两大类。机动的又分为气压夹紧、液压夹紧、气-液联合夹紧、电力夹紧等，此外还有用电磁和真空等作为动力源的。按夹紧装置位置变动情况可分为携带式和固定式，前者多个能独立使用的手动夹紧器，其功能单一，结构简单轻便，用时可搬到使用地点；后者安装在夹具体预定的位置上，而夹具体在车间的位置是固定的。按夹紧机构分，有简单夹紧和组合夹紧两大类，简单夹紧装置将原始力转变为夹紧力的机构只有一个。按力的传递与转变方法不同又分为斜楔式、螺旋式、偏心式和杠杆式等夹紧装置；组合夹紧装置是由两个或更多个简单机构组合而成，按其组合方法不同又分为螺旋-杠杆式、螺旋-斜楔式、偏心-杠杆式、偏心-斜楔式、螺旋-斜楔-杠杆式等夹紧装置。下面我们具体看一下各种夹紧装置的特点及应用。

　　（1）手动夹紧机构

　　手动夹紧机构是以人力为动力源，通过手柄或脚踏板，靠人工操作用于装焊作业的机构。它结构简单，具有自锁和扩力性能，但工作效率低，劳动强度较大，一般在单件和小批量生产中应用较多。手动夹紧机构主要有：手动螺旋夹紧器、手动螺旋拉紧器、手动螺旋推撑器、手动螺旋撑圆器、手动楔夹紧器、手动凸轮（偏心）夹紧器、手动弹簧夹紧器、手动螺旋-杠杆夹紧器、手动凸轮（偏心）-杠杆夹紧器、手动杠杆-铰链夹紧器、手动弹簧-杠杆夹紧器、手动杠杆-杠杆夹紧器。其典型结构、性能及使用场合见表 6-5。

表 6-5　手动夹紧机构典型结构、性能及使用场合

名称	结　构　举　例	特点及使用场合
手动螺旋夹紧器	筒形螺母　压脚　A—A　A　A　工件	结构简单,形式多样,适应面广,夹紧力较大,自锁性能好,但螺旋每转行程较小,动作缓慢,效率较低;多用于单件和小批量生产
手动螺旋拉紧器	B_{min}^{max}　C　H　d　D　A_{min}^{max}　E　A　A—A　A	通过螺旋的扩力作用,将工件拉拢,在装配和矫形作业中应用较多 直线螺旋拉紧器已标准化、系列化

名称	结构举例	特点及使用场合
手动螺旋推撑器		用于支承工件、防止变形和矫正变形的场合
手动螺旋撑圆器	棘轮机构 摇柄	用于筒形工件的对接及矫正其圆柱度误差、防止变形或消除局部变形
手动楔夹紧器	圆楔 工件 斜楔 工件	简单易作，主要用于现场的装焊作业，为使楔在夹紧状态下既自锁可靠又便于退出，楔角应在 8°～11° 内选取

续表

名称	结 构 举 例	特点及使用场合
手动凸轮（偏心）夹紧器	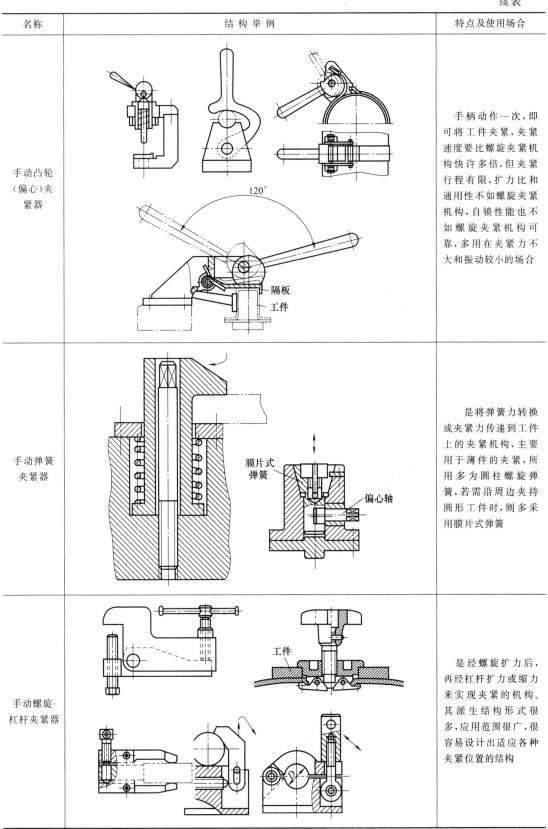	手柄动作一次，即可将工件夹紧，夹紧速度要比螺旋夹紧机构快许多倍，但夹紧行程有限，扩力比和通用性不如螺旋夹紧机构，自锁性能也不如螺旋夹紧机构可靠，多用在夹紧力不大和振动较小的场合
手动弹簧夹紧器		是将弹簧力转换成夹紧力传递到工件上的夹紧机构，主要用于薄件的夹紧，所用多为圆柱螺旋弹簧，若需沿周边夹持圆形工件时，则多采用膜片式弹簧
手动螺旋-杠杆夹紧器		是经螺旋扩力后，再经杠杆扩力或缩力来实现夹紧的机构。其派生结构形式很多，应用范围很广，很容易设计出适应各种夹紧位置的结构

名称	结 构 举 例	特点及使用场合
手动凸轮（偏心）-杠杆夹紧器	垫板	是经凸轮或偏心轮扩力后再经杠杆扩力来实现夹紧的机构，动作迅速，但自锁可靠性不如螺旋-杠杆夹紧器
手动弹簧-杠杆夹紧器		弹簧力经杠杆扩力或缩力后实现夹紧作用的机构，适用薄件的夹紧，应用不广泛
手动杠杆-杠杆夹紧器		通过两级杠杆传力实现夹紧，扩力比较大，但实现自锁较困难，应用不广泛

续表

名称	结 构 举 例	特点及使用场合
手动杠杆-铰链夹紧器	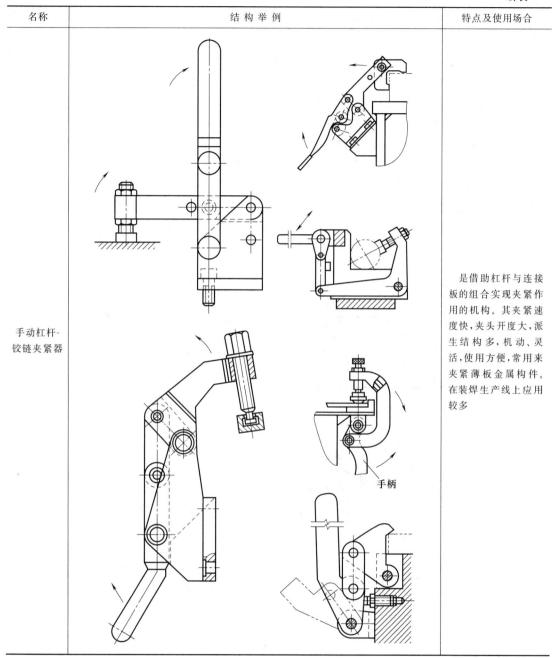 手柄	是借助杠杆与连接板的组合实现夹紧作用的机构。其夹紧速度快,夹头开度大,派生结构多,机动、灵活,使用方便,常用来夹紧薄板金属构件。在装焊生产线上应用较多

　　设计手动夹紧机构时，其手柄操作高度以 0.8～1m 为宜，操作力应在 150N 以下，短时功率控制在 120W 以内，夹具处在夹紧状态时，应有可靠的自锁性能。

　　(2) 气动与液压夹紧机构

　　气动夹紧机构是以压缩空气为传力介质，推动气缸动作实现夹紧作用。液压夹紧机构是以压力油为传力介质，推动液压缸动作实现夹紧。两者的结构和功能相似，主要是传力介质不同。

　　① 气动夹紧机构。气压传动用的气体工作压力不高，一般为 0.4～0.6MPa。气体便于

集中供应和远距离输送，用后排入大气不需回收。因空气阻力小，故气动动作迅速，反应快。气压系统对环境适应性强，在易燃、易爆、多尘、强磁、辐射、潮湿、振动及温度变化大的场合下也能可靠地工作。因此，气动夹紧器具有夹紧动作迅速（3～4s 完成）、夹紧力可调节、结构简单、操作方便、不污染环境及有利于实现程序控制操作等优点。但气动夹紧机构的不足之处是传动不够平稳、夹紧刚性较低、气缸尺寸较大等。

如图 6-29 所示是几种气动夹紧机构的结构形式及应用实例。图 6-29（a）所示是气动杠杆夹紧机构，特点是采用了固定式气缸形式、活塞杆单向推动杠杆，当气压卸除后夹紧杠杆可在水平面内转动，以便留出较大的装卸空间。图 6-29（b）所示是一种气动斜楔夹紧机构，当活塞杆 2 向上运动时顶起斜楔 1，利用双斜面推动左右柱塞 3 压紧工件，此类夹紧器主要用于工件的定心和内夹紧作用。图 6-29（c）所示是气动铰链杠杆夹紧机构，其特点是采用了摆动式气缸，工作时活塞杆除做直线运动外，还要做弧形摆动。图 6-29（d）所示是气动偏心轮-杠杆夹紧机构，它可以通过偏心轮和杠杆的两级增力作用完成对零件的夹紧。

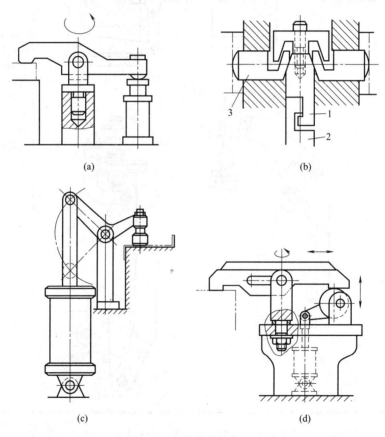

(a)　　　　　　　　　　(b)

(c)　　　　　　　　　　(d)

图 6-29　气动夹紧机构应用示例

1—斜楔；2—活塞杆；3—柱塞

② 液压夹紧机构。液压夹紧机构的工作原理和工作方式与气动夹紧机构相似，只是采用高压液体代替压缩空气。液压传动用的液体工作压力一般为 1.69～7.84MPa，在同样输出力的情况下液压缸尺寸较小、惯性小、结构紧凑。液体有不可压缩性，故夹紧刚性较高且工作平稳，夹紧力大，有较好的过载能力。油有吸震能力，便于频繁换向。但液压系统结构

复杂，制造精度要求高，成本较高；控制部分复杂，不适合远距离操纵；因油的黏度大，动作缓慢，且受温度变化影响，在低温和高温条件下工作不正常。

如图 6-30 所示是液压撑圆器，适用于壁厚筒体的对接、矫形及撑圆装配。

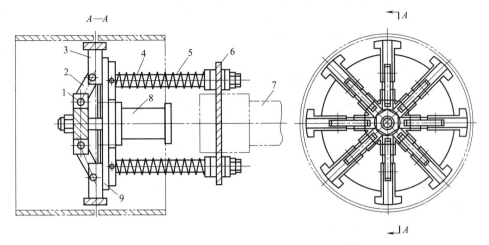

图 6-30　液压撑圆器

1—心盘；2—连接板；3—推撑头；4—支撑杆；5—缓冲弹簧；6—支撑板；

7—操作机伸缩臂；8—液压缸；9—导轨花盘

（3）磁力夹紧机构

磁力夹紧机构是借助磁力吸引铁磁性材料的零件来实现夹紧的装置。其按磁力的来源可分为永磁式夹紧器和电磁式夹紧器两种；按工作性质可分为固定式和移动式两种。

① 永磁式夹紧器。是利用永久磁铁的剩磁产生的磁力夹紧零件。此种夹紧器的夹紧力有限，用久以后磁力将逐渐减弱，一般用于夹紧力要求较小、不受冲击振动的场合，常用它作为定位元件使用。

永久磁铁常用铝镍钴系合金和铁氧体等永磁材料来制作，特别是后者中的锶钙铁氧体，其货源丰富、性能好、价格低廉，得到了广泛的应用。

② 电磁式夹紧器。它是一个直流电磁铁，通电产生磁力，断电则磁力消失。图 6-31 所示是一种常用的电磁夹紧器，它的磁路由外壳 1、铁芯 3 和焊件 7 组成。线圈 2 置于外壳和铁芯之间，下部用非铁磁性材料 6 绝缘，线圈从上部引出，经开关 5 接入插头 8，手柄 4 供移动磁力装置时使用。

图 6-32 所示是移动电磁夹紧器的应用示例。图 6-32（a）所示是用两个电磁铁并与螺旋夹紧器配合使用矫正变形的板料；图 6-32（b）所示是依靠电磁铁对齐拼板的错边，并可代替定位焊；图 6-32（c）所示是利用电磁铁作为杠杆的支点压紧角铁与焊件表面的间隙；图 6-32（d）所示是采用电磁铁作支点使板料接口对齐。

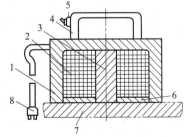

图 6-31　电磁夹紧器的结构

1—外壳；2—线圈；3—铁芯；

4—手柄；5—开关；6—非铁磁性材料；

7—焊件；8—插头

电磁夹紧器具有装置小、吸力大（如质量为 12kg 的电磁铁，吸力可达 80kN）、运作速度快、便于控制且无污染的特点。值得注意的是，使用电磁夹紧器时应防止因突然停电而可能造成的人身和设备事故。

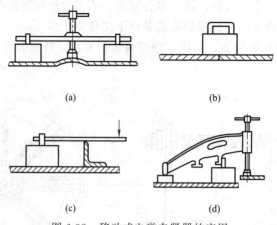

图 6-32　移动式电磁夹紧器的应用

6.1.6　夹具体设计

6.1.6.1　对夹具体的基本要求

夹具体是夹具的基础件，它把夹具的各种元件、机构、装置连接成一个整体，起着支承和联接的作用。夹具体的形状和尺寸主要取决于夹具各组成件的分布位置、工件的外形轮廓尺寸以及加工的条件等。夹具体设计的基本要求包括：

① 具有足够的刚度和强度。保证夹具体在装配或焊接过程中正常工作，防止在夹紧力、焊接变形拘束力、重力和惯性力等外力的作用下夹具产生不允许的变形和振动，夹具体应具有足够的壁厚，刚性不足处可以适当增设加强筋，为了减轻重量，可以采用框形薄壁结构。

② 结构力求简单、重量轻。在保证强度和刚度前提下结构尽可能简单、体积小、重量轻，在不影响强度和刚度的部位可开窗口、凹槽等以减轻夹具重量，特别是手动翻转式或移动式夹具，其重力一般不超过 10kg。

③ 安装稳定可靠。夹具体可安放在车间的地基上或安装在变位机械的工作台上。为了使夹具安装稳定可靠，夹具体底面中部应挖空，其重心尽可能低并落在夹具体的支承范围之内，重心越高夹具体支承面积应越大。对于翻转式或移动式夹具，应在夹具体上设置手柄或扶手部位，便于操作。对于大型夹具，在夹具体上应设置吊环螺栓或起重孔，以便于吊运。

④ 结构工艺性好，便于制造、装配和检验。

⑤ 尺寸要稳定且具有一定的精度。对于焊接的夹具体要进行退火处理，对铸造的夹具体要进行时效处理，使夹具体尺寸稳定。各定位面、安装面要有适当的尺寸和形状精度。

⑥ 便于清理。在装配和焊接过程中不可避免地有飞溅物、焊渣、焊条头、焊剂等杂物掉入夹具内，因此设计的夹具体的结构应便于清理杂物。

6.1.6.2　夹具体毛坯制造方法

在制造旋转夹具体毛坯时，应以结构合理性、工艺性、经济性、标准化的可能性及工厂的具体条件为依据综合考虑。实际生产中常用的夹具毛坯制造方法有以下几种：

（1）铸造夹具体

铸造夹具体是常用的一种制造方法，其优点是能铸造出各种复杂的结构形状，且抗压强度、刚度和抗振性能好，但制造周期长，且需经时效处理，单件生产成本高。常用材料为 HT150 或 HT200，强度要求高时可用铸钢，适用于批量大、结构复杂的夹具体和振动大的场合。

（2）焊接夹具体

焊接结构与铸造结构相比，优点在于制造容易、生产周期短、成本低（一般比铸造夹具体成本低 30%～40%），由于采用钢板、型材等焊接而成，故重量较轻；缺点是焊接变形大，焊后需经退火处理。如果精度要求高，工作振动大时，宜选用铸造结构，除此之外，应尽量采用焊接结构。

另外，焊接结构造型设计的高度灵活性也是铸造结构所不可比拟的。焊接结构可以利用丰富多彩的各种板材、型材和管材，达到以最少的材料、最低的成本取得最好的效果。它既能仿铸件的曲面大圆角造型，形态丰满而流畅，又有自身合理的直线方角造型特征，给人以明快、简洁、俊秀的美感。

（3）锻造夹具体

锻造结构可用强度较高的钢材，如低碳钢、中碳钢，采用自由锻方法制成，其加工量较大，适用于形状简单、尺寸不大、对强度和刚度要求高的场合。

（4）装配式夹具体

为了克服铸件制造周期长、单件生产成本高的缺点，发展了选用标准毛坯件和标准零部件组装成所需要的夹具体结构的方法，即选用板材、圆棒、角铁、槽钢、工字钢等标准型材，按尺寸系列截取成所需要的皮料，再利用螺钉、销钉、底座筋板等标准零部件进行组合。这种制造方法不仅可以大为缩短夹具体的制造周期，而且可以组织专门工厂进行专业化生产，有利于降低成本、提高效益，这是很有发展前途的一种制造方法。

6.1.6.3　夹具体的外形尺寸

夹具体设计一般不做复杂的计算，通常是参照类似结构，按经验类比法估计确定。实际上在绘制夹具总图时，根据工件、定位元件、夹紧装置及其他辅助机构在总体上的配置，夹具体的外形尺寸便已大体确定。然后进行造型设计，再根据强度和刚度要求选择断面的结构形状和壁厚尺寸。以下经验数据可供确定其具体结构尺寸时参考：

① 铸造夹具体的壁厚一般取 8～25mm，加强筋厚度取壁厚的 0.7～0.9 倍，加强筋高度一般不大于壁厚的 5 倍，定位面凸台高度为 3～5mm。

② 焊接夹具体的壁厚一般取 6～16mm，若刚性不足可增设加强筋。

6.2　焊接夹具设计实例

6.2.1　摇臂焊接夹具结构分析

下面就摇臂的焊接夹具设计过程及步骤做以下介绍。首先要对结构件进行分析。

6.2.1.1　摇臂焊接结构件的组成与分析

（1）摇臂焊接结构件组成

如图 6-33 所示，其结构由端盖 1、臂身 2、中筒 3 和大筒 4 组成。需要连接的部分有：端盖与臂身的环焊缝、中筒与臂身的两条马鞍形环焊缝、大筒与臂身的两条马鞍形环焊缝。

（2）摇臂焊接结构件分析

焊接性是指同质材料或异质材料在制造工艺条件下，能够焊接形成完整接头并满足预期要求的能力。其中材料因素中的化学成分对于焊接性会有很大影响，因为母材和焊材在焊接过程中直接参与熔池或熔合区的冶金反应，对焊接质量和焊接性有重要的影响，若母材与焊材的成分匹配不当，会造成焊缝成分不合格、力学性能和其他使用性能降低，甚至导致裂纹、气孔、夹杂等焊接缺陷。采用 MIG 对接焊焊缝易产生气孔和表面硬化，因此，焊前烘干填充材料，提高保护气体纯度，采用过渡层。

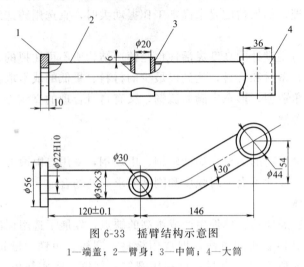

图 6-33　摇臂结构示意图

1—端盖；2—臂身；3—中筒；4—大筒

摇臂构件的材料如表 6-6 所示。此次焊接加工的材料中有 40Cr 和 30CrMnSiA。异种钢的焊接性取决于两种材料的物理性能、化学性能、化学成分等。这两种钢材的焊接性容易产生以下问题：第一，焊缝成分的稀释；第二，熔合过渡区的形成，碳迁移扩散层导致增碳硬化，脱碳软化。从而引起结合性能差和使用性能低。那么综合化学成分和实际情况选择 MAG 焊，选择焊丝时，保证焊接接头的使用性能，塑韧性较好的熔敷金属形成"软"中间层起到"约束强化"作用，其次保持良好的工艺性能，不出现裂纹。

表 6-6　各构件材料

名称	材料	名称	材料
大筒	40Cr	中筒	40Cr
臂身	30CrMnSiA	端盖	40Cr

6.2.1.2　制订焊接结构件的焊接工艺

（1）焊接方法及焊接规范

焊接方法：根据焊缝位置、可施焊空间和经济性综合分析可知宜选用 MAG 焊。

焊接规范：NB-400 型半自动熔化极焊机，选择焊接电流 310～320A，焊接电压 26～27V，采用直流反接；焊前烘干填充材料，提高保护气体纯度；尽量采用小的热输入，快速焊；条件允许可焊前预热，焊后热处理，其他不做要求。

（2）焊接工艺要点

一般在退火（正火）状态下焊接，焊接方法不受限制，预热温度和层间温度控制为 250～300℃。焊接材料应保证熔敷金属的性能和母材基本相似。焊后应及时进行调制热处理。若及时进行调制处理有困难，可进行中间退火或在高于预热温度的温度下保温一段时间，扩散除氢。

（3）焊接工序的确定

构件的焊接顺序为：整装后整焊，因为焊缝都是对称分布，所以施焊时可以对称交叉焊接，先焊中筒环焊缝，再焊左右两侧焊缝。焊接操作时定位焊固定，然后进行环焊缝焊接。

（4）焊接质量的保证措施

① 焊前烘干填充材料，提高保护气体纯度；焊前要进行机械清理，以去焊件表面的污物及氧化膜。有条件可进行中间退火和消除应力热处理，热处理温度一般不超过 $450\sim$ $650℃$（多数情况下选择下限温度而延长保温时间）。

② 尽量采用短路过渡形式，减少飞溅。

③ 选择小的熔合比，减少焊缝金属被稀释。

④ 选用小焊丝直径、小电流、快速多层焊等工艺。

6.2.1.3 摇臂焊接夹具的设计步骤

（1）基准面的选择

一个工件是由若干个表面组成的，在确定件表面的相对关系时，必须确定一个基准面，基准是零件上用来确定其他点、线、面位置的依据。根据工件图总体结构特点，选择中筒轴线为定位中心基准。

（2）定位器的设计

定位元件是要使工件在焊接工作中有确定的位置。定位元件的选择原则主要有：

① 以工件的平面为基准进行定位时，常采用挡板、V 形块进行定位。

② 工件以筒身内表面为基准进行定位时常采用多个挡板夹紧定位。

③ 工件以圆柱外表面为基准进行定位时常采用 V 形块定位器。

④ 利用以定位工件的轮廓对被定位工件进行定位可采用底板定位器。

定位器结构如图 6-34 所示。

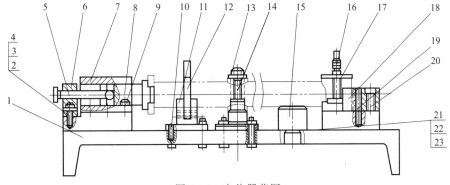

图 6-34 定位器草图

由图 6-34 可知，对于中筒，利用短销大平面组合（序号 15）定位 X、Y、Z 方向的平移自由度和 X、Z 方向的旋转自由度。对于端盖，利用改进的活动块（序号 5、6、7、8）定位 X、Y、Z 方向的平移自由度和 X、Z 方向的旋转自由度。大筒定位则采用固定 V 形块配合压紧器进行定位，定位 X、Y、Z 方向的平移自由度和 X、Z 方向的旋转自由度。臂身的定位使用一个短 V 形块（序号 11 和 12）定位 X、Z 方向的平移自由度，支撑钉（序号 16）辅助支撑，配合总体装配条件实现定位。

6.2.1.4 夹具体的设计

夹具体是在夹具上安装定位器和夹紧机构以及承受焊件质量的部分。各种焊接定位设备上的工作台以及装焊车间里的各种固定式平台，就是通用的夹具体。在其台面上开有安装槽、孔，用来安放和固定各种定位器和夹紧机构。在批量生产中使用的专用夹具体，是根据焊件形状、尺寸、定位及夹紧要求,装配施焊工艺等专门设计的。

对夹具体的要求前面已有叙述。该结构中,为了很好地布置定位器和夹紧装置,夹具体设计成带孔的平面夹具体,草图如图 6-35 所示。

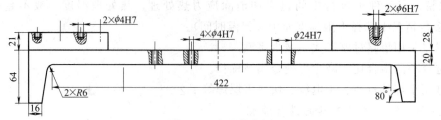

图 6-35　夹具体草图

6.2.1.5　夹紧装置的设计

在夹具上被定好位置的工件,必须进行夹紧,否则无法维持它的既定位置,即始终使工件的定位基准与定位元件紧密接触。这样就必须有夹紧装置来完成这份工作,在夹紧时要使夹紧所需的力应能克服操作过程中产生的各种力,如工件的重力、惯性、因控制焊接变形而产生的拘束力等。

本次设计采用手动夹紧装置,对夹紧机构的基本要求如下:

① 夹紧作用准确,处于夹紧状态时应能保持自锁,保证夹紧定位的安全可靠。

② 夹紧动作迅速,操作方便省力,夹紧时不应损害零件表面质量。

③ 夹紧件应具备一定的刚性和强度,夹紧作用力应是可调节的。

④ 结构力求简单,便于制造和维修。

针对不同焊缝,设计所采用的夹紧装置有以下三种:

① 端盖夹紧考虑使用了 V 形块,所以选用带有 V 形块的铰链装置,如图 6-36 所示,在图中,按零件图的尺寸设计 120°的钩型夹紧器。

② 中筒夹紧装置如图 6-37 所示,选用带可拆卸垫片的螺母在中筒上端压紧。

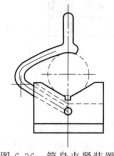

图 6-36　筒身夹紧装置

图 6-37　中筒夹紧装置

③ 大筒夹紧形式与中筒不同,利用压紧器直接夹紧,夹紧方式如图 6-38 所示。设计的大筒的定位夹紧装置如图 6-39 所示。

6.2.1.6　夹具材料的选择

夹具的材料是决定夹具性能的一个重要因素,材料的选取是与工件的使用情况和功能相匹配的,同时兼顾材料的可获得性和经济性。在本夹具工件中,主要是用的是 20 钢、45 钢和 Q235A。20 钢有好的热轧性,用于制作 V 形板、挡板等零件;Q235A 和 45 钢综合力学性能好,用于制作夹紧器、夹紧器压板、铰链压板等。

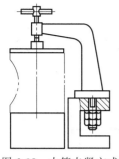

图 6-38　大筒夹紧方式

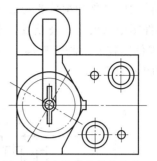

图 6-39　大筒的定位夹紧装置

6.2.1.7　夹具体尺寸公差及粗糙度

夹具总图上标注的尺寸公差有以下几点：

① 最大轮廓尺寸。活动部分用双点画线画出最大活动范围。

② 影响定位精度的尺寸公差。主要是工件与定位元件及定位元件之间的尺寸和公差。

③ 影响定位元件在夹具体上安装精度的尺寸和公差。

④ 影响夹具精度的尺寸与公差。主要指定位元件、安装基面之间位置尺寸和公差。

⑤ 其他重要尺寸与公差。设计中一般采用对称分布的公差，夹具的尺寸公差在 IT7～IT9 制定；工件上未标注公差时，公差视为 IT9～IT11 级。夹具装配图上标注定位元件支架的相关尺寸一般取工件相应公差的 1/3～1/2。

粗糙度的要求是内孔及内侧面是 $Ra25\mu m$，无相对运动的销孔和比较重要的基准面、接触面的粗糙度为 $Ra3.2\mu m$ 或 $Ra6.3\mu m$，其余为 $Ra12.5\mu m$。

6.2.2　绘制夹具草图

仔细查看工件图及比例尺寸，明确工件的大致形状、焊接位置、焊缝形式等，制定设计方案，先用黑色双点画线画出工件的轮廓和主要表面，如定位基准面、夹紧表面、焊接部位等，视工件为透明体，不影响各夹具元件的绘制；然后按总布局按定位元件、夹紧机构、传动装置等顺序画出各自的具体结构；最后绘制夹具体和连接件，把工装上各组成元件和装置连成一体，根据方案将草图绘制完毕，如图 6-34 所示。

6.2.3　绘制装配图

草图绘制后，需经审查修改后才绘制正式总装配图。总图的绘制过程与上述草图绘制过程基本相同。只是要求图面大小、比例、视图布置、各类线条粗细等均要严格符合国家制图标准的要求。总装配图中除应将结构表示清楚外，还应注意以下两方面内容：

① 标注有关尺寸、公差及配合。

② 标注零件编号及编制零件明细表。在标注零件编号时，标准件可直接标出国家标准号。明细表要注明工装名称、编号、序号、零件名称和材料、数量等。

6.2.4　绘制零件图

对于工装夹具中的非标准件，需要了解这些零件的尺寸，因此需要绘制工装中非标准零件的工作图。在绘制零件工作图时需要注意以下问题：

① 每个零件必须单独绘制在一张标准图纸上，尽量用 1∶1 比例，按国家制图标准绘制。

② 零件图的名称和编号要与总装图保持继承性。

③ 零件图中的尺寸、公差及技术要求应符合总装图的要求。

由于零件图较多，此处不再一一列出，仅给出固定 V 形块和压紧器-钩的零件图例，如图 6-40 和图 6-41 所示。

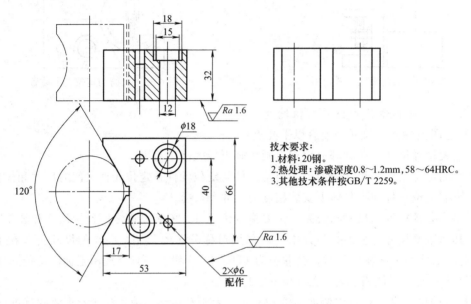

技术要求：
1.材料：20钢。
2.热处理：渗碳深度0.8～1.2mm，58～64HRC。
3.其他技术条件按GB/T 2259。

图 6-40　固定 V 形块零件图

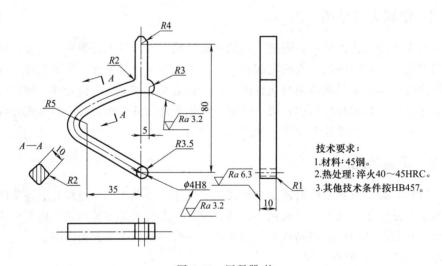

技术要求：
1.材料：45钢。
2.热处理：淬火40～45HRC。
3.其他技术条件按HB457。

图 6-41　压紧器-钩

6.3　装配-焊接机械装备

装配-焊接机械装备就是在焊接生产中与焊接工序相配合，有利于实现焊接生产机械化、自动化、提高装配-焊接质量，促使焊接生产过程加速进行的各种辅助机械装备和设备。这些装备和设备主要指在焊接结构生产的装配和焊接过程中起配合或辅助作用的焊接工夹具、变位机械、焊件输送机械、导电装置、焊剂送收装置、坡口准备及焊缝清理与精整装置等。因它们都是为装配与焊接工艺服务的，故又称装配-焊接工艺装备，简称焊接工装。

装配-焊接机械装备种类繁多，简单的像工具，复杂的像一台机器，一般按其功能、使用范围或动力源进行分类，各种分类方法如表 6-7 所示。

表 6-7　装配-焊接机械装备的分类

分类	名　称		特点与适用场合
按功能分	装配-焊接夹具		功能单一，主要起定位和夹紧作用；结构较简单，多由定位元件、夹紧元件和夹具体组成，一般没有连续动作的传动机构；手动的工夹具可携带和挪动，适用于现场安装或大型金属结构的装配和焊接场合
	焊接变位机械	焊件变位机	又称焊接变位机。焊件被持在可变位的台或架上，该变位台或架由机械传动机构使之在空间变换位置，以适应装配和焊接需要，适于结构比较紧凑、焊缝短而分布不规则的焊件装配和焊接时使用
		焊机变位机	又称焊接操作机。焊机或焊接机头通过该机械实现平移、升降等运动，使之到达施焊位置并完成焊接。多用于焊件变位有困难的大型金属结构的焊接，可以和焊件变位机配合使用
		焊工变位机	又称焊工升降台，由机械传动机构实现升降，将焊工送至施焊部位，适用于高大焊接产品的装配、焊接和检验等工作
	焊接辅助装置		一般不与焊件直接接触，但又密切为焊接服务的各种装置，如焊剂输送和回收装置，焊丝去锈缠绕装置，坡口准备及焊缝清理与精整装置等
按使用范围分	专用装备		是为了适应单品种、大批量焊接生产的需要专门设计制造的，只适于一种焊件的装配或焊接使用，换另一种焊件则不适用。这种装备专用性强、生产率高、控制系统先进，能很好地满足产品结构、装焊工艺、生产批量的要求。例如：专用焊接工装夹具、专用焊接机床就属于这类装备
	通用装备		又叫万能工装，一般不需调整即能适用于各种焊件的装配或焊接，通用性强、适应性广，整台机械能适应产品结构的变化重复使用。它们可以组合在一起使用，也可以组装在焊接生产线上成为焊接生产线的一部分，如定位器、夹紧器等。由于这种装备通用性强，因此机械化、自动化水平不高，主要满足多品种、小批量焊接生产的需要
	半通用装备		介于专用与通用之间，有一定适用范围，如适用于同一系列但不同规格产品的装配或焊接，用前须作适当调整
	组合式装备		具有万能性质，但必须在使用前将各夹具元件重新组合才能适用于另一种产品的装配和焊接
按动力源分	手动装备		靠工人手臂之力去推动各种机构实现焊件的定位、夹紧或运动，适用于夹紧力不大、小件、单件或小批量生产场合
	气动装备		用压缩空气作动力源，气压一般在 1MPa（10kgf/cm²）以内，传动力不大，适用于快速夹紧和变位场合
	液压装备		用液体压力作动力源，传动力大、平稳，但速度较慢、成本高，宜短距离控制，适用于传动精度高、工作要求平稳、尺寸紧凑的场合
	磁力装备		利用电磁铁产生的磁力做动力源来夹紧焊件，用于夹紧力小的焊件
	电动装备		利用电动机的扭矩做动力去驱动传动机构，实现各种动作，效率高、省力、易实现自动化，适于批量生产
	真空装备		利用真空盘的吸力夹持焊件，适用于薄板件的装配与焊接

6.4 焊接变位机械

焊接变位机械是改变焊件、焊机或焊工空间位置来完成机械化、自动化焊接的各种机械设备。

使用焊接变位机械可以缩短焊接辅助时间，提高劳动生产率，减轻工人的劳动强度，从而保证和改善焊接质量，并可以充分发挥各种焊接方法的效能。

6.4.1 焊件变位机械

焊件变位机械是指在焊接过程中改变焊件空间位置，使其有利于焊接作业的各种机械设备。

焊接变位机是指在焊接作业中将焊件回转并倾斜，使焊件上的焊缝置于有利施焊位置的焊件变位机械。

焊接变位机主要用于机架、机座、机壳、法兰、封头等非长形焊件的翻转变位。焊接变位机按结构形式分为三种：伸臂式焊接变位机、座式焊接变位机和双座式焊接变位机。

① 伸臂式焊接变位机。如图 6-42 (a) 所示，其回转工作台绕回转轴旋转并安装在伸臂的一端，伸臂一般相对于某一转轴成角度回转，而此转轴的位置多是固定的，但有的也可以在小于 100°的范围内上下倾斜。这两种运动都改变了工作台面回转轴的位置，从而使该机变位范围大，作业适应性好，但这种形式的变位机的整体稳定性较差。图 6-42 (b) 所示为产品实例。

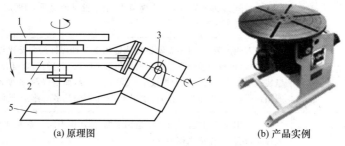

(a) 原理图　　　　　　　　　　(b) 产品实例

图 6-42　伸臂式焊接变位机

1—回转工作台；2—伸臂；3—倾斜轴；4—转轴；5—机座

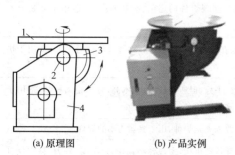

(a) 原理图　　(b) 产品实例

图 6-43　座式焊接变位机

1—回转工作台；2—倾斜轴；

3—扇形齿轮；4—机座

该种形式的变位机多为电动机驱动，承载能力在 0.5t 以下，适用于小型焊件的翻转变位；也有液压驱动的，承载能力多在 10t 左右，适用于结构尺寸不大，但自重较大的焊件。伸臂式焊接变位机在手工焊中应用较多。

② 座式焊接变位机。如图 6-43 所示，其工作台同回转机构通过倾斜轴支承在机座上，工作台以焊接速度回转，倾斜轴通过扇形齿轮或液压缸，多在 110°～140°的范围内恒速或变速倾斜。该机稳定性好，一般不用固定在地基上，搬移方便，

适用于 0.5～50t 焊件的翻转变位；是目前产量最大、规格最全、应用最广的结构形式；常与伸缩臂式焊接操作机或弧焊机器人配合使用。

③ 双座式焊接变位机。如图 6-44 所示为双座式焊接变位机，工作台安装在"⌐⌐⌐"形架上，以所需的焊接速度回转；"⌐⌐⌐"形架安装在两侧的机座上，多以恒速或所需的焊接速度绕水平轴线转动。该种形式的焊接变位机不仅稳定性好，而且如果设计得当，可使焊件安放在工作台上后，随"⌐⌐⌐"形架倾斜的综合重心位于或接近倾斜机构的轴线，从而使倾斜驱动力矩大大减小。因此，重型变位机械多用此种结构。

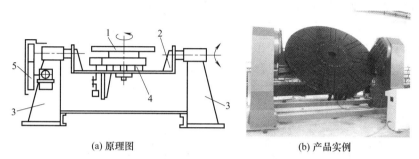

(a) 原理图　　　　　　　　　(b) 产品实例

图 6-44　双座式焊接变位机

1—工作台；2—回转机构；3—元宝形梁；4—机座；5—倾斜机构

双座式焊接变位机适用于 50t 以上大尺寸焊件的翻转变位。在焊接作业中，常与大型门式焊接操作机或伸缩臂式焊接操作机配合使用。

6.4.2　焊机变位机械

焊机变位机械是改变焊接机头空间位置进行焊接作业的机械装备。它主要包括焊接操作机和电渣焊立架。

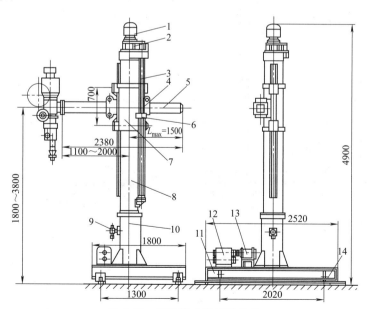

图 6-45　伸缩臂式焊接操作机

1—升降用电动机；2,12—减速器；3—丝杠；4—导向装置；5—伸缩臂；6—螺母；

7—滑座；8—立柱；9—定位器；10—柱套；11—台车；13—行走用电动机；14—走轮

焊接操作机的结构形式很多，主要有平台式操作机、伸缩臂式操作机、门式操作机、桥式操作机和台式操作机这几种形式。如图 6-45 所示为一台伸缩臂式焊接操作机，该机具有可以随台车 11 移动、绕立柱 8 回转、伸缩臂 5 水平伸缩与垂直升降四个运动，并且伸缩臂能以焊接速度运行，与变位机、滚轮架配合，完成各种工位上内外环缝和内外纵缝的焊接。这种操作机的机动性好，作业范围大，与各种焊件变为机构配合，可进行回转台焊件的内外环缝、内外纵缝、螺旋焊缝的焊接，以及回转体焊件内外表面的堆焊，还可进行构件上的横、斜等空间线性焊缝的焊接，是国内外应用最广的一种焊接操作机。此外，若在其伸缩臂前端安装上相应的作业机头如磨头、割炬、探头等，还可以进行磨修、切割、探伤等作业，用途很广泛。

电渣焊立架是将电渣焊机连同焊工一起按焊速提升的装置。如图 6-46 所示，它主要用于立缝的电渣焊，若与焊接滚轮架配合，也可用于环缝的电渣焊。

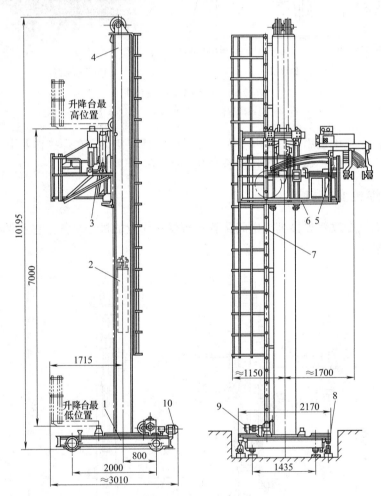

图 6-46　电渣焊立架

1—行走台车；2—升降平衡重；3—焊机调节装置；4—焊机升降立柱；5—电渣焊机；
6—焊工、焊机升降台；7—扶梯；8—调节螺旋千斤顶；9—起升机构；10—运行机构

电渣焊立架多为板焊结构或桁架结构，一般都安装在行走台车上。台车由电动机驱动，单速运行，可根据施焊要求，随时调整与焊件之间的位置。

6.4.3 焊工变位机械

焊工变位机械是改变焊工空间位置，使之在最佳高度进行焊接作业的设备。它主要用于高大焊件的手工机械化焊接，也用于装配和其他需要登高作业的场合。

焊工变位机械仅由焊工升降台组成。焊工升降台的常用结构有肘臂式、套筒式、铰链式三种。其中，肘臂式焊工升降台又分为管结构和板结构两种。前者自重小，但焊接制造麻烦；后者自重较大，但焊接制造工艺简单，整体刚度好，是目前应用较广的结构形式，如图 6-47 所示为一板结构焊工升降台。

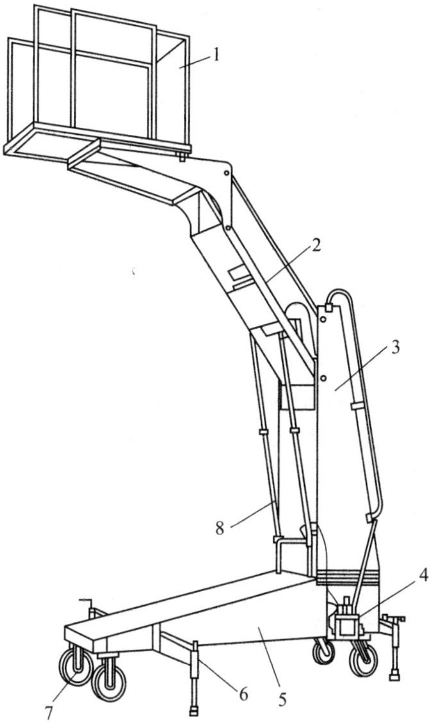

6.4.4 焊接机器人

焊接机器人是从事焊接（包括切割与喷涂）的工业机器人。焊接机器人是一种高度自动化的焊接设备，采用机器人代替手工焊接作业是焊接制造业的发展趋势，是提高焊接质量、降低成本、改善工作环境的重要手段。

采用机器人进行焊接，仅有一台机器人是不够的，还必须配备外围设备，如焊接电源、焊枪或点焊钳以及焊接工装等。常规的焊接机器人系统（图 6-48）由以下 5 部分组成。

图 6-47　板焊结构肘臂式焊工升降台
1—工作台；2—转臂；3—立柱；
4—手摇液压泵；5—底座；6—撑脚；
7—走轮；8—液压缸

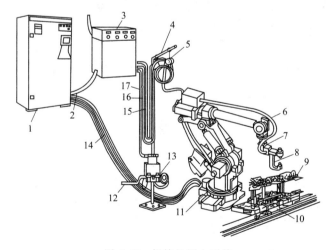

图 6-48　焊接机器人系统
1—机器人控制柜；2—点焊设备控制电缆；3—点焊机；4—支架；5—挂钩；6—电缆、气管、冷却水管；
7—焊接变压器；8—点焊钳；9—焊件；10—夹具；11—机器人；12—气源；13—三位一体气阀；
14—电缆；15—水冷却管；16—电缆；17—气阀控制电缆

① 焊接机器人本体。一般是由伺服电动机驱动的六轴关节式操作机，它由驱动器、传

动机构、机械手臂、关节以及内部传感器等组成，它的任务是精确地保证机械手末端（焊枪）所要求的位置、姿态和运动轨迹。

② 焊接工装夹具。主要用于满足工件的定位、装夹，确保工件准确定位、减小焊接变形；同时满足柔性化生产要求。柔性化就是要求焊接工装夹具在夹具平台上快速更换，包括气、电的快速切换。

③ 夹具平台。主要用于满足焊接工装夹具的安装和定位，根据工件焊接生产要求和焊接工艺要求的不同，设计的形式也不同。它对焊接机器人系统的应用效率起到至关重要的作用，通常都以它的设计形式和布局来确定其工作方式。

④ 控制系统。它是机器人系统的神经中枢，主要对焊接机器人系统硬件的电气系统进行控制，通常采用 PLC 为主控单元，人机界面触摸屏为参数设置和监控单元以及按钮站，负责处理机器人工作过程中的全部信息和控制其全部动作。

⑤ 焊接电源系统。包括焊接电源、专用焊枪或电焊钳等，根据焊接电源的种类和应用广泛程度主要分为弧焊机器人和阻焊机器人。

思考题

1. 什么是六点定位原则？焊接夹具常用哪几种定位方式？

2. 工件以平面为定位基准时，常用哪些定位元件？各用于什么场合？

3. 工件除以平面定位外，还常用哪些表面作定位基准？相应的定位元件有哪些类型？

4. 图 6-49 所示为轴零件，请为轴设计定位方案；并设计定位元件在零件轴的位置，及定位元件的结构尺寸。

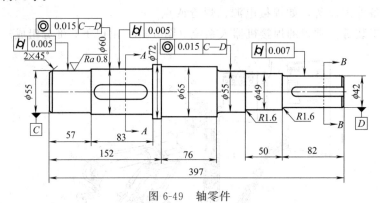

图 6-49　轴零件

5. 工装夹具由几部分组成？各部分作用是什么？其设计的基本要求是什么？

6. 夹紧装置由哪几部分组成？其作用是什么？应满足哪些基本要求？

7. 图 6-50 所示为箱体结构，请选择箱体装配基准、定位方案及夹紧力的方向和作用点。

8. 试比较分析螺旋夹紧机构和偏心圆夹紧机构、铰链杠杆夹紧机构、斜楔夹紧机构的优缺点及使用场合。

9. 图 6-51 为汽车车门焊接夹具示意图，指出夹具图中有哪些部分组成，并分析夹具的装配基准、定位元件、夹紧机构的设计方法。

10. 图 6-52 为无缝钢管焊接结构示意图，有两条环缝焊接，试编写设计无缝钢管焊接

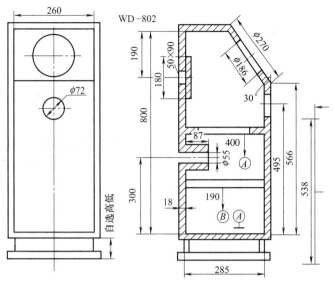

图 6-50 箱体结构示意图

结构生产的焊接工装夹具的步骤，并设计定位元件、夹紧机构、夹具体方案，尺寸自定义。

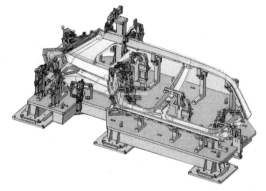

图 6-51 汽车车门焊接夹具示意图

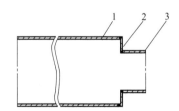

图 6-52 无缝钢管焊接结构示意图
1—钢管 A；2—盖板；3—钢管 B

11. 简述装配-焊接机械装备的分类。并简述焊机、焊件、焊工变位机械的特点。

12. 你认为焊接机器人将在哪些行业快速发展？

第 7 章

焊接结构生产实例

7.1 压力容器焊接生产

压力容器属于承压类特种设备，广泛地应用于石油、化工、机械、冶金、轻工、航空、航天、国防等工业部门的生产以及人民的生活。在化肥、炼油、化工、农药、医药、有机合成等行业中，压力容器是主要的生产设备，例如在年产30万吨的乙烯装置中，压力容器约占设备总量的35%。

压力容器一般由筒体、封头、法兰、密封元件、开孔和接管、支座等六大部分构成容器本体。此外，还配有安全装置、表计量装置及完成不同生产工艺作用的内件。压力容器由于密封、承压及介质等原因，容易发生爆炸、燃烧起火而危及人员、设备和财产的安全及污染环境的事故。

7.1.1 压力容器概述

压力容器是指盛装气体或者液体，承载一定压力容器的密闭设备。包括固定式压力容器、移动式压力容器、气瓶和氧舱等。《压力容器安全技术监察规程》（简称《容规》）从安全管理角度出发，将同时具备下列三个条件的容器称为压力容器：

① 工作压力大于或者等于0.1MPa［工作压力是指压力容器在正常工作情况下，其顶部可能达到的最高压力（表压力）］。

② 容积（V）大于或者等于0.025m³并且内直径（非圆形截面指截面内边界最大几何尺寸）大于或者等于150mm［容积是指压力容器的几何容积，即由设计图样标注的尺寸计算（不考虑制造公差）并且圆整。一般需要扣除永久连接在压力容器内部的内件的体积］。

③ 盛装介质为气体、液化气体以及介质最高工作温度高于或者等于其标准沸点的液体。容器内主要介质为最高工作温度低于标准沸点的液体时，如果气相空间（非瞬时）大于等于0.025m³，且最高工作压力大于等于0.1MPa时，也属于本规程的适用范围。

7.1.2 压力容器的分类

压力容器的使用极其普遍，形式也很多，根据不同的要求，压力容器的分类方法有很多种：

① 按容器的壁厚可分为：薄壁容器和厚壁容器。

② 按容器的承受压力方式可分为：内压容器和外压容器。

③ 按容器的工作温度可分为：高温容器、常温容器、低温容器。

④ 按容器壳体的几何形状可分为：球形容器、圆筒形容器、圆锥形容器。

⑤ 按材质分类：可分为钢制压力容器、铝制压力容器、钛制压力容器和非金属压力容器等。

⑥ 按制造方法分类：可分为板焊容器、锻焊容器、铸造容器、包扎式容器、绕带式容器等。

（1）按使用位置分类

按压力容器使用的位置分为固定式压力容器和移动式压力容器两大类。

固定式压力容器是指固定安装在使用地点不能移动使用的压力容器。

移动式压力容器是指无固定安装和使用地点，可以移动使用的压力容器。包括各类气瓶和罐车等。

（2）按设计压力分类

按压力容器的设计压力划分为：低压、中压、高压和超高压容器。

低压容器（代号 L）　　　　　　　　$0.1MPa \leqslant p < 1.6MPa$

中压容器（代号 M）　　　　　　　　$1.6MPa \leqslant p < 10MPa$

高压容器（代号 H）　　　　　　　　$10MPa \leqslant p < 100MPa$

超高压容器（代号 U）　　　　　　　$p \geqslant 100MPa$

（3）按使用过程中的作用和原理分类

根据压力容器在其使用过程中的作用和原理不同分为：

① 反应压力容器（代号 R）。这类压力容器是主要用于完成介质的物理、化学反应的压力容器，如反应釜、反应器、分解锅、聚合釜、高压釜、超高压斧、合成塔、变换炉、蒸球、煤气发生炉等。

② 换热压力容器（代号 E）。这类压力容器是主要用于完成介质的热量交换的容器，如管壳式余热锅炉、热交换器、冷却器、冷凝器、蒸发器、加热器、消毒锅、烘缸等。

③ 分离压力容器（代号 S）。这类压力容器是主要用于完成介质的流体压力平衡缓冲和气体净化分离的压力容器，如各种分离器、过滤器、集油器、缓冲器、洗涤器、吸收塔、干燥塔、分汽缸、除氧器等。

④ 储存压力容器。这类压力容器是主要用于储存、盛装气体、液体、液化气体等介质的压力容器，如各种形式的储罐。

我国《压力容器安全监察规程》中根据工作压力、介质危害性及其在生产中的作用将压力容器分为三类，即第一、第二和第三类压力容器；并对每个类别的压力容器在设计、制造过程以及检验项目、内容和方式等方面做出了不同的规定。其中第三类容器为事故危害性最严重的压力容器。

具有下列情况之一的，为第三类压力容器：

① 高压容器；

② 中压容器（仅限毒性程度为极度和高度危害介质）；

③ 中压储存容器（仅限易燃或毒性程度为中度危害介质，且 pV 乘积大于等于 $10MPa \cdot m^3$）；

④ 中压反应容器（仅限易燃或毒性程度为中度危害介质，且 pV 乘积大于等于 $0.5MPa \cdot m^3$）；

⑤ 低压容器（仅限毒性程度为极度和高度危害介质且 pV 乘积大于等于 $0.2MPa \cdot m^3$）；

⑥ 高压、中压管壳式余热锅炉；

⑦ 中压搪玻璃压力容器；

⑧ 使用强度级别较高（指相应标准中抗拉强度规定值下限大于等于540MPa）的材料制造的压力容器；

⑨ 移动式压力容器，包括铁路罐车（介质为液化气体、低温液体）、罐式汽车［液化气体运输（半挂）车、低温液体运输（半挂）车、永久气体运输（半挂）车］和罐式集装箱（介质为液化气体、低温液体）等；

⑩ 球形储罐（容积大于等于50m³）；

⑪ 低温液体储存容器（容积大于5m³）。

具有下列情况之一的（除第三类容器以外）的为第二类压力容器：

① 中压容器；

② 低压容器（仅限毒性程度为极度和高度危害介质）；

③ 低压反应容器和低压储存容器（仅限易燃介质或毒性程度为中度危害介质）；

④ 低压管壳式余热锅炉；

⑤ 低压搪玻璃压力容器。

第一类压力容器一般指除去第二、第三类中规定以外的所有低压容器。

7.1.3 压力容器的主要参数

（1）压力容器的压力参数

压力容器的压力参数有工作压力、最高允许工作压力、设计压力、计算压力和试验压力。

工作压力，是指压力容器在正常工作条件下，容器顶部可能达到的最高压力。

最高允许工作压力，是指在指定的相应温度下，容器顶部所允许承受的最大压力。

设计压力，是指设定的容器顶部的最高压力，与相应的设计温度一起作为容器的基本设计载荷条件，其值不低于工作压力。

试验压力，是指压力试验时容器顶部压力表上的压力。

计算压力，是指在相应设计温度下，用以确定元件厚度的压力，包括液柱静压力等附加载荷。

（2）压力容器的温度参数

压力容器涉及环境温度、介质温度、金属温度、工作温度、试验温度、设计温度等。压力容器的壁温由环境温度和介质温度共同决定。

金属温度是指容器元件沿截面厚度的温度平均值。

工作温度是指容器在正常工作情况下的介质温度。

最高、最低工作温度是指容器在正常情况下可能出现的介质最高、最低温度。

设计温度，是指容器在正常工作情况下，设定的元件的金属温度（沿元件金属截面的温度平均值）。设计温度与设计压力一起作为设计载荷条件。

试验温度，是指进行耐压试验或泄漏试验时，容器壳体的金属温度。

（3）压力容器内的介质

压力容器内的介质很多，按物态可分为液态、气态和气液共存介质三种；按化学特性分为不燃、可燃、易爆介质等；按毒性程度分为极度危害、高度危害和轻度危害介质。

常见的压力容器介质有：

① 压缩气体：空气、氧气、氢气、氮气、一氧化碳、甲烷、惰性气体等。

② 液化气体：二氧化碳、液化石油气、丙烷、丁烷、丙烯、液氨、液氯等。

③ 超低温液化气体：液氧、液氮、液氩、液化天然气等。

④ 超过标准沸点的液体：高温水等。

（4）容积

压力容器的大小，通常用其容积来表示。《固定式压力容器安全技术监察规程》（TSG 21—2016）规定：压力容器的容积是指压力容器的几何容积，即由设计图样标注的尺寸计算（不考虑制造公差）并且圆整。一般需要扣除永久连接在压力容器内部的内件的体积。

（5）直径

压力容器的直径分为内径、外径、公称直径等概念。公称直径是经标准化后的直径尺寸，它是按容器的直径尺寸大小排列的一系列数值。对用钢板卷制的容器，其公称直径指内径；而对于采用无缝钢管所制造的容器壳体，其公称直径指的是外径。在材料、壁厚等其他条件不变的情况下，直径越大，容器所能承受的压力越小；反之，直径越小，所能承受的压力越大。

（6）厚度

计算厚度：容器受压元件为满足强度及稳定性要求，按相应公式计算得到的不包括厚度附加量的厚度。

设计厚度：计算厚度与腐蚀裕量之和。

名义厚度：设计厚度加上材料厚度负偏差后向上圆整至材料标准规格的厚度。

有效厚度：名义厚度减去腐蚀裕量和材料厚度负偏差。

最小成形厚度：受压元件成形后保证设计要求的最小厚度。

7.1.4　压力容器的基本结构形式

压力容器根据其用途不同，结构形式也多种多样。常见的结构形式主要有球形、圆筒形、箱形、锥形等。

（1）球形容器

球形容器（图 7-1）的本体是一个球壳，通常采用焊接结构，由于球形容器一般直径都较大，难以整体成形，大多由许多块预先按一定尺寸压制成形的球面板拼焊而成。

球形容器受力时其应力分布均匀，在相同的压力载荷下，球壳体的应力仅为直径相同的圆筒形壳体的 1/2，即如果容器的直径、工作压力、制造材料相同时，球形容器所需的计算壁厚仅为圆筒形容器的 1/2，另外，相同的容积，球形的表面积最小。综合面积及厚度的因素，故球形容器与相同容积、工作压力、材料的圆筒形容器相比，可节省材料 30%～40%。球形容器制造复杂、拼焊要求高，而且作为传质、传热或反应器的容器时，因工艺附件难以安装，介质流动困难，故广泛用作大型储罐；也可用作蒸汽直接加热的容器。

（2）圆筒形容器

圆筒形容器（图 7-2）是轴对称结构，此种结构没有形状突变，应力比较均匀，受力虽不如球形容器，但比其他结构形式好得多，制造工艺较简单，便于内部工艺附件的安装，便于工作介质的流动，因而是使用最普遍的一种压力容器。

（3）箱形容器

箱形结构容器（图 7-3）分为正方形结构及长方形结构两种。由于其几何形状突变，应

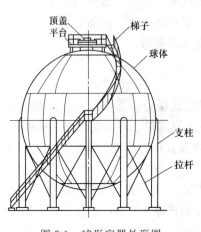

图 7-1　球形容器外形图

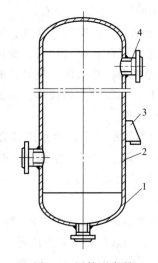

图 7-2　圆筒形容器

1—封头；2—筒体；3—支座；4—接管

力分布不均匀，转角处局部应力较高，因此这类容器结构不合理，较少使用。一般仅用作压力较低的容器，如蒸汽消毒柜及化纤设备的加热箱体。

（4）锥形容器

单纯的锥形容器在工程上很少见，其连接处因形状突变，受压力载荷时将会产生较大的附加弯曲应力。一般使用的是由锥形体与圆筒体组合而成的组合结构（图 7-4）。这类容器在锥形体与圆筒体结合部仍存在较大局部应力，故这类容器通常在生产工艺有特殊要求时采用，锥形体作为收缩器或扩大器以逐渐改变流体介质的流速，或者作为锥底以便于黏稠、结晶或固体物料排除等。

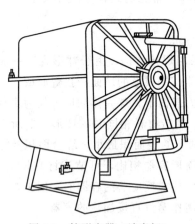

图 7-3　箱形容器（消毒柜）

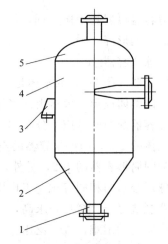

图 7-4　锥形（组合型）容器

1—接管；2—锥底；3—支座；4—筒体；5—封头

7.1.5　压力容器的组成

常见压力容器一般由筒体、封头（管板）、法兰、接管、人（手）孔、支座等部分组成。

（1）筒体

筒体是压力容器最主要的组成部分，与封头或端盖共同构成承压壳体，是储存物料或完成化学反应的压力空间。常见的是圆筒形筒体，其形状特点是轴对称，圆筒体是一个平滑的曲面，应力分布比较均匀，承载能力较强，且易于制造，便于内件的设置与装拆，因而获得广泛应用。

筒体直径较小时（一般＜500mm），可用无缝钢管制作，直径较大时，可用钢板在卷板机上先卷成圆筒然后焊接而成。随着容器直径的增大，钢板需要拼接，因而筒体的纵焊缝条数增多。当筒体较长时，因受钢板尺寸的限制，需将两个或两个以上的筒节组焊成所需长度的筒体。

（2）封头与端盖

凡与筒体焊接连接而不可拆的，称为封头；与筒体及法兰等连接而可拆的则称为端盖。对于组装后不再需要开启的容器，如无内件或虽有内件而不需要更换、检修的容器，封头和筒体采用焊接连接形式，能有效地保证密封，且节省钢材和减少制造加工量。对于需要开启的容器，封头（端盖）和筒体的连接应采用可拆式的，此时在封头和筒体之间必须装置密封件。封头按形状可以分为三类，即凸形封头、锥形封头和平板封头。表 7-1 列出了各类型封头的断面形状、类型。

表 7-1 各类型封头的断面形状、类型

名 称		断 面 形 状	类 型 代 号
半球形封头		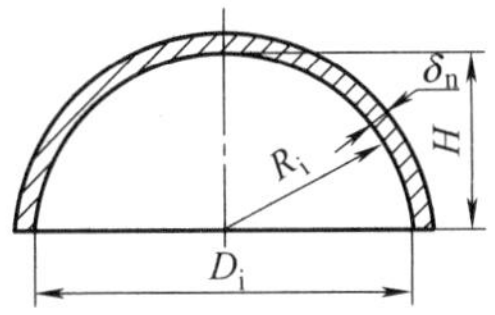	HHA
椭圆形封头	以内径为基准	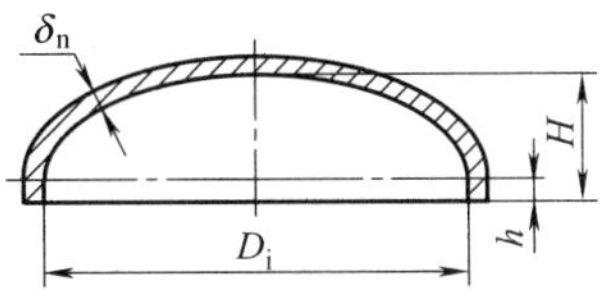	EHA
	以外径为基准	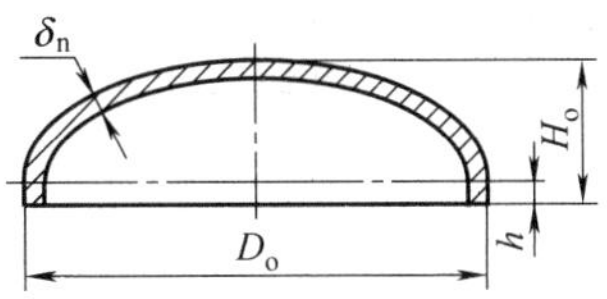	EHB
碟形封头	以内径为基准	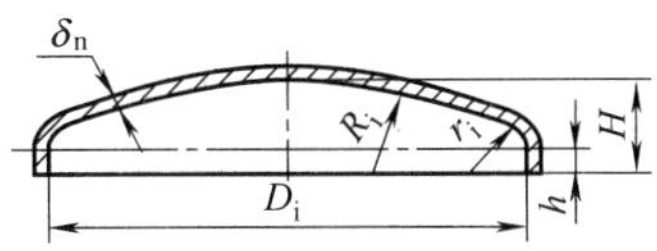	THA
	以外径为基准	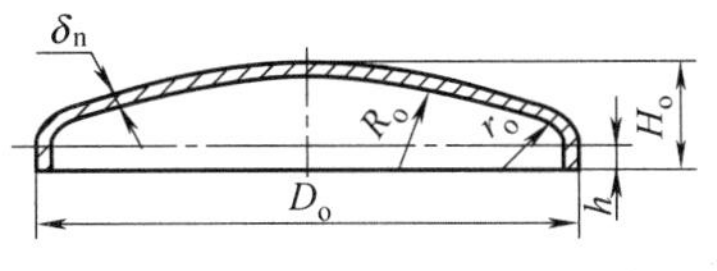	THB

续表

名　　称	断 面 形 状	类 型 代 号
球冠形封头	δ_n D_i D_o R_i H	SDH

（3）法兰

法兰又叫法兰盘或凸缘盘。法兰是使管子与管子相互连接的零件，连接于管端；也有用在设备进出口上的法兰，用于设备之前的连接。法兰连接或法兰接头，是指由法兰、垫片及螺栓三者相互连接作为一组组合密封结构的可拆连接，管道法兰系指管道装置中配管用的法兰，用在设备上系指设备的进出口法兰。法兰上有孔眼，螺栓使两法兰紧连。

法兰按照所连接的部件可分为容器法兰及管道法兰。容器法兰用于容器的端盖与筒体连接；管道法兰用于接管（管道）与管道之间的连接。

按国家标准分为整体法兰、螺纹法兰、对焊法兰、带颈平焊法兰（SO）、带颈承插焊法兰、对焊环带颈松套法兰、板式平焊法兰（PL）、对焊环板式松套法兰、平焊环板式松套法兰、翻边环板式松套法兰、法兰盖。法兰类型及其代号如图 7-5 所示。

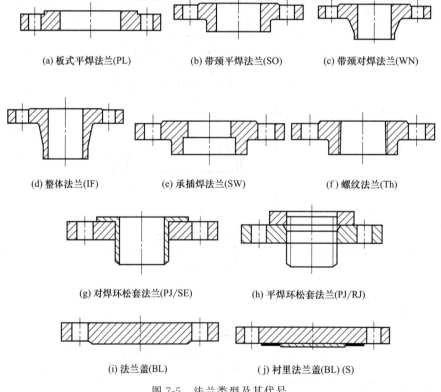

(a) 板式平焊法兰(PL)　　(b) 带颈平焊法兰(SO)　　(c) 带颈对焊法兰(WN)

(d) 整体法兰(IF)　　(e) 承插焊法兰(SW)　　(f) 螺纹法兰(Th)

(g) 对焊环松套法兰(PJ/SE)　　(h) 平焊环松套法兰(PJ/RJ)

(i) 法兰盖(BL)　　(j) 衬里法兰盖(BL)(S)

图 7-5　法兰类型及其代号

密封元件放在两法兰接触面之间或封头与筒体顶部的接触面之间，借助于螺栓等连接件的压紧力可达到密封的目的。按其所用材料的不同分为非金属密封元件（石棉垫、橡胶 O 形环等）、金属密封元件（紫铜垫、铝垫、软钢垫等）和组合式密封元件（铁包石棉垫、钢丝缠绕石棉垫等）。按其截面形状又可分为平垫片、三角形垫片、八角形垫片、透镜式垫片等。

法兰的密封面形式及其代号按图 7-6 和表 7-2 所示的规定。法兰的密封面形式包括：突面、凹面/凸面、榫面/槽面、全平面和环连接面。

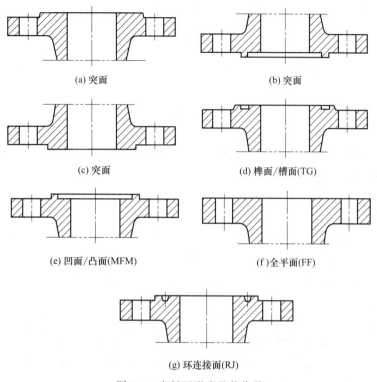

(a) 突面   (b) 突面

(c) 突面   (d) 榫面/槽面(TG)

(e) 凹面/凸面(MFM)   (f) 全平面(FF)

(g) 环连接面(RJ)

图 7-6　密封面形式及其代号

表 7-2　密封面形式及其代号

密封面型式	突面	凹面	凸面	榫面	槽面	全平面	环连接面
代号	RF	FM	M	T	G	FF	RJ

（4）接管

接管形式有螺纹短管、法兰短管、平法兰短管。

螺纹短管式接管是一段带有内螺纹或外螺纹的短管，短管插入并焊接在容器的器壁上，短管螺纹用来与外部管件连接；一般用于连接直径较小的管道，如接装测量仪表等。

法兰短管式接管一端焊有管法兰，一端插入并焊接在容器的器壁上，法兰用以与外部管件连接；一般用于直径稍大的接管。

平法兰接管是法兰短管式接管除掉了直管的一种特殊形式，实际上就是直接焊接在容器开孔上的一个管法兰。这种接管与容器的连接有贴合式和插入式两种类型。

（5）人孔和手孔

① 人孔和手孔的用途。根据容器的结构、介质等情况，设置人孔或手孔等检查孔，供容器定期检验、检查或清除污物用。

② 人孔和手孔分类。按其形状分为圆形及椭圆形两种。按其封闭式形式分为外闭式及内闭式两种。

（6）开孔处的补强

容器的筒体或封头开孔后，孔边的最大应力要比器壁上平均应力大几倍，对容器安全不利。为了补偿开孔处的薄弱部位，就需进行补强措施。开孔处的补强方法有整体补强和局部补强两种。容器上的开孔处补强一般均采用局部补强法，其原理是等面积补强。局部补强常用的结构有补强圈、厚壁短管和整体锻造补强等数种。

（7）支座

支座是用于支承容器重量并将它固定在基础上的附加部件。支座的结构形式决定于容器的安装方式、容器重量及其他载荷，一般分为三大类：即立式容器支座、卧式容器支座及球形容器支座。

常用的立式容器支座有悬挂式支座（耳式支座）、支承式支座、裙式支座及腿式支座。其中裙式支座主要用于高大的直立容器（塔类）。卧式容器支座的结构形式主要有鞍式支座、圈座和支承式支座等。支承式支座只适用于小型容器；大中型容器常用鞍式支座；圈座适用于薄壁容器及两个支撑的长容器。球形容器常用裙式支座或柱式支座。

7.1.6 压力容器焊接接头的分类

根据 GB 150—2011，容器受压元件之间的焊接接头分为 A、B、C、D 四类，如图 7-7 所示。圆筒部分（包括接管）和锥壳部分的纵向接头（多层包扎容器层板纵向接头除外）、球形封头与圆筒连接的环向接头、各类凸形封头和平封头中的所有拼焊接头以及嵌入式的接管或凸缘与壳体对接连接的接头，均属 A 类焊接接头；壳体部分的环向接头、锥形封头小端与接管连接的接头、长颈法兰与壳体或接管连接的接头、平盖或管板与圆筒对接连接的接头以及接管间的对接环向接头，均属 B 类焊接接头，但已规定为 A 类的焊接接头除外；球冠形封头、平盖、管板与圆筒非对接连接的接头、法兰与壳体或接管连接的接头，内封头与圆筒的搭接接头以及多层包扎容器层板层纵向接头，均属 C 类焊接接头，但已规定为 A、B 类的焊接接头除外；接管（包括人孔圆筒）、凸缘、补强圈等与壳体连接的接头，均属 D 类焊接接头，但已规定为 A、B、C 类的焊接接头除外；非受压元件与受压元件的连接接头为 E 类焊接接头。

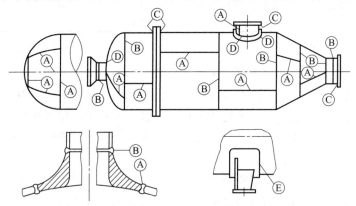

图 7-7　压力容器壳体焊接接头分类

（1）A、B 类接头

压力容器上的 A、B 类焊接接头，主要是壳体上的纵、环向对接接头，是受压壳体上的主承力焊接接头。这类接头要求采用全焊透结构，如图 7-8（a）所示，应尽量采用双面焊的全焊透对接接头。如因结构尺寸限制，只能从单面焊接时，也可采用单面坡口的接头，但必须保证能形成相当于双面焊的全焊透对接接头。为此，采用氩弧焊之类的焊接工艺完成全熔透的打底焊道，或在焊缝背面加衬板来保焊缝根部完全熔透或成形良好，如图7-8（b）、（c）所示。

（2）C类接头

C类接头用于法兰与筒身或接管的连接为最多。法兰的厚度是按所加弯矩进行刚度和强度计算确定的，因此比壳体或接管的壁厚大得多。对于这类接头不必要求采用全焊透接头形式，而允许采用如图7-9所示的局部焊透的T形接头，低压容器中的小直径法兰甚至可采用不开坡口的角焊缝连接，但必须在法兰内外两面进行封焊，这样既可防止法兰的焊接变形，又可保证法兰所要求的刚度。对于平封头，管板与筒身相接的C类接头，因工作应力较高，应力状态较复杂，应采用图7-10（a）所示的全焊透角接接头或对接接头，并提出探伤要求，而图7-10（b）所示接头不允许采用。为减少角焊缝焊趾部位

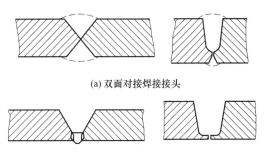

(a) 双面对接焊接接头

(b) 氩弧焊封底的单面对接焊接接头

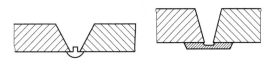

(c) 加衬垫的单面焊焊接接头

图7-8 压力容器焊接接头的坡口类型

的应力集中，角焊缝表面可按要求加工成圆角，圆角半径 r 最小为0.25倍筒壳或接管壁厚，且不小于4.5mm。

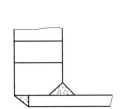

图7-9 法兰与筒壳或接管连接形式

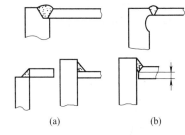

图7-10 平封底或管板与筒壳间的连接示例

（3）D类接头

压力容器中常见的D类接头形式有插入式接管T形接头、安放式接管和凸缘的角接接头等。其中插入式接管T形接头又分为带补强圈和不带补强圈T形接头等形式。

① 接管壁厚的区别。当接管壁厚大于壳壁厚时称为厚壁式接头，反之为薄壁式接头。厚壁式接头其接管区的应力集中系数显著低于薄壁式，有利于抗裂性的提高，工作可靠性大为改善，适用于较高工作压力和高强度钢壳体。

② 接管插入壳内程度的区别。当接管插入内端部与壳内壁齐平时，称为平头式接管，而接管插入端部超过壳内壁一定长度时则称为伸出式接管。在接管壁厚相同时，伸出式接管较平头式接管的应力集中要缓和一些，抗裂性有一定程度的改善。

③ 带补强圈与不带补强圈的区别。补强圈主要用于对壳体开孔削弱的补强作用，但同时也使T形接头的焊缝厚度约增加了一倍。这不仅加大了焊接工作量，还提高了接头的拘束度，使焊接缺陷的形成概率明显增高。这类接头也无法进行射线或超声波探伤检查，焊接质量较难控制。同时，补强圈与壳体间很难做到紧密贴合，在温度较高时二者间存在较大的热膨胀差，使补强区产生较大的热应力，抗疲劳性差。故这种带补强圈的结构限用于补强圈

厚度≤1.5倍壳壁厚度或壳体名义厚度≤38mm和抗拉强度下限 σ_b≤540MPa 的钢制压力容器。超出此限可采用厚壁管代替补强圈。

带和不带补强圈的T形接头，均具有开坡口与不开坡口、单面焊与双面焊、全焊透与局部焊透和接管端部平头式与伸出式等不同结构，设计时应考虑这些区别。图7-11所示为插入式接管T形接头示意图。

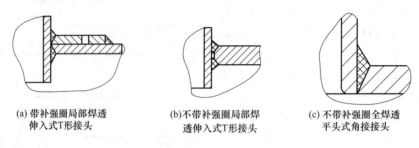

(a) 带补强圈局部焊透
伸入式T形接头

(b)不带补强圈局部焊
透伸入式T形接头

(c)不带补强圈全焊透
平头式角接接头

图7-11　插入式接管T形接头

（4）E类接头

支座和各种内件等非受压元件与受压壳体间相连的E类接头，一般是采用搭接或角接接头，支座等元件不承受介质的压力载荷，但要承受重量或其他机械载荷，其接头的焊接与检验要求可视元件具体受力情况区别对待。例如立式容器的裙座与封头的连接如图7-12所示。除承受设备和物料的总重外，还要受到风与地震等载荷的作用。其接头必须采用全焊透结构，并保证焊缝断面有足够的强度尺寸，同时还应按有关标准进行严格控制和检验。

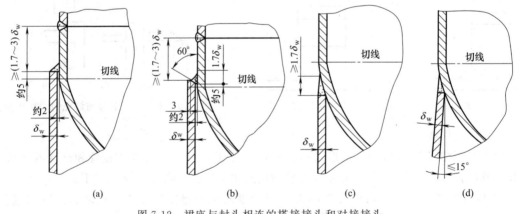

(a)　　　　(b)　　　　(c)　　　　(d)

图7-12　裙座与封头相连的搭接接头和对接接头

7.1.7　分汽缸压力容器焊接生产

7.1.7.1　分汽缸结构及焊接工艺评定项次

分汽缸是锅炉的主要配套设备，用于把锅炉运行时所产生的蒸汽分配到各路管道中去，分汽缸系承压设备，属于压力容器，其承压能力、容量应与配套锅炉相对应。分汽缸主要受压元件为：封头、壳体、法兰、手孔。筒体外径为 ϕ159～1500mm，工作压力为 1～2.5MPa，工作温度为 0～400℃，工作介质为蒸汽、冷热水、压缩空气。图7-13为筒体外径 ϕ329mm 分汽缸焊接产品结构图。

图7-13所示分汽缸筒体、接管的材料为20钢，手孔、法兰材料为20Ⅱ。封头材料为Q345R。

筒体直径为325mm，壁厚为8mm；接管壁厚为4mm，直径范围为45~108mm；封头名义厚度为7mm。经分析法兰与接管采用焊条电弧焊，筒体与封头选用钨极氩气保护焊打底，焊条电弧焊盖面。根据 NB/T 47014—2011 需完成表7-3所示板-板对接焊接工艺评定项次。

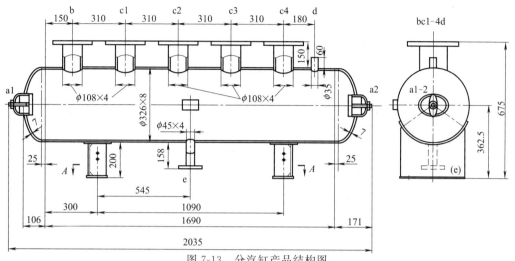

图7-13 分汽缸产品结构图

表7-3 分汽缸焊接工艺评定项次

PQR 编号	焊接方法	板-板对接试件材料	评定试件厚度/mm	焊件及焊缝有效覆盖范围/mm	适应焊接焊缝位置
PQR01	焊条电弧焊 SMAW	20+20	4	1.5~8、8	C、D、B
PQR02	焊条电弧焊 SMAW	20+Q345R	4	1.5~8、8	C、D、B
PQR03	钨极氩气保护焊 GTAW	20+Q345R	4	1.5~8、8	B

分汽缸焊接生产主要是筒体、封头、接管-法兰及支座焊接。其工艺流程是首先将法兰与接管组焊，再将支座组焊，筒体与封头组焊，最后将法兰-接管组件、支座组件与筒体组焊，其焊接生产工艺流程如图7-14所示。

7.1.7.2 分汽缸焊接工艺规程

编制焊接工艺规程首先应了解分汽缸的主要技术参数和工作环境，分汽缸技术参数见表7-4。

由技术参数得知分汽缸为 D 类容器，焊缝探伤主要是 B 类焊缝，根据标准对焊缝进行20%射线检测，要求达到三级合格。分汽缸焊缝接头编号如图7-15所示，分汽缸 B 类焊缝焊接工艺卡见表7-5。

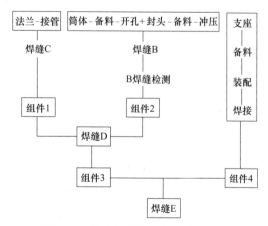

图7-14 分汽缸焊接生产工艺流程图

表7-4 分汽缸技术参数

介质	工作温度/℃	工作压力/MPa	设计温度/℃	设计压力/MPa	腐蚀裕量/mm	焊接接头系数
饱和水蒸气	≤184	≤1.0	184	1.0	1.0	1.0/0.85

表 7-5 分汽缸 B 类焊缝焊接工艺卡

焊接工艺卡编号	HG2-03
适用材料	Fe-1-1＋Fe-1-2(Q345R)
接头名称	壳体、封头对接环焊缝
接头代号	DU4
接头编号	B1,B2
焊接工艺评定报告编号	PQR-02.03
焊工持证项目	SMAW-Fe Ⅱ-3G-8-Fef3J GTAW-Fe Ⅰ/Fe Ⅱ-6FG-3.5/57

接头简图：

坡口角度 $\alpha = 60°\pm5°$；钝边 $P = (1\pm1)$mm；
同隙 $b = (1\pm1)$mm
焊缝余高：$e_1 = (0\sim15\%)\delta = 0\sim1.2$mm；$e_2 \leqslant 1.5$mm
焊缝宽度：$B_1 = (12\pm2)$mm；$B_2 = (6\pm2)$mm

层-道	焊接方法	填充材料牌号	直径/mm	极性	电流(A)	电弧电压(V)	焊接速度(cm/min)	线能量(KJ/cm)
①	GTAW	TG50	2.5	正极性	100～120	12～15	10～12	母材 Q345R 20
②	SMAW	J427	3.2	反极性	120～140	22～24	13～14	焊缝金属 H08A JQ.TG50
③	SMAW	J427	4.0	反极性	140～160	24～26	11～12	厚度(mm) 封头7 壳体8 ≤7.0 10～12 14～16 封头壳体≥8

焊接工艺程序：
① 按图纸要求开坡口，清理坡口两侧 20mm
② 按①焊接规范定位焊，电流增加 10～15%
③ 按①焊接工艺参数施焊，注意防止错边
④ 清理焊缝氧化皮
⑤ 按②③焊接工艺参数施焊，并记录施焊参数
⑥ 检验焊缝外观质量
⑦ 在焊缝合适位置打焊工钢印号
⑧ B1B2 焊缝必经 20% RT 探伤，且符合 JB/T 4730.4—2005 标准，Ⅲ级合格
⑨ 如有缺陷焊缝返修，返修后扩探 20%

焊接位置	1G
施焊技术	手动操作
预热温度/℃	GTAW<100 SMAW<150
道间温度/℃	—
焊后热处理	—
气体成分	Ar
气体流量/(L/min)	正面 8～10 / 背面 6～8

技术要求：按 GB 150 相关标准，图样要求焊缝外观检查焊缝外形尺寸符合规定，圆滑过渡，焊缝和热影响区表面不得有裂纹、气孔、弧坑和夹渣等缺陷。焊缝咬边的总长不得超过该焊缝长度的10%，焊缝咬边深≤0.5mm，咬边连续长度≤100mm，焊缝两侧咬边深度超过0.5mm，打磨焊缝后的厚度不小于母材的厚度。焊缝上的熔渣和两侧的飞溅物必须清除；当焊件温度低于0℃时，应在始焊处100mm范围内预热15℃左右。

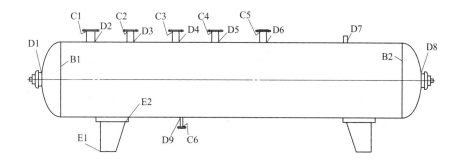

图 7-15   分汽缸焊接接头编号

7.2   桥式起重机主梁焊接生产

桥式起重机由桥架、小车、大车运行机构、司机室、电缆滑架及电气设备等组成，如图7-16 所示。其中大车运行机构、小车运行机构、起升和开闭机构是互相独立的工作机构。各机构有单独的电动机进行各自的驱动，但它们都装在起重机的桥架结构上。

7.2.1   桥式起重机的结构

桥式起重机一般由桥架、装有升降机构和运行机构的小车、大车运行结构、操纵室、小车导电装置、起重机总电源导电装置等组成。

桥架由主梁、端梁、副主梁、走台、栏杆等部分组成。主梁有箱形、桁架、腹板、圆管等形式。走台在主梁的外侧，用于安装、检修和放置某些电器设备以及小车导电滑线等。端梁一般中间带有接头。

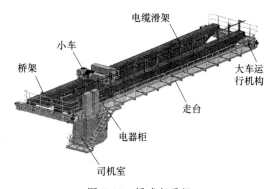

图 7-16   桥式起重机

桥架是桥式起重机的基本构成，承受各种载荷，应具有足够的刚度和强度。大车运行机构由电动机、制动器、传动轴、联轴器、车轮等部件组成。

操纵室又称司机室，是操纵起重机的吊舱。在操纵室内，主要装有大小车运行机构和起升机构的操纵系统和有关装置。

小车主要包括小车架、小车运行机构和起升机构。

7.2.2   桥式起重机桥架组成及主要部件的结构特点和技术要求

（1）桥式起重机桥架的组成

桥式类起重机桥架组成如图7-17 所示，它由主梁（或桁梁）、端梁、栏杆、走台、操纵室（起重机全部机构的操作均在这进行，安装在桥架下面，里面有各种机构的控制器）等组成。桥架的外形尺寸取决于起重量、跨度、起升高度及主梁结构形式。

（2）桥式起重机架的结构形式

桥式起重机桥架常见的结构形式如图7-18 所示。

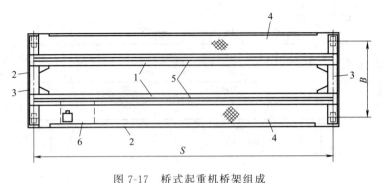

图 7-17　桥式起重机桥架组成

1—主梁；2—栏杆；3—端梁；4—走台；5—轨道；6—操纵室

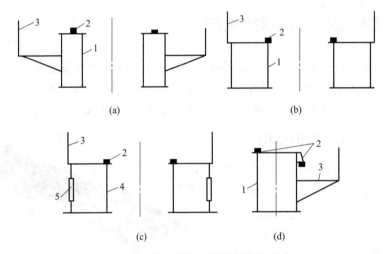

图 7-18　桥式起重机桥架的结构形式

1—箱形主梁；2—轨道；3—走台；4—工字形主梁；5—空腹梁

① 中轨箱形梁桥架。该桥架由两根主梁和两根端梁组成，两侧有单层或双层的走台，轨道在梁的中心线，是桥架结构的典型形式，如图 7-18（a）所示。

② 偏轨箱形桥架。由两根偏轨箱形主梁和两根端梁组成。与中轨箱形梁桥架相同，仅将轨道设置在主梁腹板顶上，为了增加桥架的水平刚性，加宽主梁，因而主梁为宽主梁形式，如图 7-18（b）所示。

③ 偏轨空腹箱形梁桥架。该桥架与偏轨箱形梁桥架基本相似，只是副腹板上开有许多矩形空洞，可减轻自重，使梁内通风散热，同时便于内部维修，但制造比偏轨箱形梁麻烦，如图 7-18（c）所示。

④ 箱形单主梁桥架。采用一根宽翼缘偏轨箱形主梁与端梁不在对称中心连接，以增大桥架的抗倾翻力矩能力。小车最大轮压作用在主腹板顶面轨道上，主梁上设置 1～2 根支撑小车倾翻滚轮的轨道，该桥架制造成本低，主要用于起重量较大、跨度较大的门式起重机，如图 7-18（d）所示。

（3）桥式起重机架主要部件结构特点和技术要求

① 主梁的结构和技术要求。箱形主梁的结构组成如图 7-19 所示，它由左右两块腹板和上下两盖板以及若干横向大小加强板及纵向加强杆组成。

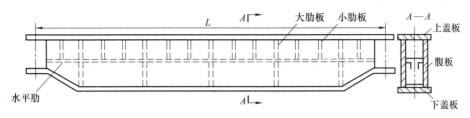

图 7-19　箱形主梁结构示意图

　　桥架的最主要受力元件是主梁，为保证起重机的使用性能，主梁的主要技术要求如图 7-20 所示。由于该结构中内设的若干大小肋板与上盖板及左右腹板的焊缝大都集中于梁的上部，焊后易引起下挠的弯曲变形。因此备料时，应将腹板预制上拱度，上拱度 $f_{\mathrm{K}}=L/700 \sim L/1000$（$L$ 为主梁的跨度），主梁预制的上拱度在焊接时能抵消焊接变形，并保证达到主梁的技术要求。在制造桥架时，走台侧焊后有拉伸残余应力，在运输及使用过程中，残余应力释放后，导致两主梁向内旁弯。当两主梁向内旁弯时，可能造成车轮与轨道咬合，使起重机不能正常工作，为了补偿焊接走台时的变形，主梁走台一侧应有一定的旁弯 $f_{\mathrm{b}}=L/1500 \sim L/2000$。主梁腹板的波浪变形以测量长度 1m 计，受压区小于 0.7δ，受拉区小于 1.2δ（δ 为腹板厚度），规定较低的波浪变形除表面质量的因素外，对提高起重机稳定和寿命是有利的。主梁翼板和腹板倾斜会使梁产生扭曲变形，影响小车的运行和梁的承载能力，因而上盖板的水平度 $c \leqslant B/200$（B 为盖板宽度），腹板垂直度 $a \leqslant H/200$（H 为梁高）。另外，各肋板之间距离的公差应在 $\pm 5\mathrm{mm}$ 范围之内。

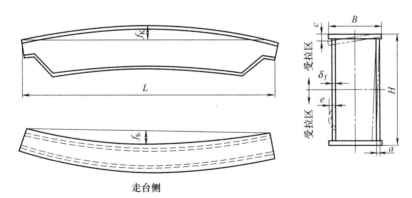

图 7-20　箱形主梁主要技术要求

　　② 主梁拱度。上拱度是起重机主梁设计和制造中的主要问题，实际生产中一般采用腹板预制上拱法获取设计规定的上供值。

　　腹板预制上拱法就是在腹板上下弦用剪切或气割方法割出连续有拱度的腹板。上下弦带有拱度的腹板与上、下盖板组焊而得到带有上拱的主梁。

　　如果主梁装焊时上拱值过小或过大，可以采用调整上、下盖板和腹板四条角焊缝的焊接顺序来调整上拱，如图 7-21 所示。如果焊后测量发现上拱值偏离规定值，也可以用火焰矫正

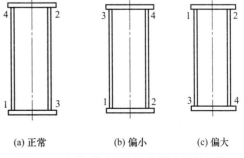

(a) 正常　　(b) 偏小　　(c) 偏大

图 7-21　焊前利用改变焊接顺序调整上拱

法调整上拱值，如上拱值小了，则在梁的腹板下弦区大加强板的部位，用火焰烤若干个三角形加热区，同时加热相应部位的下盖板。

③ 盖板、腹板的拼接焊缝设计。小吨位起重机主梁的腹板和翼板不需要对接。大跨度、大吨位起重机主梁，特别是宽翼缘主梁，其长、高、宽均超出钢板供货规格，其翼板和腹板在横向和纵向均对接，典型拼接如图 7-22 所示。

拼接部位的要求是翼板、腹板的横向对接焊缝不允许布置在梁的同一截面上，对接焊缝应尽量错开 200mm 以上。翼板、腹板的横向对接焊缝还应与梁的大小加强板错开，与大加强板错开大于 150mm，与小加强板错开大于 50mm。对接焊缝板厚大于或等于 14mm，可以双面坡口；板厚小于或等于 14mm，可采用不开坡口、双面埋弧焊，但必须焊透。对接焊缝一般要进行射线或超声波探伤，以判定焊缝内部质量情况，并应达到相应标准规定的等级。

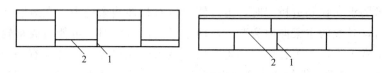

图 7-22　腹板、盖板拼接焊缝示意图
1—横向对接焊缝；2—纵向对接焊缝

7.2.3　桥式起重机主梁的制造工艺

（1）拼板对接焊工艺

主梁长度一般为 10～40m，腹板与上下翼板要用多块钢板拼接而成，所有拼缝均要求焊透，并要求通过超声波或射线检验，其质量应满足起重机技术条件中的规定。根据板厚的不同，拼板对接焊工艺包括：开坡口双面焊条电弧焊；一面焊条电弧焊，另一面埋弧焊；双面埋弧焊；气体保护焊；单面焊双面成形埋弧焊。前四种工艺拼接时，一面拼焊好后，必须把焊件翻转并进行清根等工序。如拼板较长，翻转操作不当，则会引起翘曲变形。若采用单面焊双面成形埋弧焊，具有焊缝一次成形、不需翻转清根、对装配间隙和焊接规范要求不十分严格等优点，因此，当钢板厚度为 5～12mm 时，应用十分广泛。考虑到焊接时的收缩，拼板时应留有一定的余量。

为避免应力集中，保证梁的承载能力，翼板与腹板的拼接接头不应布置在同一截面上，错开距离不得小于 200mm。同时，翼板及腹板的拼板不应安排在梁的中心附近，一般应离梁中心 2m 以上。

为防止拼接板时角变形过大，可采用反变形法。双面焊时，第二面的焊接方向要与第一面的焊接方向相反，以控制变形。

（2）肋板的制造

长肋板中间一般开有减轻孔，可用整料或零料拼接制成；短肋板用整料制成。由于肋板尺寸影响到装配质量，要求其宽度不能大，只能为 1mm 左右；长度尺寸允许有稍大一些的误差。肋板的四个角应保证 90°，尤其是肋板与上盖板接触处的两个角更应严格保证直角，这样才能保证箱形梁在装配后腹板与上盖板垂直，并且使箱形梁在长度方向不会产生扭曲变形。

（3）腹板上挠度的制备

考虑支梁的自重和焊接变形的影响，为满足技术要求规定的主梁上挠度要求，腹板应预制出数值大于技术要求的上挠度，上挠沿梁跨度对称跨中均匀分布。具体可根据生产条件和所用的工艺程序等因素来确定，一般跨中上挠度的预制值 f_m 可取（$1/350 \sim 1/450$）L。目前，上挠曲线主要有二次抛物线、正弦曲线以及四次函数曲线等制作方法，如图 7-23 所示。

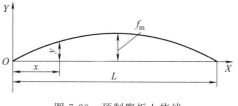

图 7-23　预制腹板上挠线

距主梁端部距离为 x 的任意一点的上挠值：

① 二次抛物线上挠计算：　　　$y = 4f_m x(L-x)/L^2$　　　　　　　　　　　　　(7-1)

② 正弦曲线上挠计算：　　　　$y = f_m \sin 180°(x/L)$　　　　　　　　　　　　(7-2)

③ 四次函数曲线上挠计算：　　$y = 16f_m x(L-x)^2/L^2$　　　　　　　　　　　　(7-3)

腹板上挠度的制备方法多采用先划线后气割，切出具有相应的曲线形状。在专业生产时，也可采用靠模气割。图 7-24 为腹板靠模气割示意图，气割小车 1 由电动车驱动，四个滚轮 4 沿小车轨道 3 做直线运行，运动速度为气割速度且可调节。小车上装有可作横向自由移动的横向导杆 7，导杆的一端装有靠模滚轮 6 沿靠模 5 移动。靠模制成与腹板上挠曲线相同形状的导轨，导杆上装有两个可调节的割嘴 2，割嘴间的距离应等于腹板的高度加割缝宽度。当小车沿导轨运动时，就能割出与靠模上挠曲线一致的腹板。

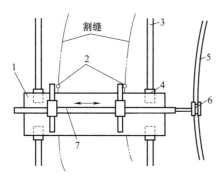

图 7-24　腹板靠模气割示意图

1—气割小车；2—割嘴；3—小车轨道；4—滚轮；
5—靠模；6—靠模滚轮；7—横向导杆

（4）装焊 π 形梁

π 形梁由上翼板、腹板和肋板组成，组装定位焊有夹具组装和平台组装两种。目前以上翼板为基准的平台组装应用较广。装配时，先在上翼板用划线定位的方法装配肋板，用 90°角尺检验垂直度后进行定位焊。为减小梁的下挠变形，装好肋板后应进行肋板与上翼板焊缝的焊接。如翼板未预制旁弯，则焊接方向应由内侧向外侧进行 [图 7-25（a）]，以满足一定旁弯的要求；如翼板预制有旁弯，则方向应如图 7-25（b）所示，以控制变形。

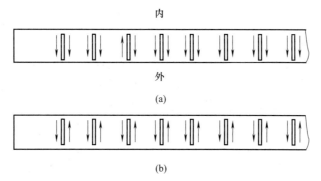

图 7-25　肋板焊接方向

组装腹板时，首先要求在上翼板和腹板上分别划出跨度中心线，然后用吊车将腹板吊起与翼板、肋板组装，使腹板的跨度中心线对准上翼板的跨度中心线，然后在跨中点进行定位焊。腹板上边用安全卡1（图7-26）将腹板临时紧固到长肋板上，可在翼板底下打楔子使上翼板与腹板靠紧，通过平台孔安放沟槽限位板3，斜放压杆2，并注意压杆要放在肋板处。当压下压杆时，压杆产生的水平力使下部腹板靠严肋板。为了使上部腹板与肋板靠紧，可用专用夹具使腹板装配胎夹紧。由跨中组装后，定位焊至腹板一端，然后用垫块垫好（图7-27），再装配定位焊另一端腹板。

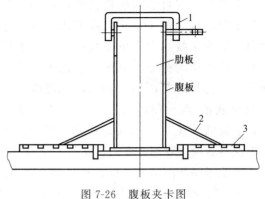

图 7-26　腹板夹卡图
1—安全卡；2—压杆；3—限位板

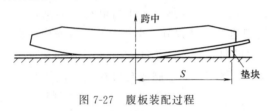

图 7-27　腹板装配过程

腹板装好后，即应进行肋板与腹板的焊接。焊前应检查变形情况以确定焊接次序。如旁弯过大，则应先焊外腹板焊缝；如旁弯不足，则应先焊内腹板焊缝。对 π 形梁内壁的所有焊缝，尽可能采用 CO_2 气体保护焊，以减小变形，提高生产效率。为使 π 形梁的弯曲变形均匀，应沿梁的长度方向由偶数焊工对称施焊。

（5）下翼板的装配

下翼板的装配关系到主梁最后成形质量。装配时先在下翼板上划出腹板的位置线，将 π 形梁吊装在下翼板上，两端用双头螺杆将其压紧固定（图7-28）；然后用水平仪和线锤检验梁中部和两端的水平和垂直度及挠度，如有倾斜或扭曲时，用双头螺杆单边拉紧。下翼板与腹板的间隙应不大于1mm，定位焊时应从中间向两端同时进行。主梁两端弯头处的下翼板可借助起重机的拉力进行装配定位焊。

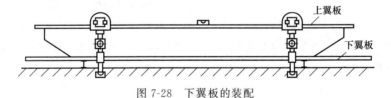

图 7-28　下翼板的装配

（6）主梁纵缝的焊接

主梁四条纵缝的焊接顺序视梁的挠度和旁弯的情况而定，当挠度不够时，应先焊下翼板左右两条纵缝；挠度过大时，应先焊上翼板左右两条纵缝；采用自动焊焊接四条纵缝时，可采用图7-29所示的焊接方式，焊接时从梁的一端直通焊到另一端。图7-29（a）所示为"船形"位置单机头焊，主梁不动，靠焊接小车移动完成焊接工作。平焊位置可采用双机头焊 [图7-29（b）、（c）]，其中图7-29（b）所示为靠移动工件完成焊接，图7-29（c）所示为通过机头移动来完成焊接操作。

当采用焊条电弧焊时，应采用对称的焊接方法，即把箱形梁平放在支架上，由四名焊工

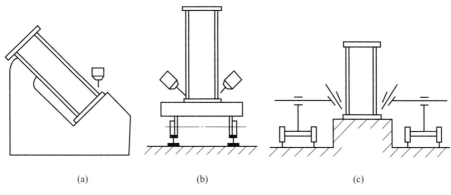

图 7-29 主梁纵缝自动焊

同时从两侧纵缝的中间分别向梁的两端对称焊接，焊完后翻转，以同样的方式焊接另外一边的两条纵缝。

（7）主梁的矫正

箱形主梁装焊完毕后应进行检查，如果变形超过了规定值，则应根据变形情况采用火焰矫正法选择好加热的部位与加热方式进行矫正。

思考题

1. 压力容器结构有哪些类型？如何划分Ⅰ、Ⅱ、Ⅲ类压力容器？
2. 压力容器主要参数有哪些？其中产品标识中应注明哪些参数？
3. 球形压力容器主要应用于哪些场所？焊接时要注意什么问题？

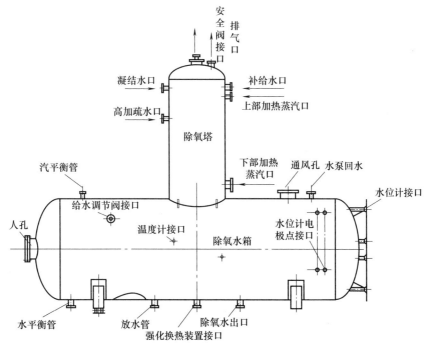

图 7-30 锅炉除氧器结构示意图

4. 压力容器结构由哪些部分组成？分析各部分结构特点和作用。

5. 简要分析中、低压压力容器各主要部件的装焊工艺。

6. 试比较球形容器与圆筒形容器的优缺点。

7. 根据 GB 150 标准压力容器受压元件之间的焊接接头分为哪几类？各类型是如何划分的？

8. 图 7-30 为锅炉除氧器结构示意图，筒体、封头材料为 Q235B，接管为 20 钢，法兰材料为 16MnⅡ，支座材料为 Q235A。分析其焊接生产工艺流程，为其焊缝接头编号，并选择 A、B、C、D 类接头焊缝进行焊接工艺参数选择，填写焊接工艺卡，尺寸自定义。

9. 起重机分为哪几种类？各有什么特点？

10. 桥式起重机的桥架由哪些主要部件组成？各部件的结构有什么特点？

11. 分析桥式起重机的桥架主梁的焊接生产工艺，拟订其焊接生产工艺路线并分析其焊缝种类，编制其焊接工艺卡。

12. 为避免应力集中，起重机主梁的翼板与腹板的拼接接头如何布置？如何防止拼接板产生较大的角变形？翼板与腹板的拼接焊缝如何检测？

焊接结构生产管理与安全

8.1 现代企业管理概述

企业是从事生产、流通、服务等经济活动，向社会提供产品或劳务，满足社会需并获取盈利，实行自主经营、自负盈亏、独立核算，具有法人资格的经济组织。企业是历史的产物，是社会生产力发展到一定水平的结果，是商品生产与商品交换的产物，是劳动分工的结果。

管理是为了实现一定的目标，采取的最有效、最经济的一种组织行动。企业的发展壮大离不开管理，而焊接生产管理是每个焊接企业必不可少的，良好的企业管理制度不仅可以提高客户满意度，赢得更多客户，而且可以提高生产率，降低质量成本，以保持产品和服务质量的稳定性。焊接是工业生产中十分重要的工艺环节，对于焊接生产的管理方法，各个企业都在不断持续改进，针对焊接生产，每个企业都有自己的管理方式。

8.1.1 5S 企业管理模式

5S 是整理、整顿、清扫、清洁和素养 5 个词的缩写。因为这 5 个词日语中罗马拼音的第一个字母都是"S"，所以简称为"5S"，开展以整理、整顿、清扫、清洁和素养为内容的活动，称为"5S"活动。

（1）整理

整理就是区分现场必需与非必需的东西，现场除了必需的东西以外，都应尽快适当处理。其目的是将"空间"腾出来活用，对于长期不用的物品可以放到仓库，防止误用、误送，节约时间和空间。

焊接生产过程中经常有一些残余物料、待修品、返修品、报废品等滞留在现场，既占据了地方又阻碍生产，包括一些已无法使用的工具、量具、机器设备，如果不及时清除，会使现场变得凌乱。

（2）整顿

整顿是将需要的东西分门别类，依规定方法摆放整齐，规定放置方法及场所，减少寻找必需品的时间。整顿是为了减少非必需品的积压，并能够在最短的时间内找到所需要的东西。

（3）清扫

所谓清扫是清除活动范围的垃圾等脏污，并逐一检查，找出问题发生的根源，以保持工作场所干净整洁，防止污染的发生。

（4）清洁

清洁是将上面的整理、整顿、清扫实施的做法制度化、规范化，使得以上做法得到完善。

（5）素养

素养就是培养文明礼貌习惯，对于规定规则，都要认真遵守，并养成良好的工作习惯。素养是为了提升"人的品质"，提高团体素质，做到严格遵守规则。

实施5S最终达到提高品质、降低成本、提高效率、减少事故、提高素质、顾客满意的目的。没有实施5S管理的焊接生产场所，现场脏乱，例如地板粘着垃圾、油渍或切屑等，日久就形成污黑的一层，零件与箱子乱摆放，起重机或焊机等在狭窄的空间里游走。改善焊接生产现场的面貌，实施5S管理活动最为适合。

8.1.2 精益管理模式

精益管理源于精益生产。精益生产的理念最早起源于日本丰田汽车公司的 TPS（Toyota Production System）。TPS 的核心是追求消灭一切"浪费"，以客户拉动和 JIT（Just-in-Time）方式组织企业的生产和经营活动，形成一个对市场变化快速反应的独具特色的生产经营管理体系。

精益管理要求企业的各项活动都必须运用"精益思维（Lean Thinking）"。"精益思维"的核心就是以最小资源投入，包括人力、设备、资金、材料、时间和空间，创造出尽可能多的价值，为顾客提供新产品和及时的服务。精益管理的目标可以概括为：企业在为顾客提供满意的产品与服务的同时，把浪费降到最低程度。企业生产活动中的浪费现象很多，常见的有：错误——提供有缺陷的产品或不满意的服务；积压——因无需求造成的积压和多余的库存；过度加工——实际上不需要的加工和程序；多余搬运——不必要的物品移动；等候——因生产活动的上游不能按时交货或提供服务而等候；多余的运动——人员在工作中不必要的动作；提供顾客并不需要的服务和产品。努力消除这些浪费现象是精益管理的最重要的内容。图8-1为精益管理循环示意图。

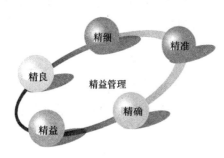

图 8-1　精益管理循环示意图

8.2 焊接生产管理

所谓的生产管理是指一个工厂从原材料、设备，经过设计、制造、检验等，直到产品出厂的全面管理。焊接的生产离不开管理，焊接生产管理是每个焊接企业必不可少的。

8.2.1 焊接生产质量保证体系

（1）焊接质量管理

焊接质量管理就是对焊接施工过程进行管理和控制，从而控制焊接质量的一种质量管理活动。其最终目的是对焊接生产质量进行有效的管理和控制，使焊接结构制作和安装的质量达到规定的要求，其实质就是在具备完整质量管理体系的基础上在焊接施工中，做好以下工作：

① 焊工培训审查与资格评定；

② 焊接工艺的编制；

③ 编制合理的焊接工艺流程；

④ 制订合理的热处理工艺并严格控制；

⑤ 保证焊接材料的验收和管理制度；

⑥ 保证焊件装配质量；

⑦ 制订合理的焊接热处理管理制度；

⑧ 建立科学的管理制度并严格执行；

⑨ 制订合理的焊接检验制度；

⑩ 严格控制焊缝返修管理工作。

（2）焊接质量保证体系的主要控制系统

焊接生产质量管理体系中的控制系统主要包括：材料质量控制系统、工艺质量控制系统、焊接质量控制系统、无损检测质量控制系统和产品质量检验控制系统等。

① 焊接材料质量控制系统。一般包括采购订货、到货、验收、材料保管、发放、材料使用等几个环节以及表、卡、程序文件等相应的文件。

② 焊接工艺质量控制系统。对焊接工艺的分析确定、工艺规程编制和工艺卡的编制、工艺质量评价、过程能力测评、生产定额估算等一系列工作进行控制的流程。

③ 焊接质量控制系统。焊接质量控制是通过焊接质量控制系统的控制环节、控制点的控制来实现的。一般设焊工管理、焊接设备管理、焊材管理、焊接工艺评定、焊接工艺编制、焊接施工、产品焊接试板管理、焊接返修等八个控制环节。

④ 无损检测质量控制系统。无损检测人员在检测前与质检员、施工单位联络员现场核对，并按指定部位进行检测。无损检测任务不同，控制程序繁简不同，使得无损检测的要求也不同。

（3）焊接质量保证体系正常运转的标志

焊接质量体系运行是否正常，具有以下几个标志可以反映出来：

① 焊接质量体系各级人员正常上岗工作，并有连续的工作记录；

② 产品制造过程中各项技术质量控制原始记录完整，签字手续齐全，内容真实可靠；

③ 焊接质量信息流通渠道通畅，客户意见和制造质量问题的处理及时，处理方式和程序符合要求；

④ 能定期召开质量分析会，以使产品质量不断提高；

⑤ 产品的质量符合图纸、技术要求和有关标准。

焊接质量保证体系一方面应具有完整的质量保证机构和从事质量控制的各级质控人员；另一方面，要有一个完整的法规系统，有明确的企业宗旨、企业管理目标和质量方针。工厂质量保证体系质量责任人员系统见图 8-2。

8.2.2　焊接材料的管理

焊接材料包括焊条、焊丝、焊剂、保护气体等。焊接材料的选用应根据焊接的母材、焊

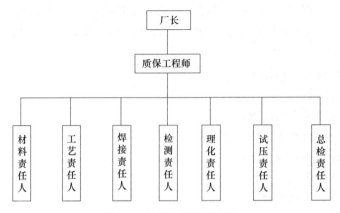

图 8-2　焊接生产管理制度

接方法、焊接工艺等因素决定；焊接材料在使用时，如果出现混淆用错、受潮、氧化将直接影响焊接质量，同时还应防止焊接材料变形、泄漏、爆炸等问题，所以，焊接材料从采购、验收入库、保管到发放都必须加强管理，以确保保存安全和焊接产品质量。

（1）焊接材料的采购

焊接材料的采购应根据技术部门制订的材料清单所规定的型号（或牌号）、规格和计划供应部门确定的用量和时间要求进行采购，所购的焊接材料必须是具有制造资质的正规企业生产的产品，具有清楚的标志，并与焊接材料生产单位提供的检验合格的质量证明书相符。在提运焊接材料时注意不得损坏包装材料，做好防雨、防潮措施。

（2）焊接材料的验收

焊接材料入厂后，需要复验的应先放置于焊材库的待验区，由检验部门进行外观检查和质量证明书和标志的验收，合格后取样并提出复验通知单，经有关负责人审批后，由焊接实验室焊制试件，经检验后，进行化学成分分析和力学性能试验，检验部门综合检验结果并确认合格与否，合格时，则通知库房办理入库手续，并建立焊材台账；不合格时，则通过供应部门退货。对于不需要复验的焊材可以直接入库，并建立台账。

（3）焊接材料的保管

① 焊接材料的保管应分类设置存放区域。按种类、型号（或牌号）、规格、入库日期分别堆放，对每垛进行编号，并挂上明显的标记，避免混放。需要隔离或者存放距离有要求的应按规定隔离或按距离存放（如氧气瓶和乙炔气瓶不能混放，应隔离放置）。

② 焊接材料应放置在干燥、通风良好的室内仓库内，室内不允许放置有害气体、腐蚀性物品，并应保持整洁。

③ 焊条、焊丝、焊剂应放在架子上，架子离地面、墙壁的距离不小于 300mm，架下应放置干燥剂或配置防潮去湿设施，配置温度计和湿度计，使室内保持合适的温度和相对湿度（如低氢型焊条存放的室内温度不得低于 5℃，空气相对湿度不得大于 60%），严防受潮和氧化。

④ 出库原则是先入库的先使用。

⑤ 入库和保管时应避免破坏原包装，受潮或包装损坏的未经处理不允许入库。

⑥ 库管员应熟悉各类焊接材料的一般性能和储存、保管要求，熟悉使用要求，定期查看焊材有无受潮、氧化、锈蚀、污损等情况，定期检查和调节温湿度，并做好记录。发现问

题应及时与有关人员联系，妥善处理。

（4）焊接材料的领用与代用

① 焊条、焊剂的烘干。焊材受潮使用将导致氢致裂纹、气孔和焊缝力学性能的下降，还会导致焊接时飞溅增加等焊材工艺性能下降问题，因此焊材使用前应进行烘干。烘干的有关要求如下：

烘干室内应根据平时焊接工作量的大小，配备足够数量的高、低温烘干箱，以满足生产的需要。烘干箱上应有恒温自控装置，并定期对测温仪表进行校验，以保证烘干符合要求。各类焊材与产品母材的对应关系及其焊材的烘干温度、保温时间和存放温度等规定应贴在烘干箱附近的醒目位置，库管员应严格按要求对焊材进行烘干。

实行按委托单烘干制度。生产车间提前一天填好委托单交烘干室，内容包括施焊产品和制造编号、焊件母材牌号、焊材牌号、规格、使用量及使用时间等项目。在每天需要品种和用量基本不变的情况下，同一张委托单上也可注明连续使用多少天而不必每天填写。

焊材应先入库后烘干发放，待烘干时拆除包装，当一次烘不完时应将剩余的焊材用原包装包装好。

库管员对焊材进行烘干前，应对照委托单的焊件母材牌号，核对所委托的焊材牌号是否有误，如发现问题应及时找委托人员联系。同时检查其外观质量，去除药皮脱落、开裂、偏心及受潮严重的焊条，以确保焊条的使用质量；焊剂烘干前应筛去碎粉，去除杂物。

不同烘干条件的焊材不得同炉烘干；不同牌号、不同规格的焊条或焊剂同炉烘干时应放在烘干箱内的不同部位，并做好标记。放入烘干箱内的焊材的堆层不应过厚，并在烘干过程中注意翻转，以使焊材干燥均匀。

库管员应按照所烘焊材的牌号、规格及数量，严格按规定的烘干温度、保温时间及存放温度执行，不得影响使用。每炉烘干均应做好"焊材烘干记录"。烘好的焊材应按种类、牌号、代号的不同，分别存放在低温烘干箱中待用。

对回收的焊材和焊剂，使用前仍需按原烘干要求进行烘干。对低氢型焊条、烘烤的次数一般应不超过3次。

② 焊材的发放与回收。焊工领用焊条时，必须携带焊条保温筒，否则不予以发放。通常每名焊条电弧焊焊工均应配备一个焊条保温筒，不管每次领用的焊条数量多少都应装入保温筒内，以防在使用过程中受潮，同时也便于焊条的携带和现场的管理。

发放焊材时，库管员应核对其牌号、规格是否与委托单上的要求相一致，防止错发和错用，并做好"焊材发放与回收记录"。不同产品所使用的焊材应分开登记，以便于使用的追踪和成本核算。

焊丝一般由施焊组或焊工按工艺要求开领料单直接领用。当日未使用完的焊条以及剩余焊剂和焊条头应收交焊材库。回收的整根焊条应按其牌号、规格单独存放。回收的焊剂应去除里面的碎粉、渣壳及其他污物，与新焊剂混合使用。其目的是控制焊材的去向，避免错用，同时控制焊接成本和做到文明生产。

③ 焊材的使用。焊工必须明确所焊焊件母材的牌号、规格以及对应的焊材牌号、规格，并严格按照焊接工艺文件的要求进行施焊。

如果焊丝表面有油污、锈蚀及其他污物，使用前应按规定清除，并注意在使用过程中保持表面清洁。

在使用焊条过程中应注意保持干燥，不得随意将焊条从焊条筒中拿出露天放置，并应在保证质量的前提下，尽量提高焊条的利用率。焊条用完后将焊条头存放在专用焊条头筒内。

焊工在焊接时如果发现焊材工艺性能不好、焊缝经常出现超标缺陷时应及时与有关人员联系，经研究后确定是否继续使用。

④ 焊材的代用。在产品制造过程中，有时会出现焊材代用问题。正常情况下，制造单位应严格按照焊接工艺的规定使用焊接材料，但有时供应部门采购不到所要求的焊材。此时应按照材料代用的规定经过审批方可代用。代用后不改变焊缝的使用性能，且所用焊接材料在焊接工艺评定的可替代范围之内时，经制造单位焊接责任师审核同意，并办理代用手续后允许代用，不在可代替范围之内的，应重新进行焊接工艺评定，合格后方可代用，但对于重要的焊接产品，设计文件中已对焊材牌号作了规定，焊材代用时，还需取得原设计单位的设计修改证明文件。代用后如果不能保证焊缝的使用性能就不能代用。

8.2.3　焊工档案管理制度

焊工档案资料由培训资料、焊工考试技术资料、焊工档案三部分组成。

① 培训资料包括培训人员状况、培训计划、培训总结等。

② 考试资料包括每期考试成绩总表、考试总结等。

③ 焊工考试技术资料包括焊接工艺评定资料、焊接工艺指导书、培训与考试用钢材、焊接材料质量证明或复验报告等。

焊工档案内容主要有焊工考试申请表、焊工基础知识试卷、焊工考试记录表、试件射线探伤报告、端口检验报告、力学性能报告、弯曲试验报告以及合格焊工简历表、焊工考核日报表、焊工合格证正本等。

焊条电弧焊、埋弧焊以及其他焊接方法的外观检验由焊接检验员每日填写，埋弧焊及其他焊接方法需探伤检验室每日填写，每季度汇总交焊试室归口管理放入焊工档案。所有档案资料都由档案管理员整理成册并保管。而档案管理人员也应严格按照考委会档案管理制度办事，未经考委会主任批准，不允许私借他人查阅。

8.3　焊接生产安全

焊接生产安全是指在生产中，为了避免造成人员伤害和财产损失的事故而采取相应的事故预防和控制措施，使生产过程在符合规定的条件下进行，以保证从业人员的人身安全与健康，保证设备和设施免受损坏，保证生产活动得以顺利进行。安全管理是企业生产管理的重要组成部分，是综合型系统科学。我们国家对工人的安全和健康一直非常重视，当前在劳动安全管理体制上已改变了以往单一的行政管理体制，要求建立"国家监察、行政管理、群众监督"三结合的新管理体制，逐步培养壮大劳动保护专业人员队伍，对操作工人进行安全技术培训，以提高职工素质。这都将使劳动安全管理走向科学的管理道路，从而促进安全生产的实现。

8.3.1　国家安全生产条例

我国安全生产方针的历史由来：1952 年，第二次全国劳动保护工作会议提出了劳动保护工作必须贯彻安全生产的方针；1958 年初，全国安全生产委员会正式提出将"安全第一、预防为主"作为安全生产方针；2006 年，第十六届五中全会提出安全生产十二字方针，即

"安全第一、预防为主、综合治理",使我国安全生产方针进一步发展和完善,更好地反映了安全生产工作的规律和特点;目前党和国家加强安全生产的十六字管理方针是"企业负责、行业管理、国家监察、群众监督"。

(1)法制体系的建立和完善

安全事故的发生大多是由麻痹大意造成的。要从以前发生的安全事故中吸取经验教训,不断加强对现场安全工作的管理,杜绝此类事故再次发生;充分发挥公司安全员和班组安全员的作用,对现场安全隐患进行定期、不定期排查,做到安全隐患及时发现,及时处理;安全责任人要加强对生产现场的巡察工作,对违章操作进行严肃处理和纠正,加强安全规章制度和操作规程的学习,提高员工执行力,增强员工责任感,把安全工作落到实处,确保安全生产的良好秩序。安全生产是立业之本。

(2)安全生产事故划分

为统一生产安全事故分级标准,《生产安全事故报告和调查处理条例》根据生产安全事故造成的人员伤亡或者直接经济损失严重程度,明确规定了生产安全事故分级标准,这是在国家行政法规中第一次明确规定安全生产事故分级标准,是我国目前最权威的事故分级标准。根据《生产安全事故报告和调查处理条例》第三条有关规定,安全生产事故一般划分为特别重大事故、重大事故、较大事故和一般事故四个等级。

特别重大事故:

① 一次造成 30 人以上(含 30 人)死亡;

② 一次造成 100 人以上(含 100 人)重伤(包括急性工业中毒);

③ 一次造成 1 亿元以上(含 1 亿元)直接经济损失的事故。

重大事故:

① 一次造成 10 人以上 30 人以下死亡;

② 一次造成 50 人以上 100 人以下重伤;

③ 一次造成 5000 万元以上 1 亿元以下直接经济损失的事故。

较大事故:

① 一次造成 3 人以上 10 人以下死亡;

② 一次造成 10 人以上 50 人以下重伤;

③ 一次造成 1000 万元以上 5000 万元以下直接经济损失的事故。

一般事故:

① 一次造成 3 人以下死亡;

② 一次造成 10 人以下重伤;

③ 一次造成 1000 万元以下直接经济损失的事故。

党和国家对电焊工人掌握安全技术知识十分重视,在劳动保护条例中,规定电焊工必须经安全培训并考试合格后,持有国家安全管理认可部门颁发的合格证,方可独立操作。

8.3.2　生产安全用电

电焊是焊接工艺中广泛采用的方法。电焊操作时接触电的机会很多,比如移动和调节电焊设备等,在更换焊条时,由于焊工的手会直接接触焊条,有时甚至还要站在焊件上操作,电就在手上、身边和脚下。因此,电击是所有焊接工艺的主要危险。

8.3.2.1　电焊发生触电的原因及预防措施

（1）电焊发生触电的原因

电焊设备多为电气设备，电焊工在工作时，经常接触到的是电气设备，手工焊时，巨大的电流从焊工手握的焊把中流过；自动焊时，焊工要操作电气按钮和开关。因此，为防止发生触电事故而酿成悲剧，往往需要焊工掌握一定的焊接安全用电知识。电焊操作中的触电事故，往往是在下列情况下发生的：

① 在焊接操作中，手或身体某部位接触到焊条、电极、焊枪或焊钳的带电部分，而脚和身体其他部位对地和金属结构之间又无绝缘防护。在金属容器、管道、锅炉、船舱里及金属结构，或在阴雨天、潮湿地的焊接，比较容易发生这种触电事故。

② 手或身体某部碰到裸露而带电的接线头、接线柱、导线、极板及绝缘失效或破皮的电线而触电。

③ 电焊变压器的一次绕组对二次绕组之间的绝缘损坏时；变压器反接或错接在高压电源时。

④ 手或身体某部接触二次回路的裸导体，而同时二次线路缺乏接地或接零保护。登高焊接时接触到高压电网或者低压电网连接不当。

⑤ 电焊机外壳漏电，而外壳又缺乏良好的接地或接零保护，人体接触焊机外壳而触电。

（2）电焊触电的防护措施

在电焊过程中，如果焊接工作者缺乏使用电机的知识和技能，就会发生人身伤亡、设备损坏或火灾等事故。因此，必须了解电焊触电的防护措施。

① 工作前应认真检查工具、设备是否完好，焊机的外壳必须有完好的绝缘保护，焊机周围散热良好。接地线要牢靠安全，禁止用脚手架、钢丝缆绳、机床等作为接地线。焊机的修理应由电气保养人员进行，其他人员不得拆修。

② 焊接密封容器、管子应先开好放气孔。在已使用过的罐体上进行焊接作业时，必须查明是否有易燃、易爆气体或物料，严禁在未查明之前动火焊接。

③ 应经常检查焊钳、电焊线是否牢靠、接触良好、连接正确，发现有损坏应及时修好或更换，焊接过程发现短路现象应先关好焊机，再寻找短路原因，防止焊机烧坏。

④ 焊接前制订好工作预案，保证焊接场地的照明良好；接拆电焊机电源线或电焊机发生故障，应会同电工一起进行修理，严防触电事故。

⑤ 工作前应认真检查工作环境，确认为正常方可开始工作，焊工要加强个人防护，工作服、绝缘手套、绝缘鞋、垫板等保护用品必须使用并保持完好；高空作业要戴好安全带；敲焊渣、磨砂轮时应戴好平光眼镜。

⑥ 工作结束后，检查现场，切断电源，确保不会有引起火灾的隐患后才能离开焊接场地。

8.3.2.2　电焊机的安全使用

（1）焊接电源

① 电焊机的电源开关应单独设置，直流电焊机的电源应采用起动器控制；所有交流、直流电焊机的外壳，均必须装设保护性接地或接零装置，不得多台串联接地。

② 焊机的接地装置。用铜棒或无缝钢管作接地极打入地里，其深度不小于1m，接地电阻小于4Ω。焊机的接地装置可以广泛地利用自然接地电极，例如铺设于地下的属于本单位

独立系统的自来水管，或与大地有可靠连接的建筑用品的金属结构等。但氧气管道和乙炔管道以及其他可燃易爆用品的容器和管道，严禁作为自然接地线。自然接地线电阻超过 4Ω 时，应采用人工接地极。

③ 弧焊变压器的二次线圈一端接地或接零时，则焊件本身不应接地，也不应接零。因为如果焊件再接地或接零，一旦电焊回路接触不良，大的焊接工作电流可能会通过接地线或接零线，因而将地线或零线熔断。这不但使人身安全受到威胁，而且易引起火灾。因此规定，凡是在有接地或接零线的工件上进行电焊时，应将焊件上的接地或接零线暂时拆除，焊完后再恢复。在焊与大地紧密相连的工件（水道管路、房屋立柱等）时，如果工件本身接地电阻小于 4Ω，则应将电焊机二次线圈一端的接地线或接零线的接头暂时解开，焊完后再恢复。

④ 焊条电弧焊机应安装焊机自动断电装置，使焊机空载电压降至安全电压范围内，既能防止触电又能降低空载损耗，具有安全和节电的双重作用。

⑤ 焊机工作负荷不应超出铭牌规定，即在允许的负载持续率下工作，不得任意长时间超载运行，否则因过热而烧毁焊机或造成火灾，以及超载造成绝缘损坏，还可能引起漏电而发生触电事故。焊机应按时检修，保持绝缘良好。

（2）焊接电缆

① 应具备良好的导电能力和绝缘外层，一般是用纯铜芯外包胶皮绝缘套制成的。绝缘电阻不得小于 1MΩ。

② 应轻便柔软、能任意弯曲和扭转、便于操作。因此电缆芯必须用多股细线组成，如果没有电缆，则可用相同导电能力的硬导线代替，但在焊钳连接端至少要用 2～3m 长的软线连接，否则不便于操作。

③ 焊接电缆应具有较好的抗机械性损伤能力以及耐油、耐热和耐腐蚀等性能，以适应焊接工作的特点。

④ 焊机与配电盘连接的电缆线，由于其电压较高，除应保证良好绝缘外，长度以不超过 2～3m 为宜。如确实需要较长的导线，则应采取间隔安全措施，即应离地面 2.5m 以上沿墙用瓷瓶布设。严禁将电源线拖在工作现场地面上。

⑤ 焊机与焊钳和焊件连接导线的长度，应根据工作时的具体情况决定，太长会增大电压降，太短则不便于操作，一般为 20～30m。

⑥ 焊接电缆的截面面积应根据焊接电流的大小，按规定选用，以保证导线不致过热而损坏绝缘层。焊接电缆的过度超载，是绝缘损坏的重要原因之一。

⑦ 焊接电缆应用整根的，中间不应有接头。如需用短线接长时，则接头不应超过两个，接头应用铜导线做成，连接须坚固可靠，并保证绝缘良好，如若接触不良，则会产生高温。焊接电缆在使用多股细铜线无接头电缆时，与电焊机接线柱连接需压实，防止随意缠绕造成的松动、接触不良、过热、火花现象，接线栓上应设置防护罩。

⑧ 严禁利用厂房的金属结构、管道、轨道或其他金属物搭接起来作为导线使用，防止因接触不良而造成火灾和造成触电事故。

⑨ 不得将焊接电缆放在电弧附近或炽热的焊缝金属旁，避免高温烧坏绝缘层。横穿道路时应采取防护套、穿管等保护措施，避免碾压磨损等。

焊接电缆的绝缘应定期进行检查，一般为半年检查一次。

8.4 焊工劳动卫生防护与现场急救处理

8.4.1 焊工劳动卫生防护

8.4.1.1 焊接烟尘和有害气体的危害与防护措施

电焊烟尘是焊条电弧焊的主要有害因素,当采用碱性焊条时,还会产生有毒气体(氟化氢)。臭氧、氮氧化物是氩弧焊、等离子弧焊的主要有毒气体;CO_2 焊的主要有毒气体是 CO。

(1)焊接材料的焊接烟尘的产生与危害

焊接烟尘是由金属及非金属物质在过热条件下产生的蒸气经氧化和冷凝而形成的。因此电焊烟尘的化学成分,取决于焊接材料(焊丝、焊条、焊剂等)和被焊接材料成分及其蒸发的难易。不同成分的焊接材料和被焊接材料,在施焊时将产生不同成分的焊接烟尘,焊接烟尘的特点有:焊接烟尘粒子小,烟尘呈碎片状,粒径为 $1\mu m$ 左右;焊接烟尘的黏性大;焊接烟尘的温度较高,在排风管道和滤芯内,空气温度为 $60\sim80℃$;焊接过程的发尘量较大。

几种焊接(切割)方法施焊时(切割时)每分钟的发尘量和熔化每千克焊接材料的发尘量见表 8-1。

表 8-1 不同焊接方法施焊时的发尘量和熔化每千克焊接材料的发尘量

焊接方法		施焊时发尘量/(mg/min)	焊接材料发尘量/(g/kg)
焊条电弧焊	J507φ4mm	350～450	11～16
	J422φ4mm	200～280	6～8
自保护焊	药芯焊丝 φ3.2mm	2000～3500	20～25
二氧化碳气体保护焊	实芯焊丝 φ1.6mm	450～650	5～8
	药芯焊丝 φ1.6mm	700～900	7～10
氩弧焊	实芯焊丝 φ1.6mm	100～200	2～5
埋弧焊	实芯焊丝 φ5mm	10～40	0.1～0.3
氧-乙炔切割	切割厚度为20mm的低碳钢	40～80	—

我国以前不少企业的焊接工艺,机械化程度不高,仍是手工电弧焊和半自动焊,工位移动工件不动,使得烟尘产生点不断变化,给车间设置排烟净化装置造成一定困难,加上过去重视程度不够,所以许多焊接工艺操作没有排烟净化装置,产生的烟尘全部散在室内,造成车间烟雾弥漫,能见度低,有些工厂的吊车工人都无法操作。从某些工厂测定的资料来看,其电焊作业环境中有害物质远远超过了国家的卫生标准,少则几倍,多则几十倍、几百倍。

我国焊接作业区的有害气体污染是比较严重的,焊接工人的健康受到很大的威胁,在通风不良的条件下,长期接触电焊烟尘,有可能造成以下职业危险:

① 焊工尘肺。其是指由于长期吸入超过规定浓度的电焊烟尘引起肺组织弥漫性纤维化的疾病。焊工尘肺在过去被称为"铁末沉着症",目前是由于长期吸入超过允许浓度的以氧化铁为主,并有无定型二氧化硅、硅酸盐、锰、铁、铬以及臭氧、氮氧化物等的混合烟尘和有毒气体,并在肺部组织中长期作用所致的混合性尘肺。

焊工尘肺的发病一般比较缓慢,多在接触焊接烟尘后 10 年,有的长达 15～20 年以上。

主要表现为呼吸系统症状，有气短、咳嗽、咳痰、胸闷和胸痛。电焊工尘肺 X 射线分期诊断标准，将焊工尘肺分为正常范围（代号焊 0），疑似电焊尘肺（焊 0～Ⅰ），一期电焊尘肺（焊Ⅰ），二期电焊尘肺（焊Ⅱ）三期电焊尘肺（焊Ⅲ）。

② 焊工锰中毒。长期吸入含超过允许浓度的锰及其化合物的电焊烟尘，则可能造成锰中毒。锰的化合物和锰尘可通过呼吸道和消化道侵入机体，主要经呼吸道进入体内。

焊工锰中毒早期表现为疲劳乏力，时常头痛目晕、失眠、记忆力减退，以及自主神经功能紊乱，如舌、眼睑和手指的细微震颤等。中毒进一步发展时，神经精神症状均更明显。而且转弯、跨越、下蹲等较困难，走路时表现左右摇摆或前冲后倒，书写时震颤不清等。

③ 焊工金属热。焊接金属烟尘中直径为 $0.05～0.5\mu m$ 的氧化铁、氧化锰微粒和氟化物等，容易通过上呼吸道进入末梢细支气管和肺泡，再进入体内，引起焊工金属热反应。主要症状是工作后发烧、寒战、口内有金属味、恶心、食欲缺乏、乏力等。

（2）有毒气体的产生与危害

在焊接区域的周围空间形成的多种有毒气体，主要是在焊接过程中从焊接材料和焊接金属中产生后，在高温和强烈紫外线的作用下，形成的有毒气体。所形成的有毒气体主要有臭氧、氮氧化物、一氧化碳以及氟化氢等。其成分与量的多少与焊接方法、焊接材料、保护气体和焊接规范有关，被人体吸入后，会严重危害操作者的身体健康。

① 臭氧。空气中的氧在焊接电弧辐射短波紫外线的激光下，大量地被破坏，生成臭氧。臭氧是一种刺激性有毒气体，呈淡蓝色。我国卫生标准规定，臭氧最高允许浓度为 $0.3mg/m^3$。

臭氧对人体的危害主要是对呼吸道及肺有强烈刺激作用。臭氧浓度超过一定限度时，往往引起咳嗽、胸闷、食欲缺乏、疲劳无力、头晕/全身疼痛等。严重时，特别是在密闭容器内焊接而又通风不良时，可引起支气管炎和肺水肿等。

② 氮氧化物。氩弧焊和等离子弧焊主要毒物是由于焊接电弧的高温作用，引起空气中氮、氧分子离解、重新结合而形成氮氧化物。明弧焊中常见的氮氧化物为二氧化氮。氮氧化物也是属于具有刺激性的有毒气体。二氧化氮是红褐色气体，我国卫生标准规定，氮氧化物（换算为 NO_2）的允许最高浓度为 $5mg/m^3$。氮氧化物对人体的危害，主要是对肺有刺激作用。高浓度的二氧化氮吸入到肺泡后，逐渐与水作用形成硝酸与亚硝酸，对肺组织产生强烈刺激及腐蚀作用，能引起上呼吸道黏膜发炎、慢性支气管炎等。

③ 一氧化碳。各种明弧焊都产生一氧化碳有害气体，但其中以二氧化碳保护焊产生的 CO 浓度最高，主要来源是由于 CO_2 气体在电弧高温作用下发生分解而形成。CO 是一种窒息性气体。我国卫生标准规定 CO 的最高允许浓度为 $30mg/m^3$，对于时间短暂的可予放宽。CO 对人体的毒性作用是使氧在体内的运输或组织利用氧的功能发生障碍，造成缺氧，表现出缺氧的一系列症状和体征。根据对部分 CO_2 气体保护焊工血液中碳氧血红蛋白的现场检验测定结果，发现普遍高于正常水平，但采取了通风措施后，焊工血液中的碳氧血红蛋白浓度显著下降。

④ 氟化氢。氟化氢主要产生于焊条电弧焊。在低氢型焊条的药皮里通常都含有萤石（CaF_2）和石英（SiO_2），在电弧高温作用下形成氟化氢（HF）气体。氟化氢是属于具有刺激性的有毒气体。目前我国的卫生标准为 $1mg/m^3$。吸入较高浓度的氟是属于具有刺激性的有毒气体，可立即产生眼鼻和呼吸道黏膜的刺激症状，引起鼻腔和咽喉黏膜充血、干燥、鼻

腔溃疡等，严重时可发生支气管炎、肺炎等。

（3）电焊烟尘与有毒气体防护

① 通风措施。通风技术措施是消除焊接尘毒的危害和改善劳动条件的有力措施，其中局部排气是目前所有各种类型通风措施中使用效果最好、方便灵活、设备费用较少的有效措施，在焊接作业中得到广泛的应用。

② 改革焊接工艺和材料。合理地设计焊接容器结构，可以减少或完全不用焊接容器内部，尽可能采用单面焊双面成形的新工艺。这样可以减少或避免在容器内施焊的机会，使操作者减轻受危害的程度；采用无毒或毒性小的焊接材料代替毒性大的焊接材料，也是预防职业性危害的有效措施。如各种低尘毒焊条；又如当前正在研制的用铈钨棒代替钍钨棒，可以基本上消除放射性污染等；工业机械手在焊接操作中的应用，可以从根本上消除焊接有毒气体和粉尘等对焊工的直接危害。

③ 个人防护措施。如通风头盔或面罩、护耳器、整体式工作服、口罩或通风口罩等。

8.4.1.2 弧光辐射的危害与防护措施

（1）弧光辐射的产生与危害

焊接弧光辐射主要包括有可见光辐射、红外线和紫外线光辐射，主要来自于各种明弧焊、保护不良的埋弧焊以及处于造渣阶段的电渣焊等。焊接弧光防护是指焊接作业中，对红外线、可见光线和紫外线的辐射防护。焊接弧光对人体的伤害如下：

① 眼睛被弧光照射后，眼睛疼痛，看不清东西，通常叫电焊"晃眼"，短时间内失去劳动能力。焊接弧光的紫外线过度照射会引起眼睛患急性角膜炎，称为电光性眼炎。这是明弧焊直接操作和辅助工人的一种特殊职业性眼病。波长很短的紫外线，能损害结膜和角膜，有时甚至侵及虹膜和视网膜。

② 红外线对人体的危害主要是引起组织的热作用。眼部受到强烈的红外线辐射，会立即感到强烈的灼伤和灼痛，长期接触可能造成红外线白内障，视力减退，严重时能导致失明。此外，还会造成视网膜灼伤。

③ 皮肤受到强紫外线照射以后，容易引发弥漫性红斑、皮炎或者出现小水泡、渗出液、浮肿，出现发痒等症状。皮肤对紫外线的反应，因波长的不同而异。通常波长长时，照射后6～8h 后出现红斑，并且可以在停止照射后 24～30h 后慢慢消失，并形成长期不退的色素沉积；波长较短时出现的红斑，其出现和消失较快，几乎不留色素沉积，但疼痛比较严重；作用强烈时会出现全身症状，比如头痛、头晕、神经兴奋、发烧失眠等。

④ 焊接电弧的紫外线辐射对纤维的破坏能力强，其中以棉织品为最甚。因光化作用结果，可致棉布工作服因氧化变质而破碎，有色印染物显著褪色。

弧光辐射对人体危害的主要因素有以下几项：

① 焊接方法。明弧焊时，以等离子弧光最强，伤害也最大。

② 电流大小。电流越大，弧光就越强，伤害程度也越重。

③ 距弧光的距离、角度以及照射时间。距离越近、照射时间越长伤害也越大；当伤害程度与光线照射角膜的角度呈直角时伤害最大。

（2）弧光辐射的防护措施

弧光辐射的防护措施首先为保护眼睛不受弧光伤害，焊接时必须使用镶有特制防护镜片的面罩；其次为防止弧光灼伤皮肤，焊工必须穿好工作服，戴好手套和鞋盖等；再次为保护焊接工作与其他生产人员免受弧光辐射伤害，可采用防护屏。

8.4.1.3　高频电磁辐射的产生与防护

钨极氩弧焊和等离子弧焊为了迅速引燃电弧，需由高频振荡器来激发引弧，所以有高频电磁场存在。高频电磁场的卫生标准为 20V/m，磁场强度为 5A/m。由于每次启动高频振荡器时间只有 2～3s，每个工作日接触调频的累积时间大约在 10min，接触时间又是断续的，因此高频电磁场对人体的影响较小，一般不足以造成伤害。但是考虑到焊接操作中的有害因素不是单一的，所以仍有采取防护措施的必要。防护措施如下：

① 减少高频电的作用时间，若使用振荡器引弧，则可于引弧后立即切断振荡器线路。

② 工件良好接地：施焊工件的地线做到良好接地，能大大降低高频电流，接地点距工件越近，情况越能得到改善。

③ 在不影响使用的情况下，降低振荡器频率。

④ 采取屏蔽措施。

8.4.1.4　焊接放射性的危害与防护

① 射线探伤等无损检测和真空检测和真空电子束焊产生的 X 射线存在放射性伤害。辐射线对人体有生物效应，即辐射线对人体内细胞染色体的双螺旋结构的破坏。射线对人体的伤害可分为两种：一是急性伤害，其症状是直接出现的，如红肿、溃烂等，如果这个伤害是发生在敏感且重要的器官，那伤害就会更严重甚至导致死亡；二是长期效应，即癌症的产生。对于辐射源的防护有三大原则，即距离、时间、屏蔽。也就是说距离越远越好、暴露时间越短越好、屏蔽越厚越好。只要遵守这三大原则，受到的辐射剂量就能减少到最低。

② 氩弧焊和等离子弧焊使用的钍钨棒电极中的钍，是天然放射性物质。钍能放射出 α、ß、γ 三种射线。其中 α 射线占 90%，ß 射线占 9%，γ 射线占 1%。焊接操作时，基本的和主要的危害形式是钍及其衰变产物呈气溶胶和气体的形式进入体内。人体长期受到超允许剂量的外照射或放射性物质经常少量进入并蓄积在体内，都可能引起病变，造成中枢神经系统、造血器官和消化系统的疾病，严重者易患放射病。根据对氩弧焊和等离子弧焊的放射性测定，一般都低于最高允许浓度。但是在钍钨棒磨尖、修理时，特别是储存地点，放射性浓度大大高于焊接地点，可达到或接近最高允许浓度。

③ 焊接放射性的防护措施如下：

a. 钍钨棒储存地点应固定在地下室封闭式箱内。大量存放时应藏于铁箱里，并安装通风装置。

b. 应备有专用砂轮来磨尖钍钨棒，对砂轮机应安装除尘设备。

c. 手工焊接操作时，必须戴送风防护头盔或采取其他有效措施。

d. 选用合理的工艺规范可避免钍钨棒的过量烧损。

e. 接触钍钨棒后，应用流动水和肥皂洗手，并经常清洗工作服及手套等。

8.4.1.5　焊接噪声防护

在等离子喷焊、喷涂和切割等工艺过程中，由于工作气体与保护气体以一定的速度流动，经压缩的等离子焰流以 10000m/min 的流速从喷枪口高速喷出，在工作气体与保护气体的不同流速的流层之间、气流与静止的固体介质面之间、气流与空气之间等都在互相作用。这种作用可以产生周期性的压力起伏、振动和摩擦，由此产生了噪声，而且噪声强度较高，大多在 100dB 以上，且超过了允许强度（75～85dB）。所以在等离子弧焊工作中，应重视对噪声的防护。

防护措施如下所述：

① 等离子弧焊接工艺产生的噪声强度与工作气体的种类、流量等有关，因此应在保证工艺正常进行、符合质量要求的前提下，选择一种低噪声的工作参数。

② 研制和采用适合于焊枪喷出口部位的小型消声器。考虑到这类噪声具有高频性，因此采用消声器对降低噪声有较好效果。

③ 操作者应佩戴隔音耳罩或隔音耳塞等个人防护器。耳罩的隔音效果能优于耳塞，但体积较大，戴用稍有不便。耳塞种类很多，常用的为耳研 5 型橡胶耳塞，具有携带方便、经济耐用、隔音较好等优点。该耳塞的隔音效能低频为 10～15dB，中频为 20～30dB，高频为 30～40dB。

④ 在房屋结构、设备等部分采用吸声或隔声材料，均很有效。采用密闭罩施焊时，可在屏蔽上衬以石棉等消声材料，也有一定效果。

8.4.2 焊工个人防护

（1）焊接护目镜

焊接弧光中含有紫外线、可见光、红外线强度，均大大超过人体眼睛所能承受的限度。过强的可见光将对视网膜产生烧灼，造成眩光性视网膜炎；过强的紫外线将损伤眼角膜和结膜，造成电光性眼炎；过强的红外线对眼睛造成慢性损伤。因此必须用目镜滤光片来进行防护。鉴于市场上不少护目滤光片质量不好，必须强调用于焊工个人防护的护目滤光片，一定要符合 GB/T 3609.1《焊接眼面防护具》所规定的性能和技术要求。

（2）焊接防护面罩

电焊面罩的作用是保护焊工面部及颈部，防止焊接时的熔融金属飞溅、有害弧光、熔池和高温造成灼伤的一种遮蔽工具，必须正确选用。表 8-2 给出了常用面罩的规格及用途。

表 8-2　面罩规格及用途　　　　　　　　　　　　　　mm

品名	规格	用途
头戴式(盔式)	270×480	焊接用
手拿式(盾式)	186×390	焊接用
软盔送风式	—	特种焊接
有机玻璃面罩	2×230×280	装配清渣

滤光玻璃装在面罩上，有减弱弧光和过滤紫外线、红外线的作用。选择合适的滤光玻璃很重要，颜色以黄绿、蓝绿、黄褐为好。按颜色的深浅不同可分为 6 个型号，即 7～12 号，如表 8-3 所示。号数越大，色泽越深。可根据焊接电流大小、焊工年龄和个人视力情况而定。

表 8-3　常用滤光玻璃的规格

色号	适用电流/A	尺寸/mm	颜色深浅
7～8	≤100	2×50×107	较浅
9～10	100～350	2×50×107	中等
11～12	≥350	2×50×107	较深

（3）焊工防护工作服

焊工防护工作服，应符合 GB 15701《焊接防护服》规定，是防止人体受热辐射、弧光辐射、火花灼伤人体等伤害的防护用品。常用白帆布铝膜防护服。当采用通风措施不能使烟尘浓度降到卫生标准以下时，应佩戴防尘口罩。对于剧毒场所紧急情况下的抢修焊接作业，可佩戴隔绝式氧气呼吸器，防止急性职业中毒事故的发生。

（4）焊工手套和工作鞋

焊工手套是为防御焊接时的高温、熔融金属、火花烧（灼）手和防止触电的个人防护用品。电焊手套宜采用牛绒面革或猪绒面革制作，并配有 18cm 长的帆布或皮革制的袖筒，以保证绝缘性能好和耐热不易燃烧。不要戴着手套直接拿灼热的焊件和焊条头，破损的手套应及时修补和更换。

焊工工作鞋是为了保护焊工脚腕不受损伤而使用的保护用品，具有耐热、不易燃、耐磨和防滑性能的绝缘鞋，现在一般采用胶底翻毛皮鞋。

 思考题

1. 什么是现代企业管理？什么是精益管理？精益管理的原则是什么？

2. 5S 管理模式中的 5S 指什么？简单叙述每个 S 代表的目的和意义。

3. 简述如何进行焊接生产管理，并详细说明如何进行焊接材料管理。

4. 焊接生产质量保证体系包括哪些内容？指出生产质量保证体系正常运转的标志。

5. 焊工档案资料主要由哪几部分组成？分别包括什么？

6. 我国安全事故等级是如何划分标准的？

7. 焊接时发生触电的主要原因有哪些？如何采取保护措施？

8. 焊接烟尘和有害气体的危害有哪些？如何进行防护？

9. 弧光辐射的危害是什么？如何防护？

10. 焊工职业病是什么？如何防止职业病产生？

11. 浅谈焊接生产管理和安全生产的意义和目的。

参 考 文 献

[1] 中国机械工程学会. 焊接手册，第 3 卷：焊接结构. 第 3 版. 北京：机械工业出版社，2014.
[2] 陈祝年. 焊接工程师手册. 北京：机械工业出版社，2012.
[3] 宗培言. 焊接结构制造技术手册. 上海：上海科学技术出版社，2012.
[4] 方洪渊. 焊接结构学. 北京：机械工业出版社，2013.
[5] 田锡唐. 焊接结构. 北京：机械工业出版社，1997.
[6] 王国凡. 钢结构焊接制造. 北京：化学工业出版社，2004.
[7] 周振丰. 焊接冶金学（金属焊接性）. 北京：机械工业出版社，1997.
[8] 孟广喆. 焊接结构强度和断裂. 北京：机械工业出版社，1986.
[9] 叶琦. 焊接技术. 北京：化学工业出版社，2005.
[10] 姚广臣，贾涛，臧小惠. 焊接技术现状与发展趋势 [J]. 中国科技信息，2008，6.
[11] 李斌. 建筑钢结构焊接技术的发展现状和发展趋势 [J]. 建筑科学，2013，13.
[12] 段斌，孙少忠. 我国建筑钢结构焊接技术的发展现状和发展趋势 [J]. 焊接技术，2012，41（5）.
[13] 贺信莱，尚成嘉，杨善武，等. 高性能低碳贝氏体钢. 北京：冶金工业出版社，2008.
[14] 万红，曹志民，彭奕亮，等著. 高强钢在变电构架中的应用. 北京：中国物资出版社，2011.
[15] 王茂堂，何莹，王丽，等. 西气东输二线 X80 级管线钢的开发和应用 [J]. 电焊机，2009，39（5）：6-9.
[16] 张贵峰，苗慧霞，张建勋，等. 超细晶粒钢制备技术及工程应用 [J]. 电焊机，2007，37（11）：32-36.
[17] John C. Lippold，Damian J. Kotecki 著. 陈剑虹译. 不锈钢焊接冶金学及焊接性. 北京：机械工业出版社，2008.
[18] 中国机械工程学会等编. 焊工手册　手工焊接与切割. 第 3 版. 北京：机械工业出版社，2001.
[19] 胡盛耀. 不锈钢管桁架结构的焊接 [J]. 焊接技术，1992，5：44-45.
[20] 张斌，钱成文，王玉梅，等. 国内外高钢级管线钢的发展及应用 [J]. 石油工程建设，2012，38（1）：1-4.
[21] 张国宏，成林，李钰，等. 海洋耐蚀钢的国内外进展 [J]. 中国材料进展，2014，33（7）：426-434.
[22] Sindo Ku. 焊接冶金学 [M]. 北京：高等教育出版社，2012.
[23] 刘鸿文，简明. 材料力学 [M]. 北京：高等教育出版社，2008.
[24] 方洪渊. 焊接结构学 [M]. 北京：机械工业出版社，2008.
[25] 张彦华. 焊接结构疲劳分析 [M]. 北京：化学工业出版社，2013.
[26] 干勇，田志凌，董瀚等. 钢铁材料工程（上）[M]. 北京：化学工业出版社，2005.
[27] 史耀武. 中国材料工程大典　材料焊接工程（上）[M]. 北京：化学工业出版社，2006.
[28] 史耀武. 中国材料工程大典　材料焊接工程（下）[M]. 北京：化学工业出版社，2005.
[29] 曾乐. 现代焊接技术手册 [M]. 上海：上海科学技术出版社，1993.
[30] 宋天民. 焊接残余应力的产生与消除 [M]. 北京：中国石化出版社，2005.
[31] 张建勋. 现代焊接生产与管理 [M]. 北京：机械工业出版社，2006.
[32] 江锡山，赵晗. 钢铁显微断口速查手册. 北京：机械工业出版社，2010.
[33] 赵岩主编. 焊接结构生产与实例. 北京：化学工业出版社，2008.
[34] 王云鹏主编，焊接结构生产 [M]. 北京：机械工业出版社，2002.
[35] 陈裕川. 钢制压力容器焊接工艺. 第 2 版. 北京：机械工业出版社，2007.
[36] 陈裕川主编. 焊接工艺评定手册. 北京：机械工业出版社，1999.
[37] 陈裕川. 焊接工艺设计与实例分析. 北京：机械工业出版社，2009.
[38] 中国工程机械学会焊接学会编. 焊接手册. 北京：机械工业出版社，2007.
[39] 李亚江，刘强，王娟. 焊接手册. 北京：化学工业出版社，2005.
[40] 刘云龙等. 焊工（初级）[M]. 北京：机械工业出版社，2008.
[41] 赵熹华等. 焊接方法与机电一体化 [M]. 北京：机械工业出版社，2001.
[42] 姜泽东等. 埋弧自动焊工艺分析及操作案例 [M]. 北京：化学工业出版社，2009.
[43] 王国凡等. 钢结构焊接制造. 第 2 版 [M]. 北京：化学工业出版社，2008.
[44] 张文钺. 金属熔焊原理及工艺（上册）[M]. 北京：机械工业出版社，1980.
[45] 杨泅霖. 焊接安全防护技术 [M]. 北京：化学工业出版，2006.

[46]　熊腊森. 焊接工程技术［M］. 北京：机械工业出版社，2002.

[47]　陈保国等. 焊接技术［M］. 北京：化学工业出版社，2009.

[48]　周歧等. 焊接应力、变形的控制工艺与操作技巧［M］. 沈阳：辽宁科学技术出版社，2011.

[49]　史耀武. 焊接技术手册（上、下）［M］. 北京：化学工业出版社，2009.

[50]　刘胜新. 焊接工程质量评定方法及检测技术［M］. 北京：机械工业出版社，2009.

[51]　罗辉. 焊接生产实用技术［M］. 北京：化学工业出版社，2015.

[52]　黄小荣. 圆锥破碎机碗形铜轴瓦的焊接修复［J］. 江西：有色设备，2003（2）.

[53]　王政，刘萍. 焊接工装夹具及变位机械——性能、设计、选用. 北京：机械工业出版社，2006.

[54]　王纯祥. 焊接工装夹具设计及应用. 北京：化学工业出版社，2011.

[55]　陈焕明. 焊接工装设计基础. 北京：航空工业出版社，2004.

[56]　林尚扬，陈善本，李成桐. 焊接机器人及其应用. 北京：机械工业出版社，2000.

[57]　孙景荣. 实用焊工手册. 北京：化学工业出版社，2006.

[58]　王国凡，张元彬，罗辉，等. 钢结构焊接制造. 第2版. 北京：化学工业出版社，2009.

[59]　张应立，周玉华. 焊接结构生产与管理实战手册. 北京：机械工业出版社. 2015.

[60]　张应力，张莉. 焊接安全与卫生防护. 北京：中国电力出版社，2003.

[61]　邓洪军. 焊接结构生产. 北京：机械工业出版社，2004.

[62]　吴金杰. 焊接生产管理. 北京：高等教育出版社，2009.

[63]　王晓辉，高丽华. 现代企业管理概论. 北京：北京大学出版社，2010.